记

/M/A/R/K/

号

真知 卓思 洞见

无肤完体

GETTING UNDER OUR SKIN

我们与害虫的战争
一部社会和文化史

[美]丽莎·T. 萨拉索恩 著
Lisa T. Sarasohn

梁卿 译

北京科学技术出版社

著作权合同登记号　图字：01-2023-0609

图书在版编目（CIP）数据

体无完肤：我们与害虫的战争，一部社会和文化史 / (美) 丽莎 · T.萨拉索恩 (Lisa T. Sarasohn) 著；梁卿译. -- 北京：北京科学技术出版社，2023.10

书名原文：Getting Under Our Skin: The Cultural and Social History of Vermin

ISBN 978-7-5714-2982-9

Ⅰ. ①体… Ⅱ. ①丽… ②梁… Ⅲ. ①虫害—历史—世界 Ⅳ. ①S433-091

中国国家版本馆 CIP 数据核字（2023）第 055930 号

选题策划：记　号
策划编辑：马春华　郭玉平
责任编辑：马春华
责任校对：武环静
封面设计：何　睦
图文制作：刘永坤
责任印制：张　良
出 版 人：曾庆宇
出版发行：北京科学技术出版社
社　　址：北京西直门南大街 16 号
ISBN 978-7-5714-2982-9

邮政编码：100035
电　　话：0086-10-66135495（总编室）
　　　　　0086-10-66113227（发行部）
网　　址：www.bkydw.cn
印　　刷：北京华联印刷有限公司
开　　本：889 mm × 1194 mm 1/32
字　　数：258 千字
印　　张：13
版　　次：2023 年 10 月第 1 版
印　　次：2023 年 10 月第 1 次印刷

定　　价：89.00 元

目录

CONTENTS

绪　论

历史上的害虫

害虫遭遇了负面报道。

近年来探讨害虫的著作鲜明地体现了人们对蚊虫叮咬的反感，比如《寄生虫：人类最不欢迎的客人的故事》(*Parasites: Tales of Humanity's Most Unwelcome Guests*)、《恶虫：征服了拿破仑军队的虱子等凶残的昆虫》(*Wicked Bugs: The Louse That Conquered Napoleon's Army and Other Diabolical Insects*)、《霸王寄生虫：自然界凶险生物的诡异世界》(*Parasite Rex: Inside the Bizarre World of Nature's Most Dangerous Creatures*)、《城市害虫：苍蝇、臭虫、蟑螂和老鼠》(*Pests in the City: Flies, Bedbugs, Cockroaches, and Rats*)、《老鼠：对讨厌之至的城市住户的历史和栖息地的观察》(*Rats: Observations on the History and Habitat of the City's Most Unwanted Inhabitants*) 等。正如

传奇的昆虫猎手汉斯·辛瑟尔（Hans Zinsser）在1935年的经典著作《老鼠、虱子和历史》（*Rats, Lice and History*）中所宣称的那样："剑、箭、长矛、机枪乃至烈性炸药对国家命运的影响力都远不如传播斑疹伤寒、鼠疫和黄热病的虱子、跳蚤和蚊子。"[1] 他这番话强调害虫会对我们构成致命的威胁。

害虫在削弱强大国家的力量的同时，还深深潜入人类的心理层面。我们对害虫的反应从淡漠到厌恶，从大笑到惊恐，这些总是揭示着社会思潮：什么可接受，什么惹人反感。人们曾经认为，身上有害虫是生活的组成部分，这几乎不值得被谴责。老鼠一贯为人所厌恶，但它们更多是对农业产生威胁，而并不代表污秽和疾病。当人们对当众抓痒和在食品柜里发现老鼠感到不适时，当人们不再把害虫——我们贴身的生物——视为普遍存在的负担，而是视为社交污点或威胁时，我们就进入了现代。[2]

这本书讲述的就是此番观点转变的故事。

现代化是个模糊的概念，与其说现代化表现为大众文化的繁荣或先进技术的出现，不如说表现为人们越来越不情愿让害虫染指家园和身体；随着时间的推移，人们对害虫或寄生虫的观念产生了变化。这一变化产生的确定时间或许像害虫出现的时间一样令人难以捕捉，但我们可以看到，现代化在1668年前后开始萌生，历史学家称之为"早期现代"。[3] 随着中产阶级崛起和他们越来越关注卫生，现代化在18世纪方兴未艾，在19世纪如火如荼，而19世纪是公认的“现代”的起点。19世纪末20世纪初，人们发现害虫携带细菌，这是医学上的进步，这一时期也见证了一些被扣上“讨厌的害虫”的帽子的人遭到社会的排斥和迫害。[4]从柏林墙倒塌到波斯湾战争，再到蚊帐在非洲传开，没有什么比臭虫[1]入侵所引发的恐惧更现代的了，人们为此埋怨一切。同样，当人们在学龄前儿童的头上发现虱子时，不仅会惊慌失措，而且会感到恐惧。进入现代社会让我们的祖先面临无法想象的风险。说到害虫，也许做个中世纪的农民比做个全球化时代乘坐喷气式飞机出行的公民更自在。

在社交、宗教、政治乃至性等方面，“文明”社会将其边界内外的其他民族视为害虫——终极的他者。本书追溯在不同时期，社会把哪些人和事物贬为害虫，对害虫本身又做何反应。害虫成了观察他人的放大镜——通常是俯视视角。社会把臭虫、跳蚤、虱子和老鼠视为物质、道德和比喻意义上的威胁。害虫式人物威胁着上层阶级的地位，威胁着统治集团的权力和非害虫式人物的舒适、健康和安全。害虫——不论是指代动物还是指代人——所引发的厌恶在“我们”和“它们”之间划清了界限，这是蔑视和征服的必要条件。[5]

害虫凸显了所谓优势物种的脆弱性。它们像吸血鬼一般，以人类的鲜血和财物为食。臭虫栖息在家具和墙壁的挂架上，

[1] 也被称作床虱。——编注（页下注如无特别说明均为编注。）

在受害者睡觉时发起攻击。虱子盘踞在宿主的头发和衣服里，给他们打上社会贱民的烙印。跳蚤在人与人之间跳跃，携带疾病和耻辱。老鼠啃噬婴儿，钻入人类的每个避难所，凸显人们生活和家园的不稳定性。害虫是世界失控的象征，有时引发人们的恐慌，有时也引起笑声——一只老鼠拖着一片比萨爬下地铁台阶的情景既可怕又好笑。的确，这些生物会在一切即将到来的灾变或疫病中存活下来，比人类更长寿。它们身上携着看不见的微生物，充当瘟疫的前锋，也许是天启四骑士（Four Horsemen of the Apocalypse）[1] 中最可怕的那个。

有害动物的身份和人类的关系会随着时间发生改变。[6] 过去，我们想当然地将自然界中的动物视为有害，因为它们威胁人类的粮食供应，毁坏人类用于取暖或建造房屋的木材。1680 年出版的《老练的害虫杀手》（*The Experienced Vermine Killer*）中讲述了除掉有害动物的方法，书中列举的有害动物包括狐狸、鼹鼠、蚂蚁、蛇、毛虫、蠕虫、苍蝇、黄蜂、臭虫（当时叫作木虱）、跳蚤、虱子、水獭、秃鹰、大小老鼠，但不包含兔子，"虽然以前兔子被公认为害虫，但如今受到保护，并因其肉质鲜美和毛皮顺滑而得到另眼相看"。[7]

早期现代的欧洲渐渐把害虫看作下层阶级和外国人身上的一种令人厌恶的特征。权势可以轻易地把用来对付害虫的办法

---

[1] 最早出现在《新约全书》最后一卷《启示录》中，代表了灭世末期世界将要终结并迎来审判日的四大预兆，一旦天启四骑士降临世间，就代表末日降临。

及对它们的憎恶和恐惧，化成武器——转向被征服者。妇女可能遭到蹂躏，奴隶可能受到鞭挞，囚犯被处以刑罚，印第安人遭到杀害，外国人被征服，这一切行径的荒谬理由是，他们必须摧毁理论上的害虫，至少使其失去力量。18世纪，妓女和阴虱、奴隶和跳蚤、臭虫和法国人、原住民和虱子紧密相关。英格兰人确信，唯有苏格兰人和爱尔兰人——后来也包括欧洲大陆人——会受到害虫的侵袭；欧洲旅行者甚至报告说，非白人与虱子朝夕相处，同寝共食，这清楚地表明了他们的劣等性，以及征服和殖民他们的必要性。当人们渐渐把其他种族、民族和阶级视为害虫时，种族灭绝就被误认为只是虫害消杀的一种形式。

人类与害虫正面遭遇的历史并不简单。到了21世纪，人们普遍担忧物种灭绝，但似乎没有人会再三考虑杀灭跳蚤或毒死老鼠这样的事。人们为发现它们的存在而感到一阵沮丧，会马上寻找消杀灭害服务。而在过去，与害虫有关的含义要复杂得多。大多数时候，人们虽然讨厌害虫，但是认为它们同时代表人和事物的消极面和积极面。害虫含义的变化反映了人们其他方面态度的变化。跳蚤因其灵巧而受人钦佩。老鼠在民间传说中充当主角，在故事中交替扮演英雄和恶棍的角色。虱子虽然从来不让人感到愉悦，却可以充当上帝的代理人。只有臭虫把恶名从17世纪末一路保持到21世纪。

纵观历史，臭虫和鼠类一直是社会规范的晴雨表，是验证一个人的国籍、阶级身份、男子气概和道德优越感的压力测试。

害虫所指代的总是比叮咬人的东西更大。在神学驱动的中世纪，人们认为害虫对人类造成的痛苦证实了上帝的旨意。罪人因为虱子而遭罪，但一些圣徒被认为格外神圣，因为他们的头发和衬衫中滋生的虱子和跳蚤，让他们的肉体忍受苦行，这效仿了基督的苦难。有个著名的故事，12 世纪时，目睹托马斯·贝克特（Thomas Becket）殉难的旁观者因为看到大量虱子抛弃他渐渐冷却的身体（虱子对体温很挑剔）而一会儿哭一会儿笑。几个世纪后，一些道德家认为，上帝用害虫来促进清洁。在民间，乡村生活因人们相互捉虱子而热火朝天，生机勃勃，这是在晚间闲话古今时让人们的手指保持忙碌并巩固社群关系的一种方式。害虫甚至潜入了上流社会的意识层面：高贵的女士把虱子梳视若珍宝，诗人羡慕跳蚤在少女的衣裙内自由地冒险。

也许除了圣人和怪人，没有人希望成为害虫的宿主。中世纪和早期现代的家政手册里充满了杀灭寄生虫的方法，从危险的（使用硫黄和松节油）到奇特的（烤熟碾碎的死猫），不一而足。然而，即使是最具侵略性的寄生虫和鼠类也可以被人们积极看待。16 世纪的一部诗歌中，整卷都在歌颂一只探索女人胸脯的跳蚤。英国玄学派诗人约翰·邓恩（John Donne）曾有一个著名论调，声称一只跳蚤已经将二人的血液混合在一起，以此引诱一名年轻女子。不那么富有诗意的年轻人渴望悠闲度日，靠土地为生，扪虱而谈。探险家对那些据说把叮咬自己的害虫吃掉的外国人既感到惊奇，又给予谴责。旅行者津津有味地讲述印第安酋长的多个身材魁梧的妻妾把满身爬的小黑点喂给丈夫吃的故事，让欧洲人听得聚精会神，满脸惊骇。

不过，你无须前往新世界就能找到对害虫较为正面的描述。风华绝代的埃格林顿伯爵夫人苏珊娜·蒙哥马利（Countess of Eglinton Susanna Montgomery，1690—1780）驯服了老鼠；老鼠听令与她共进晚餐，“接到退下的命令后，立刻身段灵巧地钻回洞里。伯爵夫人认为她从老鼠身上收获了感恩之情：这是特殊的体验，这种情感在她与人类打交道时十分罕见”。[8]

伯爵夫人与吞吃虱子的印第安人几乎一样不同寻常。人们对臭虫和鼠类的冷漠态度在18世纪画上了句号。多数上流社会成员养成了勤洗澡和保持内衣干净的品位，对邋里邋遢产生了微妙的厌恶。人们日益认为，害虫破坏了身体或家园的完整性。被害虫叮咬一口不再是一种烦恼——如今它成了腐败的根源。[9]为了保护易受伤害的人，一切对付害虫的方法都变得可行，于是，为了消灭破坏人类边界的小东西，灭虫员在18世纪应运而生。[10]捕鼠员也在同一时期试图建立起他们的信誉和专业水准。“陛下的皇家海军捕鼠员”托马斯·斯温（Thomas Swaine）出版了一本杀鼠指南，“描述了这些对社会有害的动物的狡猾和睿智，还有它们获取食物和保护自己免遭危险的方法”。[11]

对杀虫这门艺术造诣深厚的专家越来越多地用上流社会的主顾来自我标榜，在小册子和报纸上刊登广告招揽客户。为价格不菲的床具和假发驱逐臭虫和虱子的专家出现了。1730年，首位打广告宣传自己的服务的灭虫师约翰·索思豪尔（John Southall）承诺能提供一种杀灭臭虫——“那只恶心的毒虫”的万灵药。他死时腰缠万贯——如今，随着小贩们利用近年来臭虫袭击人类所带来的恐惧和羞辱，他们的成功被不断复制。一名维多利亚时期的商人自称为“女王陛下的捕鼠人、老鼠和鼹鼠毁灭者”。另一则19世纪的灭虫生意的广告这样宣传，“蒂芬父子：女王陛下的臭虫毁灭者”，他们配备全套行头登场。虽然灭虫员本人从未受封爵士头衔，但他祖父出门办事时慨然腰佩长剑，头戴三角帽。[12]

消灭害虫成了资本家孜孜以求的事情。灭虫员专业水平的提高不仅反映了人们对个人和家庭卫生的关注，也反映了当时一些地区正在快速城市化，至少对上层阶级而言，这些地区人口的混杂程度到了令人不安的地步。中产阶级以礼仪和洁净来定义自己，他们鄙视乞丐、吉卜赛人和小生意人，视后者为有害。[13]英国男女试图通过与其殖民地的亲属保持身体距离、隔开贫富人群的住处，来加固阶级之间的藩篱。上流社会把屠宰活动转移到屠宰场，把人类尸体要么埋葬在城外，要么封闭在医院和大学的解剖室里。清洁成为融入社会的必要条件。[14]为了让家里没有害虫，仆人的数量激增，虽然家里的女士们担心仆人身上携带害虫。[15]讽刺的是，富人的浴室新安装的下水道反而让老鼠更容易侵入。虽然街道的设计是用来充当阶层之间的屏障的，但害虫却不那么容易受到限制。[16]19世纪的报纸连篇累牍地刊载寻找灭虫员的广告，旅行者没完没了地抱怨在路边的客栈和铁路终点站受到害虫滋扰。穷人甚至被指责阻碍了社会进步——20世纪初，伦敦杜克街（Duke Street）的通电计划因“无法无天的男孩、害虫般讨厌的女人和流浪汉”而裹足不前。[17]

皮肤无法保护人体——蚊虫可以轻易咬穿人的皮肤，害虫的气味可以侵入人体。[18] 人的皮肤一旦被害虫咬破，身体就失去了屏障，沦为被害虫攻击的对象。抓挠发痒的地方就是参与对身体的侵犯和分解的行为，因此是缺乏人文精神的象征。为了保护文明人免遭这种命运，18 世纪形成了严格的礼仪规范，其中包括少年乔治·华盛顿（George Washington）誊抄的一条戒律：“不要当着别人的面杀死跳蚤、虱子、蜱等害虫。”[19]

于是，臭虫和鼠类不仅消解了人们身体的边界，还打破了社会特权的障壁，把新兴的中上层阶级与被他们抛在身后的大众重新融为一体。在一篇为年轻的先生、女士们撰写的自然哲学论文中，有一个女学生对她的导师说：“说到臭虫、跳蚤和虱子……我们的身体似乎注定适合它们栖居和吸食——这难道不是最让人感到羞辱的想法吗！”[20] 某个皇家灭鼠员讲述了自己在绅士和小生意人家中的历险经历后坚持认为：“伦敦到处都是老鼠，无论富人区还是贫民区。”[21]

城市化增加了人们遭遇害虫肆虐的风险。老鼠成了城市动物群的主要代表。早期社会学家亨利·梅休（Henry Mayhew）尝试描述维多利亚时代伦敦下层社会的全貌，他花费大量篇幅讨论捕鼠和风行一时的抗鼠运动——顾客们为经过专门训练的狗能捕杀多少只老鼠而打赌。跳蚤马戏团娱乐大众，马戏团的演艺明星也模仿跳蚤噬咬观众。也许这是一种掌控黑白颠倒的世界的新方式——人们至少可以嘲笑害虫强加于人的东西。

就连身处社会最上层的人也不得不与害虫周旋，害虫拥有令人忐忑的本事，让这些人显得软弱或荒诞。皇室成员与害虫同床共枕似乎让人觉得匪夷所思，但是在严肃文学和讽刺作品中充斥着高高在上的权贵被叮咬人的小东西害得形象全无的传奇故事。虱子对穷人和位高权重者一视同仁地具有食欲，成了社会评论和政治讽刺的常用工具。害虫和鼠类削弱了权威的力量，从摩西用神虱让法老允许以色列人离开，到乔治三世在自己的餐盘上发现一只虱子，又看见一只臭虫叮咬他的孙女夏洛特公主，让人们不得不依赖医生、科学家、灭虫员乃至奴隶来对付这些小小的危险物。

从 17 世纪的科学革命（Scientific Revolution）开始，研究人员收集、研究并给昆虫编目，竭力维护自己对这个课题的权威，也维护他们的贵族赞助人的威仪。由于大多数人认为用显微镜观察昆虫是浪费时间的荒唐事，科学家不得不为自己的活动辩护。一些人认为昆虫——甚至包括虱子和跳蚤这些可恶的昆虫——证明了上帝设计万物的论点。上帝创造宏大的事物，也创造渺小的事物。即使 18 世纪的理性主义已经削弱了神在大自然中的作用，业余的自然历史学家（通常是神职人员）依然继续从上帝创造万物的角度来加强对昆虫，包括害虫的研究。

但是跳蚤和虱子兀自在身体之间、社会阶层之间游荡，继续反抗驯养师和观察者（以及灭虫员），证明了边界的脆弱和钻入人类皮肤的容易程度。历史上，人们对害虫的恐惧常常与对奴隶和妇女的恐惧相互交织，后者也是“弱小的生物”，但他们可能对所谓上层人发起攻击——就像被压扁之前的昆虫或者落入圈套之前的老鼠。在《悲惨世界》（*Les Misérables*）中，一群被锁链拴在一起的囚犯从身上取下害虫，用麦秆吹向张着嘴巴呆看的旁观者，弱者用害虫充当武器变成了强者，哪怕只在片刻之间。

昆虫学应召前来为人类社会的优越性服务。该学科原本是对人类社会成员——乞丐、囚犯和妇女——所呈现的缺陷和带来的危害的道德评价，后来衍生为对其他社群和文化的谴责，最终竟为殖民和种族主义辩护。肤色和昆虫学紧密相关，灭虫员和实验人员争论到底是深色还是浅色皮肤更容易受到害虫的叮咬。但那时候几乎人人都认同奥利弗·克伦威尔（Oliver Cromwell）对爱尔兰人的政策，并且对日后美国上校约翰·奇温顿（John Chivington）对交战的印第安人使用了相同的政策也表示认同，“杀死并剥下所有人的头皮，无论大人小孩，不留一个活口；虱卵会长成虱子”。[22] 连南亚人烹饪的味道也引发了西方人的厌恶。香菜——一种在印度餐馆出现之前让西方人憎恶的香料——它的气味被认为是恶臭的，这表明令人作呕的气味可能为某种文化所特有。

到了 19 世纪，形同害虫不仅成了在社会上低人一等的标志，而且也成为种族划分等级的标志。人们对害虫的嫌恶越来越非人性化。人们把整个国家、群体和整块大陆与害虫混为一谈，给目标对象的一切贴上劣等的标签。20 世纪，檀香山的华人社区被害怕侵扰的白人邻居烧毁。在得克萨斯州，西班牙裔女佣在获准入境前，要先清除身上的虱子。

害虫与统治阶级热烈拥护的进步理念相抵牾，特别是在20世纪的冲突时期。第一次世界大战期间，士兵们往往（至少更为直白地）担心“虱子”胜过担心敌人的子弹，尤其是出身于上层阶级的士兵，他们从小信奉个人清洁。20世纪30年代，欧洲的公共住房项目本来是为了解决穷人的住房问题，结果臭虫和虱子横行，第二次世界大战期间又在英国的防空洞中大量繁殖。

19世纪和20世纪，欧洲人发现害虫传播伤寒、鼠疫等疾病，这也导致针对害虫式人物的宣传活动愈演愈烈。欧洲人指责内部的敌人或外国人玷污了西方文明。虱子成了屠杀和种族灭绝的共同因素。纳粹在毒气室对人使用了“一战”期间研发的灭虱杀虫剂齐克隆B（Zyklon B），这不是巧合。然而，虱子开始大范围传播斑疹伤寒：当盟军士兵解放集中营时，对像安妮·弗兰克（Anne Frank）这样已经染病的囚徒来说为时已晚。大屠杀的否认者认为，集中营只是除虱的地方——不曾处决囚犯——这些人在给世人营造一种幻觉，企图使纳粹逃脱罪责。

双对氯苯基三氯乙烷，俗称滴滴涕（DDT），研发于“二战”期间，被用来消灭罗马周围沼泽中的蚊子，因为蚊子导致疟疾肆虐。20世纪五六十年代，使用滴滴涕消灭了各种昆虫，给人类带来了一场势如破竹却昙花一现的对抗虫害的胜利。《流行力学》（*Popular Mechanics*）杂志上一篇名为《我们的下一场世界大战》（Our next world war）的社论欢欣鼓舞地写道，滴滴涕是对付害虫的制胜法宝，它将打赢一场“漫长而艰苦的战争，粉碎了数十亿或爬行或蠕动或飞舞或挖洞的昆虫，这些昆虫的数量之庞大、破坏力之强给人类造成莫大的困扰”。[23] 美国化学军务处（Chemical Warfare Service）负责人附和早先的种族主义说辞，宣称“滴滴涕毒杀日本人、昆虫、老鼠、细菌和癌细胞在生物学上的基本原理本质上是相同的”。[24]

滴滴涕在20世纪中叶迅速商品化，它作为保护孩子免受虫害侵扰的万全产品被出售给家庭主妇，直到1972年在美国遭到禁止，不久欧洲也发布了禁令。这是环保主义者的胜利，但对许多日后遭遇头虱侵扰的孩子来说可能就不那么令人高兴了。

无论在发展中国家仍被用来防治疟疾的滴滴涕在西方社会的禁用结果如何，虱子和跳蚤仍然在西方繁衍生息，害虫与不受欢迎的人之间的联系也一仍其旧。20世纪50年代，加拿大阿尔伯塔省（Alberta）的海报宣传语为：“不能对老鼠视而不见……杀了它！”这反映了居民对外来者入侵边境的恐惧和仇恨——不论是鼠类还是其他动物。老鼠代表的文化内涵渗透到了20世纪中叶美国心理学家和科学家的工作中，他们将关于老鼠的实验室发现推论到人类群体中，尤其针对非裔美国人。此种类比如今不再被世人接受，但是随着21世纪中产阶级化，害虫日益与移民和无家可归者联系在一起。如今，虱子和臭虫出没于无家可归者的住处、公共交通和移民安置设施内，成了让公共卫生官员忧心忡忡的祸患，让右翼媒体怒不可遏的由头。

害虫对人类心理和身体的影响回响于现代英语的用法中。害虫肆虐的过去给了我们挂在嘴边的形容词——lousy（一般意为讨厌的、污秽的），用来描述一切恶劣或差劲的事物。同样，许多酒店被负面评价为 flea-bag（跳蚤窝），让人恍然回到了中世纪旅馆里蚊虫在皮肤上爬来爬去的氛围中，真希望这只是个比喻。当夏洛克·福尔摩斯（Sherlock Holmes）警告说，世界还没有准备好接受“苏门答腊巨鼠”（Giant Rat of Sumatra）或詹姆斯·贾克内（James Cagney）称呼另一名匪徒为“你这只肮脏的老鼠”（无论多么不足为信）时，他们在用不同的方言表达对令人憎恶的他者的恐惧。卡通人物山姆大叔（Yosemite Sam）在准备开枪射击他的啮齿动物敌人兔八哥（Bugs Bunny）之前，称呼它为“害人虫”（varmint），表达了人们数百年来反害虫、反他者的情绪。

当前，从蛋黄酱到虱子梳，人们为了抗击害虫无所不用。如今，也许只剩下枪支还没有被用来对付害虫了。在战斗一败涂地的地方，看似威力丝毫不亚于滴滴涕的可怕的化学喷射物——跳蚤炸弹成为最后的手段。在曼哈顿奢华的摩天大楼里，经过特殊训练的狗可以嗅探到臭虫，iPhone 中一款使用全球定位系统的应用程序也可以探测到臭虫藏身的隐秘角落。公共部门也介入了除臭虫大战，促使美国环境保护署（US Environmental Protection Agency）召开了两次全国臭虫峰会（National Bed Bug Summits）。纽约市鼠患信息门户（Rat Information Portal）发布了一张城市地图，标出了你若不喜欢老鼠应当避开的区域——但地铁里鼠患无穷，你也许寸步难行。

如今，臭虫对许多杀虫剂都产生了抗药性，它们竟然在最高级的社会阶层重出江湖。既然你必得作为受害者战战兢兢手足无措地暴露在渺小的入侵者面前，那努力地跻身1%的上层阶级还有什么意义？连《纽约时报》(*New York Times*）在报道臭虫袭扰有钱人时也显得茫无头绪：“公园大道（Park Avenue）有臭虫？问问近来因为发现自家的双层公寓里到处都是这种吸血虫子而大惊失色的主妇吧。”[25] 企业纷纷以创新手段遏制虫害，用性别色彩鲜明的语言打广告：“男人负责攻击恶魔，女人负责保护家园”。政客们为了消灭臭虫同仇敌忾，倘若有人把他们比作臭虫，他们定会怒不可遏。客户声称受到叮咬，律师靠代理客户起诉酒店的案子开创事业之路。七国集团的代表可能会对总统建议入住迈阿密特朗普多拉尔国家酒店（Trump National Doral Miami）三思而行；一名客人在特朗普大厦遭叮咬后，悍然起诉了该集团，该案件在2016年总统大选前才达成和解。[26]

许多情况下，人们对害虫宣战都是反应过度了，这反映了数百年来人们对害虫的恐惧和厌恶，而不是真实确切地感到危险。不过，理性向来与人虫关系无关。在许多科幻电影中，巨虫和像老鼠一样的生物都是人类的敌人，因为现代思维把它们视为终极的他者。大银幕上，这些生灵在吮吸、消耗、不断吸食，让身体充血——以著名影片《异形》(*Alien*，外形酷似昆虫，令人不寒而栗）为例，它们像寄生虫一样在人体内生长，消耗人类脆弱的肉体。

对臭虫和鼠类的恐惧之所以在21世纪弥散，一个原因是丰厚的商业回报。科幻电影赚钱，灭虫员和驱虫剂制造商也赚钱。漫画家和作家用这些生物象征人类的愚蠢和人性的脆弱，实现名利双收。互联网上充斥着臭虫和蟑螂的特写和私人图片。17世纪，当臭虫第一次被显微镜放大许多倍时，观众的恐惧反应——远远早于自然纪录片引发的恐惧情感。

流行文化中无所不在的害虫形象反映了它们持久的文化力量。自1960年以来，《幽默》（*Mad*）杂志一直刊载冷战恶搞故事《黑白间谍》（*Spy vs. Spy*），两个老鼠似的人物以离奇的方式相互残杀，下个月又像害虫一样再次露面。（“老鼠们”已经超出“确定的破坏”含义。）更发人深省的是，阿尔特·斯皮格尔曼（Art Spiegelman）的获奖漫画小说《鼠族》（*Maus*）把纳粹塑造成猫的形象，把犹太人塑造成老鼠的形象。

但我们也试着用卡通害虫来抚慰自己。老鼠的迪士尼化——米奇老鼠和米妮老鼠，《料理鼠王》（*Rata-touille*）中的老鼠雷米——让我们重新想象这些害虫不是食肉动物，而是聪明伶俐的小可爱。米奇和米妮像普通的年轻夫妇一样生活——这对老鼠竟然还养了一只宠物狗——电影里的老鼠非但不咬人，还为人奉上美食。漫画是现代寓言，在这些寓言中，害虫——被驯化和人性化——不再威胁人类。

在《与动物一起思考》（*Thinking with Animals*）一书中，洛林·达斯顿（Lorraine Daston）和格雷格·米特曼（Gregg

Mitman）认为，现代人对其他生物的重重思虑既源于我们努力与之建立一种社群关系，也源于用动物来“象征、照亮并把自身体验和幻想的各个层面戏剧化”的冲动。[27]对臭虫、虱子或老鼠的一切观察和评论都在特定的时间或地点营造了一个关于态度、偏见和笑话的重要世界。害虫就在我们身边——它们叮咬我们，寄住在我们身上，躲避我们的控制。它们成为举着纤毫毕现的镜子，映照我们自身和我们与它们共享的宇宙的动物——不管我们是否愿意与它们亲近。

我动笔写这本书时，对不管是跳蚤引起的传染病、老鼠携带的鼠疫还是虱子传播的斑疹伤寒是否会让我或者读者由衷地引发共鸣毫无概念。这些疾病似乎已经永远成为历史，在现代词汇中不再适用。但是有人提醒我，一切都不曾真正过去，尤其在涉及人类对灾难的反应时。当美国总统把华盛顿州州长——那里的疫情严重程度一度为美国之最——叫作“一条蛇”时，美国正大步迈向佛罗伦萨人文主义者乔万尼·薄伽丘（Giovanni Boccaccio）1348年在鼠疫袭击该城时所描述的社会：“除了自己不关心任何人，众多男女老少抛弃了这座城市，抛下父母、亲朋和自己的家园逃之夭夭。他们似乎相信上帝的愤怒不会降临到任何人身上，除了城里的人，或者他们相信一切事物的结局已然来临。”[28]

这本书反映了当前史学研究的学术趋势，也反映了人被叮咬后抓挠的普遍体验。历史学家已经开始研究人类身体和动物的历史，以及二者走到一起的方式。也许因为我们的文化日益物质化，历史课题的学术方向已经发生改变。我们依然对传奇的伟人感到好奇，但我们也想知道普通人怎么生活，怎么抓痒。当害虫穿透我们的皮肤，触及肌肉的边界，外部世界和身体内部相互作用。家本身是我们身体的延伸，却被越界的鼠类占据。当边界受到威胁时，人们变得紧张起来，这种焦虑表现为全力守护家园，控制对个人和财产的完整性构成威胁的非法入侵者。这些努力有的显得奇怪，有的仿佛熟悉，有的似乎有趣，它们无一例外地引导我们了解人类充满害虫身影的历史。

经常有人问我为何对害虫这个惹人反感的课题感兴趣。简而言之，我在看到罗伯特·胡克（Robert Hooke）的《显微制图》（*Micrographia*）一书中的跳蚤和虱子的图画后，就对它们念念不忘，它们是17世纪晚期显微镜出现后的最早成果，我很好奇他为什么在首部致力于展示微观世界的新发现的著作中选择描绘这两种特殊的生灵。长篇大论的回答要复杂一些。本书结合了我本人对虫子的恐惧（虽然不是书中罗列的这些，我发自内心地讨厌蜘蛛）和我身为科学和思想史学家的素养。我的上一本著作论述玛格丽特·卡文迪什（Margaret Cavendish），她是书写自然哲学的首位女性，在17世纪，自然哲学是科学的别称。她写了《燃烧的新世界》（*The New Blazing World*），这是一部爱情小说，小说中胡克的跳蚤等生灵被女主人公变为兽人，他们组织成立了科学协会。她写作的目的是讽刺，但是也表明了在过去时代人们的想象中，动物是何等重要。

一旦我开始留意提及昆虫和鼠类的地方，它们就随处可见，而不仅仅存在于过去的文献和文件中。它们存在于诗歌、小说、报纸乃至菜谱中。当下人们的“臭虫狂热”情绪只是害虫无所不在又意义重大的最新例证。几乎人人都有和虱子有关的故事——人们被这种昆虫唤起的记忆和恐惧会在它爬走之后久久萦绕。但凡有人像我一样看到过在垃圾堆中翻找、穿梭的老鼠，都明白惊恐万状是什么感受。当环保主义者解释说老鼠和蟑螂将继承地球时，我们只能表示同意，这种可能性相当大。

“害虫”一词包括许多种动物。有时范围缩小为寄生虫，有时扩大到老鼠等哺乳动物（还有部分人类）。害虫的多样性要求我反复遴选才能最终决定入围者。我决定专注于生活在我们身体、衣物和床铺上的昆虫——臭虫、虱子、跳蚤。历史上对螨虫、蜱和蚊子的关注较少，因此它们在我这里也较少受到关注。还有，很难把老鼠挡在门外，它们已经一路试探着钻进了这本书中。

01 那只恶心的毒虫：早期现代英国的臭虫

臭虫。一种在旧的家用物品中繁育的发出臭味的昆虫。

——塞缪尔·约翰逊（Samuel Johnson），
《英语词典》（*A Dictionary of the English Language*, 1768）

18 世纪之前，人们在床上被害虫叮咬是生活的常态。当塞缪尔·佩皮斯（Samuel Pepys）[1]在日记中提到床铺上害虫猖獗时，他似乎觉得很好笑而不是倍感委屈。一次旅行时，他和同伴在清晨“起来，发现我们的床很不错，虱子很多；让我们很是开心”。在与蒂莫西·克莱克博士（Dr. Timothy Clerke）结

[1] 塞缪尔·佩皮斯是 17 世纪英国的政治家、作家。他的日记是研究英国 17 世纪日常生活的重要文献。

伴的另一次旅途中，佩皮斯描述了他们夜间的经历："我们睡得很好，很愉快；第二天早上我得出结论，他拥有古老的血统，是正宗的克莱克家族后人，因为跳蚤都去找他，不来找我。"[1]

显然佩皮斯对自己晚间遭遇臭虫并不感到惊讶和狼狈；对昆虫尽情享用他们二人的事，他明显态度温厚，并不感到痛苦。有关社会阶层的玩笑也一样：寄生虫青睐克莱克博士，想必因为他的血统更加高贵。但是阶层和害虫的玩笑在 18 世纪变得日益敏感微妙，因为上层阶级越来越意识到，自己被叮咬的身体包含着除了必须挠痒以外的社会和文化意义。尤其是臭虫，作为被新发现的害虫，它闯入 18 世纪主人的卧室侵扰他们的身体，引起人们的恐惧。在人们寻求现代化的道路上，臭虫可能是危险的预兆，这表明现代社会对人类身体和环境的态度正在发生变化。[2] 人们对臭虫引发的夜间惊扰的反应揭示了 18 世纪社会的诸多心理、偏见、假设和愿望。

佩皮斯认为夜间被害虫叮咬是个笑话，但是 100 年后，剧作家兼小说家奥利弗 · 戈德史密斯（Oliver Goldsmith）却惊骇地看待臭虫："臭虫是另一种令人恶心的昆虫，它侵入人类的隐逸居所，经常把就连悲伤和焦虑也干扰不了的睡眠赶走。对许多人来说，它是蚊虫当中最烦人、最可憎的一种。"戈德史密斯近乎偏执地叫嚷道："杀灭一只臭虫往往徒劳无益，因为会有成百上千只它的同伴向我们发起报复。于是，沦为叮咬目标的人整个晚上都像执勤的哨兵，要时刻提防新的入侵者靠近，无法愉快地进入睡眠。"[3] 臭虫不是闹着玩的对象，它们是我们的死敌。

在早期现代的英国，寄生虫数量繁多，但是有虫在身——以及它们对我们的身体和背后的文化影响——依然被我们所忽视。历史学家忽略这些掠食者在早期现代除了疾病传播媒介之外所扮演的角色，也许是因为人们在很大程度上（日益短暂地）把它们的存在从现代西方社会剔除了。害虫是早期人类生活经验的组成部分，也是早期人类身体的外展和内延。我们永远无法知道过去的人类在现象学层面上所经历的蚊虫的叮咬，但我们能够知道他们怎样理解这些不速之客。[4]近几十年来，具体的人身成为人类学、哲学、女性主义和历史文献领域关注的对象，如历史学家兼麦克阿瑟研究员（MacArthur Fellow）卡罗琳·沃克·拜纳姆（Caroline Walker Bynum）所写，这些文献大多“令人困惑且自相矛盾”。[5]但所有的观点一致认为，我们对身体的感知是文化构建的。身体不是简单地作为生物实体存在，而是文化的产物和生产者。[6]身体不只是个人自主意识和自我意识的体现，也是自我与他人的中介。的确，一个人生活、思考，都离不开自己的身体。[7]

至少我们从 18 世纪人们的反应得知，对人体最具有威胁性的攻击者是臭虫。人们厌恶臭虫的叮咬，这让人蒙羞和恶心——连它的气味也会惹人反感。对臭虫的激烈反应体现了全球经济增长和日益文雅、排外的中产阶级的种族意识抬头。臭虫作为“臭虫”一旦进入流行语，就可以与外来昆虫混同，作为一种人类社会的威胁被商品化，人们要花钱开展消杀工作。人们与臭虫的斗争催生了一种新兴的专业文化，创造了一个服务行当——灭虫员，他们负责对抗人类面临的威胁。这些昆虫世界的征服者是上流社会和新兴阶层的工具，用来抵御他们认为混乱失序的民族和地方所带来的威胁。灭虫员试图联合 18 世纪的科学和社会制度的机构、人物等来树立属于他们的权威。

所以，对臭虫最早的科学研究——灭虫员约翰·索思豪尔 1730 年出版的《论臭虫》［*A Treatise of Buggs*，在沃里克巷（Warwick Lane）的牛津武器店（Oxford Arms）一先令即可买到，见图 1］——是献给皇家学会主席汉斯·斯隆（Hans Sloane）的。它包括以下辩解词："自我从美国归来，就以消灭臭虫为业……我决心穷尽一切努力去尝试，如果我能发现并尽量搞清楚它们的天性、孕育和繁殖情况，也许有助于更好地消灭它们。我必须承认，在尝试过程中，我把个人利益和公众福祉都考虑在内，我希望自己设计的产品值得称赞，这件事能两全其美。"[8] 索思豪尔称，他在美国逗留期间，发现了一种能杀灭臭虫和保护英格兰免受威胁的灵丹妙药，在他的声明中私人和公共利益、科学和服务、知识和征服串通一气。

早期现代人受到种类繁多的害虫的侵害，臭虫被认为是新发现的格外危险的一种。1500 年以前，臭虫经常与其他昆虫混淆，至少在名称上。到了十六七世纪，英国的出版物中有许多内容提到木虱或墙虱，显然指的是臭虫。[9] 例如，博物学家托马斯·穆菲特（Thomas Muffet）在其 1658 年的著作《昆虫剧场》（*The Theater of Insects*）中用拉丁语"*cimex*"描述墙虱，一种"寻找入睡的活体生物"的昆虫，一旦被触碰会"发出臭不可

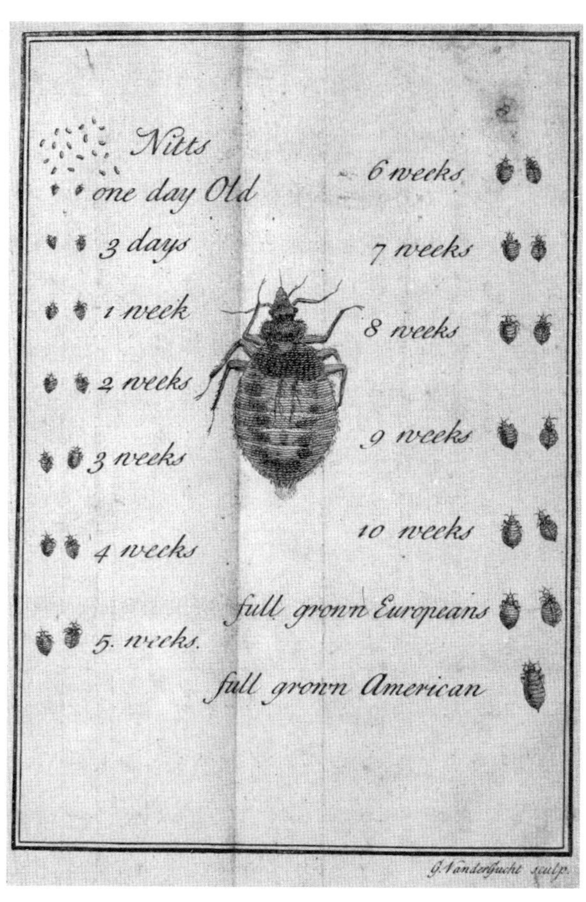

图1　约翰·索思豪尔的《论臭虫》扉页插图，1730年。古登堡计划

闻的气味”。[10] 同样，博物学家、皇家学会成员约翰·雷（John Ray）也写到他在意大利发现了这种昆虫：

> 意大利人管它叫“Cimei”，法国人叫它“Punaise”。英国人称它为“Chinches”或“Wall-lice”（墙虱），在夜间被它叮咬会引起皮肤发烫发红，很是讨厌和麻烦……这种昆虫如果被碾碎或弄伤，会释放一种让人作呕的可怕气味，因此被咬过的人常常怀疑究竟是忍受叮咬的痛苦为好，还是杀死它，忍受奇臭无比的味道为好。英格兰有些地方生长着这种昆虫，但数量不多，对我们来说也不算是麻烦。[11]

直到 17 世纪末，这种以前被叫作木虱、cimex、punaise 或 chinch 的昆虫才被重新命名为“bug”或“bugge”，突然像困扰外国人一样也困扰起英国人来。新名称赋予臭虫新的身份和恐吓力，如同享有类似名称的 bugbear（使人烦恼担忧的事）一般。根据《牛津英语词典》（*Oxford English Dictionary*）的解释，“bugbear”是“令人惧怕的对象，尤其是不必要的惧怕；想象中的恐怖……它是烦恼、克星、肉中刺”。虽然《牛津英语词典》无法追溯臭虫和 bugbear 的词源关系，但这两个词所蕴含的人类的恐惧和脆弱性在含义上彼此相似。[12] 有人可能会说，臭虫有血有肉，是名副其实的肉中刺。

臭虫的臭味

活生生的身体不仅仅由肌肉组成。感官包括嗅觉，这是比皮肤更难守护的一道防线。18 世纪英国的男女老少对臭虫的气味格外反感。早期现代嗅觉灵敏（和不太敏锐）的鼻子觉得臭虫臭不可闻，这意味着什么？也许人们对虱子和跳蚤司空见惯，对它们的存在习以为常，而臭虫在嗅觉上让人感到惊诧。它们不仅叮咬人——还散发气味，18 世纪英国人要给鼻子里的这种早期现代的刺激性气味一个解释。臭虫被人感知到的恶臭不仅成为嗅觉记忆，也成为早期现代男女老少思想的文化标记，特别是那些想与下层阶级、外国人和其他外来者区分开来的人。[13]

臭虫（*Cimex lectularius*）虽然没有翅膀，但属于半翅目昆虫，属于臭虫科（Cimicidae），欧洲和美洲都有它们的存在。人类最早可能是在旧石器时代温暖的中东和地中海的洞穴中和臭虫相遇的，最终臭虫在中世纪中期传播到北欧。到了现代，臭虫随处可见，但它们要在暖和的地方才能快速繁殖——所以臭虫和建造精良的住宅密不可分。它们的身体在进食前呈浅棕色，又瘪又小，很难被人类看到，而在吸饱鲜血后会膨胀起来（约达 6.35 毫米），变成砖红色。多数现代昆虫学家认为，臭虫不像跳蚤和虱子等害虫那样传播疾病。[14]

早期现代文本提到臭虫这种生物，最常见的描述就是其令人作呕的气味。人们对它们气味的厌恶直到 18 世纪都不曾消散。因此，戈德史密斯在富有共鸣且生动的散文中抱怨道：

“这种昆虫令人作呕的恶臭与它不知餍足的胃口一样惹人讨厌。它从床上爬过，整张床都染上臭味；如果不小心把它杀死，那味道简直无法忍受。”[15] 博物学家和乐器制造商乔治·亚当斯（George Adams）表示同意：“这种昆虫令人恶心的臭味跟它贪得无厌的食欲一样令人憎恨。”[16] 1745 年，法国医生和药剂师路易斯·莱梅里（Louis Lémery）出版的论食物和健康的百科全书被翻译成英语，他指出，香菜“有一种令人不快的气味，就像臭虫，这就是香菜不用作药品和食物的原因”。[17]

气味，尤其是被认为令人作呕的气味具有文化特异性。一种文化中神圣的气味（圣人的气息）在另一种文化中变成腐败的迹象。[18] 早期现代的英格兰人不以嗅觉灵敏闻名，他们日常忍受露天下水道和腐烂内脏的恶臭，对臭虫难闻味道的感知表明这种害虫引起了他们近乎歇斯底里的反应。寄生在人体上的跳蚤和虱子等其他害虫都很令人讨厌，但有时人们认为它们滑稽可笑，偶尔用作讽刺宗教教化的工具。埃及法老遭遇了虱子瘟疫，乔治三世的餐盘上落了一只虱子。臭虫却没有这种皇家的、神性的来源。[19] 它们只是散发臭味和惹人嫌弃。

17 世纪的作家托马斯·泰莱恩（Thomas Tryon，1634—1702）可能是世界上首位健康大师，他相信新鲜空气的治疗能力。他把臭虫和气味紧密关联，认为这种昆虫本身由气味生成。他写道：“根据不洁的程度、排泄物的性质以及床铺摆放位置的密闭情况，旧床散发的有害气味和腐烂蒸腾的热气生成了这种叫作臭虫的害虫（无论古人还是当今的现代作家都没有注意到这一点）。”他接着写道：“臭味和湿气确实来自男女老少的身体和本性，来自水汽与含硫湿气的混合交融：因为没有炎热潮湿，就不会有腐败变质。”[20]

到 1682 年泰莱恩写作的时期，昆虫由物质自发生成的理论已经成为日渐失去可信度的古老理论。[21] 泰莱恩的论点依赖另一种在 18 世纪和 19 世纪日益被人们认同的对疾病的认知。根据中世纪和早期现代的资料，瘴气或湿热毒气不仅引起瘟疫，还引发其他疾病。[22] 所以，泰莱恩可以认为：“滋生臭虫的同一种物质或环境也催生了许多讨人厌的疾病。”[23] 臭虫既恶心又致命。

臭虫与中产阶级崛起

对臭虫所谓刺鼻气味的敏感表明了城市中产阶级的敏感性日益增强，也许这是 18 世纪早期中产阶级不断崛起，至少是该阶级嗅觉敏锐的例证。[24] 同时，上层阶级对令人反感且肮脏的下层阶级日益不满，高人一等者觉得下层阶级浑身散发着难闻的气味。[25]

人们对洁净的渴望如同对气味的敏感一般由文化决定。18 世纪以前，清洁的手、脸和原色亚麻布表示干净——但干净的内衣和床上用品不是必要选择。很快，肮脏邋遢就与下层和工人阶级联系在一起。18 世纪早期一篇嘲笑破产店主的讽刺文章指责道：“他们坐着不动，有的胡言乱语，有的嘟嘟囔囔，有的哈哈大笑，还有的赌博下注，直到喝得醉醺醺，昏昏欲睡，才摇摇晃晃地回家去，走进脏兮兮的房间，躺在没有床单的床上和发霉变质的阁楼上，喂养跳蚤和更恶劣的害虫。第二天早上，他们又像狗一样回去吃自己的呕吐物，像母猪回到泥潭里打滚。”[26] 这里，“更恶劣的害虫”无疑是臭虫。

害虫与小生意店主的关联表明臭虫等寄生昆虫与不同的社会阶层存在特殊联系。早几百年，虱子和跳蚤在一切阶层的预料之中，想必到了 18 世纪，它们变得挑剔起来，尤其是随着清洁成为上层阶级的追求和标志。1682 年，泰莱恩指出：“房屋清洁，尤其床褥清洁是保护健康的重要手段。”[27] 1720 年，英国内科医生理查德·米德（Richard Mead，1673—1754）写道：“我们必须遵守的重要原则是，污秽是巨大的感染源，所以清洁是最有效的预防药：这就是在这种灾难面前，穷人让人讨厌至极的真正原因。”[28]

但臭虫并不尊重社会特权和中产阶级的道德观。它们侵入富人的家，像吞食穷人一样吞食着富人。它们的存在不仅使人发痒，还令人蒙羞。于是，富人们对臭虫的存在日益警觉就变得可以理解了。

越来越多的英国男女担心仆人把臭虫引入家中，造成灾难性的后果。1760 年，《读者周刊》（*Read's Weekly Journal*）报道称，一名女仆在用火驱逐床上的臭虫时烧毁了主人的房屋。[29] 同年，另一名女仆无意中杀死了一名门房，原因是主人吩咐她为他提供饮料：“经调查发现，女仆给了他一杯一两天前购买的用于消灭臭虫的液体，而不是白兰地。”[30]对臭虫及其社会后果的恐惧衍生出一种说法：下层阶级正在把这些昆虫武器化（哪怕不是用来杀人，如上文提到的惨剧）。臭虫对人类身体的攻击如今演变成了人对人的攻击。1733 年，另一名门房被指控故意在浴室散播臭虫。一份报纸描述了对被告的审判：

> 在威斯敏斯特和平会议（Westminster Sessions of the Peace）上，科文特花园附近某澡堂的门房罗伯特·斯皮尔被指控。因为他把几只活臭虫装在瓶中带入蓓尔美尔街贝茨先生的澡堂，偷偷地把它们扔到他的床下，意图毁坏贝茨先生的家具，但陪审团给出了情况不明的裁决。[31]

我们和陪审团一样对这桩被指控的罪案的情况一无所知。斯皮尔先生是想报复雇主，还是听从雇主的吩咐去破坏竞争对手的生意和声誉？1733 年，爱尔兰——据说以前没有臭虫——也有人表现出对这种故意传播的警觉，一名记者提醒可敬的都柏林协会（Right Honorable Dublin Society）成员：“我们听说有个人脑子里有恶意的想法，他带来一小盒臭虫，弄到我们的床上繁殖（为了阻止我们睡觉），为此他很是得意。”[32] 1736 年，臭虫已经蔓延到苏格兰，那里也有个倒霉的女人在清理床上的虫子时烧毁了自家的房屋。[33]回到 1749 年的爱尔兰，床上的臭虫引发了更多法律诉讼，一名妇女起诉商人向她出售带虫的床——市长大人命令商人退还钱款，把床烧毁。[34]

在18世纪，床是贵重物品。但是这种象征着中产阶级崛起的财富，也矛盾地使主人更容易受到和它名字相似的床虱（bedbug）[1]的攻击。最能证明中产阶级地位的莫过于物质财富，其中最具代表性的便是精雕细刻的床；床既欢迎人类，也欢迎臭虫。由于卧室既被人用来消闲，也用来睡觉，臭虫的气味可能会让努力确立自己地位的新近贵族化的商人或专业人士——和他们的妻子——格外烦恼。[35]如果床上不幸滋生了臭虫，家具制造商威廉·考蒂（William Cauty）建议床主："倘若你能把床架闲置数周或数月，把它们暴露在院子里或屋外，这样做就格外管用，过度的炎热或寒冷是杀灭一切害虫的万无一失的方法。"[36]

考蒂针对"拥有财富的绅士们"给出建议，他们可能睡在昂贵的羽毛床上，因为17世纪和18世纪羽毛床在上层阶级中日益流行。一些人认为这些床也是臭虫蔓延的罪魁祸首。泰莱恩对羽毛床的道义瑕疵和有害品质予以谴责。"臭烘烘的旧羽毛床，"他告诉我们，"这些床可能在人们睡上去之前就已经发臭了……确实含有某种不洁的腐败的物质，这种物质与臭虫的天性密切相关。所以，羽毛床比羊毛或软垫更容易滋生臭虫。"羽毛是"不干净、臭气熏天的排泄物，具有强烈的热性"。[37]

[1] 床虱即臭虫。

外国臭虫

泰莱恩认为臭虫是气味、汗水或羽毛的产物，反映了英国人在竭力解释这种新的令人恶心的虫子出现的原因。约翰·索思豪尔支持一种臭虫起源的说法，即它们是随着1666年伦敦大火后为重建伦敦而进口的外国木材进来的。索思豪尔说，他“就臭虫问题”请教了“尽可能多的学问大家、好奇人士和上了年纪的老人”，他们赞同如下解释：

> 伦敦大火之后不久，人们发现它们出现在一些新建的房屋内，从来没有人提到在老房子里见过它们，只是当时这种虫子的数量很少，几乎没有引起人的注意；不过，由于只在冷杉木上见到过它们，人们猜测它们最早是藏在冷杉木中被带入英国的；大部分新房都一定程度上用冷杉木建造，而不是用被烧毁的旧房所用的优质橡木。[38]

同样，约50年后，威廉·考蒂把臭虫的引进归咎于外国的影响，他的说法甚至比索思豪尔还要具体。“很难确定，”他写道，“这种物种（昆虫）当初怎样传入了英国：它们可能随着法国难民一同前来，难民为了躲避路易大帝（Louis le Grand）的迫害逃离了法国。”他对这个问题给出的答案是重新使用优质的英国木料：“现在，要做床架、沙发或椅子，让害虫无法滋生；选择最好的英国橡木等结实健康的木材制作床架”“用松节油、水银和盐涂抹家具的各个部分”。[39]

把臭虫的源头归于外国，反映了18世纪的英国随着实力和财富提升而日益增强的民族优越感。但是害虫诸如臭虫威胁要削弱英国的海上霸主地位，它们的威力不亚于法国人和西班牙人。英国船只——还有操纵船只的水手受到侵扰是海军部长期担心的问题。从某种意义上说，航船和人体一样容易遭受攻击。一份有关“富尔若号”（Fourgeaux）和“君主号”（Monarchy）战舰状况的报告称，船上三分之一的寝具必须销毁，另外三分之一在公开拍卖中出售，剩余三分之一因为使“睡在其上的人们，奇痒难耐”，所以进行了“细致的擦拭、清洗和晾晒”。[40]

害虫甚至在引发1739年英国与西班牙的詹金斯的耳朵战争（War of Jenkins’ Ear）的宣传战中起了作用。1738年3月，反对宫廷的《伦敦皇家晚邮报》（*Royal London Evening Post*）上刊登了一封信，一个名叫托马斯·布鲁赫（Thomas Bruch）的英国人声称自己身陷加的斯附近的一所西班牙监狱，被迫像奴隶似的工作，吃“爬满臭虫的霉烂豆子，如果我能欢欣地返回英国，会随身带些样本”。报纸尤其惋叹身在加的斯的英国商人未能帮助这个可怜的囚徒：“这位不幸的作者也怪怨加的斯的英国商人对当前在他们眼皮底下被害虫吞食、在地牢的污秽中窒息的同胞的疏忽大意，冷漠无情。”这篇文章的结论是：“如果读了这篇文章的英国人，没有感到心情沉重，眼眶湿润……就会充分察觉自己是地道的英国人，还是西班牙化的英国人。”[41]

害虫与外国人的联系让英国人能够把自己与昆虫学的他

者断绝关系，含蓄地强调英国人与欧洲大陆或其他国家的人的区别。戈德史密斯在描述臭虫的袭击时捕捉到了这种爱国主义情怀。

> 这些只是由于可恶臭虫的困扰引起的部分不便：不过，对大不列颠来说，令人欣慰的是，它们在这些岛屿上繁殖的数量比在欧洲大陆的任何地方都少。在法国和意大利，床，尤其是客栈的床上臭虫密布，每件家具似乎都为它们提供了隐匿之地。它们的个头也比我们这边的更加硕大，食欲也更旺盛。[42]

剑桥大学教师约翰·马丁（John Martyn）和百科全书式的博物学家弗朗西斯·菲茨杰拉德（Francis Fitzgerald）都把戈德史密斯的爱国主义昆虫学思想融入了自己的著作中。[43] 威廉·考蒂还强调英国人面临来自欧洲大陆的臭虫的危险，使横渡英吉利海峡的艰辛听起来似乎不亚于在亚马孙河上逆流而上。他讲述了一件逸事："一位绅士旅行经过意大利，住在尽可能精致干净的公寓中"，却仍然"在某种程度上经常被它们生吞活剥；他言之凿凿地说，它们从天花板上（原文如此）垂直地掉落在他的身上，往往不等他站起来就不见了，爬回房间角落里的洞窟或者檐板，那边的灰泥墙上可能有些裂缝"。[44] 在这种情况下，即使不用木制床架，英国人也免不了遭到贪婪的意大利臭虫的蹂躏，它们潜伏在房间的边角和缝隙中，等待人类睡去后攻击他们。这个旅行者可以采纳1797年在意大利旅行的英国妇女玛丽安娜·斯塔克（Mariana Starke）的建议："在欧洲大陆旅行时，有必要随身携带自己的床单、枕头和毯子。我建议每天把它们对折成方便的尺寸，然后放在马车上充当垫子，外面做个皮衬。"到达客栈后，斯塔克建议说："在床铺周围洒四五滴薰衣草精油，可以赶走夜晚的臭虫或跳蚤。"[45]

在国内外与臭虫斗争

斯塔克夫人推荐用薰衣草精油来对付臭虫，这是驱逐这种令人作呕的昆虫的一种较为宜人的方法，包括威廉·考蒂的水银、盐和松节油混合物的配方。作为用强烈的气味以毒攻毒的方法，家庭手册中提及的配方经常会加入松节油和硫黄来对抗昆虫。1703年的《通用家庭用书》（*The Universal Family Book*）建议把芸香、苏合香和松节油混合，然后敦促道："把房间或厅室关得严严实实，把它们倒在烧木炭的暖锅上，自己出去，关上门，避开这种气味，强烈的气味会杀死它们。"[46]医生博伊尔·戈弗雷（Boyle Godfrey）试图用松节油、砷、芸香、艾草和其他化学物质杀死臭虫，但效果最好的是用硫黄混合浓硫酸。他加热这种混合物，然后封闭卧室，让它在炭炉上燃烧。由此产生的"强烈的刺鼻气味""让宇宙中的一切生物殒命归天"。[47]

诺埃尔·乔梅尔（Noel Chomel）的法国《经济词典》（*Dictionaire [sic] oeconomique*）英文版在18世纪多次重版发行，

书中描述了一系列杀灭臭虫的方法，这些方法不太温和，可能也不太有效。遵循刺激气味的生活信条，它推荐使用“烧牛粪产生的烟”、烂黄瓜、牛胆汁与醋相混合以对抗臭虫。不过，最后一种方法可能是促使戈弗雷发表议论的原因：“至于那些日复一日提供给公众的假装针对这些害虫的防治手段，我个人认为纯属欺诈。”[48]与之相反，乔梅尔建议：“闷杀一只猫，无须放血，去除它的皮毛和内脏，把它放在烤架上烤，不涂猪油或卤汁，从它身上收集掉落的东西，并与等量的鸡蛋黄和穗花油混合；让它们在钵内充分融合，直到它们变得如软膏般细腻均匀。”[49]有了药膏后，受害者应当把这种混合物涂在家具上经常有臭虫出没的地方。如果这些极端措施效果尔尔，受害者该怎么做，乔梅尔没有给出建议，不过或许他可以借用威廉·考蒂对自己的防治方法不起作用后给出的建议：买一栋新房子。[50]

自助往往不起作用，于是，在18世纪，人们想方设法清除床上臭虫的努力催生了一种全新的职业：灭虫员。如同这一时期的其他新兴职业一样，灭虫员也试图通过上层阶级给他们的证明信和攻击其他同行的可信度来树立自己的权威。他们自称是这项差事的行家，阐述自己采用的是建立在实验基础上的科学方法。[51]这些行家经常被竞争对手诋毁为江湖骗子，他们欺骗轻信谎言的公众接受他们所谓的灵丹妙药。[52]在早期现代英国的流动社会中，新生的灭虫员小心地塑造身份，试图把自己与工匠和江湖骗子区分开，由此助力自己事业的成功，提高自己的社会地位。

也许我们可以说“灭虫员之战”的状况开始于18世纪早期，从这一时期所有报纸上争先恐后出现的相关广告可见一斑。这些广告通常都声称获得了匿名的上层客户的认可，想必客户不太乐意让自己的虫害烦恼大白于天下。一个叫约翰·威廉姆斯（John Williams）的人刊登广告称：“数年来我成功地消灭了那些名叫臭虫的令人作呕的害虫。我的价格合理，雇用我的贵族对我的技能和表现非常满意。”他声称，他的服务优势是：“无论对床、被褥还是家具绝无丝毫损坏，一切完好如初；所有物品没有令人不快的气味。”[53]还有什么广告能比贵族的证词更廉价更有效更好呢，而且他的方法避免了令人不快的气味和对精美家具的损害。但是另一个灭虫员乔治·布里奇斯（George Bridges）更胜一筹。布里奇斯重复了不会损坏家具或留下有害气味的声明后又补充道：“我已经消杀了一万多张床……不管臭虫数量多么繁多，多么让人无法忍受，我都保证……能一劳永逸地消灭它们，让雇主有生之年不在同一张床上再度遭遇害虫。消杀不彻底不收费。”布里奇斯声称拥有至少10年内让臭虫销声匿迹的“秘方”。为了证明自己，他宣称：“在伦敦这个大都会的任何街区都可以找到我为之效劳过的人物，他们来自名声和品格一流的人群。”[54]

乔治·布里奇斯希望以为他的服务对象给予退款的保证来保护自己免遭“吹牛大王、骗子或冒牌货”的污蔑。伦敦似乎有太多灭虫员设法利用人们对臭虫的厌恶，从中获利，其中一些显然是江湖骗子。一个可能是合法经营的灭虫员针对在他附近开业的竞争对手打出广告，为了“挽救他的声誉，让客户不要混淆”。[55] 对灭虫员来说最好的证明方法是抬高证人的身份地位，并明确说出他们的名字。威廉·考蒂声称已故的海军上将埃格蒙特勋爵（Lord Egmont）肯定过他的服务。[56] 1785 年，根据《英国杂志和评论》（*British Magazine and Review*）上一篇讽刺文章的报道，伦敦以“荒唐事不计其数”为特色，其中包括许多自称是“国王陛下公认的仆从”的推销员。五花八门的专业人士声称国王是自己的主顾，其中许多人是“臭虫消杀者”。文章的作者认同：“圣詹姆斯宫是一座古老的建筑，大部分地方装饰着壁板，老鼠或臭虫有时可能胆大妄为地侵入皇家的房屋；不过我认为每个体面的部门都应有这样一个人不断努力，以完成消灭这些令人作呕的害虫的任务。”[57]

臭虫猎手们在提及自己与上层阶级的关系的同时，似乎也暗示了人类对臭虫叮咬的种族敏感性。威廉·考蒂在 1772 年发表的论文《康科迪亚的自然、哲学和艺术》（*Natura, Philosophia, & Ars in Concordia*）中开宗明义地赞成机械论哲学，把他的除虫药方描述为“方法”。他声称自己不像“有些人只是假装消杀床架上和房间里的害虫”，这些人就像“剪去箭杆，把箭头留在伤者体内的庸医”。他自称臭虫科学家，强调臭虫与人类种族之间的联系。考蒂认为：

> 有许多种皮肤它们是不会触碰的：厚而黑的皮肤不是它们青睐的土壤，皮肤白皙的新来者很可能被它们叮咬。

有几个人在一个晚上被它们叮咬了，结果第二天早上他们活像感染了天花，还发了高烧。[58]

他言之凿凿，白皙的皮肤比黝黑的皮肤容易招引臭虫叮咬，白人遭受的叮咬比深色皮肤的人种要严重。肤色突然成为讨论臭虫话题的组成部分，尤其是英国人在面对非洲和新大陆上被他们征服和奴役的原住民时。

根据内科医生和植物学家帕特里克·布朗（Patrick Browne）的说法，牙买加遍地都是臭虫。[59] 大名鼎鼎的早期灭虫员从牙买加带回消杀臭虫的专业知识和经验——“那只恶心的毒虫”。[60] 约翰·索思豪尔去牙买加出差，事由不详，他深受臭虫叮咬之苦，直到一名获得自由的非洲奴隶给了他破坏性极大的杀虫剂配方，他才得以解脱。[61] 1730 年，他出版《论臭虫》，第二版于 1793 年发行。另一个灭虫员约翰·库克（John Cook）1768 年对索思豪尔的方法提出质疑，因为“如同太多心胸狭隘的人一样，（他）不够慷慨，没有揭开秘密，让公众得到适当的防护”。如同许多秘药提供者和早期资本家一样，索思豪尔更愿意保守配方的秘密。但是库克指控道，比缺乏公德心还恶劣的是，索思豪尔“从某个黑人那里”学会了“用冥河水制备药液”，并声称“可以消灭那些可恶的昆虫以及所有的虫卵”。[62]

库克在这番叙述中用索思豪尔药液来源的种族属性来损害他的信誉，但是这种无与伦比的药液（*non pareil liquor*）的最早发现者显然相信，自己从牙买加一位上了年纪（70 多岁）的奴隶那里学到了配方的说法对销售大有助益。这个英国人利用了新世界殖民者的一条信仰：新世界及其居民可能会被迫透露一些能够帮助旧世界的秘密。索思豪尔的叙述表明，他用食物和饮料贿赂非洲人，拿到了秘方。索思豪尔凭一己之力颠覆了欧洲人与原住民互动时典型的主从关系，证明了黑人的权威性："我认为他比这个国家任何一个人都更了解该国蔬菜的实际用途，远超在他之前的那些外行。"[63]索思豪尔找到了一个"非洲魔法师"，他可以把这个"魔法师"有关动植物的精深知识据为己有，为自己谋取利益。[64]

1726年，索思豪尔回到英国后，开始经营灭虫生意以赚取利润，按照这名初创企业家的说法，这么做是为了帮助大众。他先是获得了剑桥大学格雷欣物理学教授约翰·伍德沃德（John Woodward）的赞助；伍德沃德去世后，他又获得了皇家学会主席汉斯·斯隆爵士的赞助。选择斯隆作为主顾是个好主意。斯隆年轻时去过牙买加，出版过论述牙买加自然历史的著作，在整个职业生涯中不断地从新大陆收集标本。[65]索思豪尔用18世纪科学界的大人物的科学成果证明自己的工作，显然得到了他们的全力支持。斯隆把这个门徒引荐给皇家学会，1729年1月8日，这个灭虫员朗读了《论臭虫》，并获得他们的"认可"，索思豪尔小心翼翼地在1730年出版的著作开头提及了这件事。[66]

这篇论文本身对臭虫的形态做了详细描述。这名企业家写了一篇本质上是灭虫业务的长广告，成了一名昆虫学家。根据索思豪尔的说法，他追踪并用科学手段消杀臭虫的驱动力来自这种害虫的顽强特性，在使用了牙买加人提供的配方后臭虫竟然也能存活下来。他“决心穷尽一切努力去尝试，如果我能发现并尽量搞清楚它们的天性、孕育和繁殖情况，也许有助于更好地消灭它们”。[67] 这个商人决定采用归纳法研究他的产品——显然，到 18 世纪上半叶，经验主义和帝国主义已经得到广泛传播。他以科学之名把自己的工作与其他提供臭虫防治服务的供应商的骗局相区分；一则业务广告宣称他是“发现臭虫天性的第一人也是唯一一人”。[68]

在这篇论文中，索思豪尔描述了他购买显微镜观察臭虫从卵发育到成熟的全过程。这个过程的图画成为小册子的卷首插图，说明图画的表现形式在这个时期变得日益重要。这幅作为证据的图画是科学权威性的另一个来源，它具有让观看者感到瘙痒的力量。

索思豪尔在论文中解释了这种 6 条腿的虫子如何用刺“穿透和伤害我们的皮肤”，吸食“我们的血液——它们的珍馐美味”。所以它们其实是吮吸而不是叮咬我们。臭虫随着生长阶段改变颜色，7 周内由奶白色变成棕色，11 周完全长成。索思豪尔将捕获的臭虫与野生臭虫、美洲大臭虫与欧洲臭虫做了区分，“它们在这里产卵和繁殖时，未成熟的臭虫发生退化，变成了欧洲臭虫的大小”。[69] 野生臭虫格外凶猛，至少对同类如此：“野生臭虫警觉而狡黠，它们在我们面前很胆怯，彼此打斗时却异常凶狠；我经常看到几只臭虫（我从它们出生第一天起把它们养大，它们早已习惯了光亮和陪伴）像狗或公鸡一样打得不可开交，有时一方或者双方当场死亡。”[70]

被驯服的臭虫更具可塑性和群居性。索思豪尔把几对臭虫装在瓶子里观察产卵情况，“每次大约 50 个”，其中约 40 个卵存活了 3 周。他解释说，由于它们在 3 月、5 月、7 月和 9 月产卵，“经过观察，很显然，在产卵季，每对臭虫大约产 200 个卵，其中 160 个或 170 个存活下来长成成虫”。[71] 虽然臭虫活不过冬天，但它们的卵能熬过寒冷的季节，在温度升高时再次活跃起来。它们在冬季缺乏生机，也成为我们“彻底消杀它们的最佳时节”。索思豪尔认为，以前人们尝试根除臭虫，包括“许多有理智有学识的人，还有平民和文盲”都流于失败，是因为他们不明白，寒冷时节休眠的虫卵存活在木头和家庭的护墙板中，春天到来它们就出现在家具和床上。[72] 因此，索思豪尔只保证他的消杀在冬天起效，因为“如果在产卵期予以清除，就可以确定虫卵不再存在，日后就不会有它们的后代给你造成困扰”。[73] 这就是索思豪尔的“没有卵就无法繁殖”的理论。

索思豪尔急切地希望消除关于臭虫的种种谜团，包括据说它们偏爱一种人胜过另一种人。“实际上，”他指出，“它们叮咬每一具挡住它们去路的人体，我会用推理清楚地证明这一点。”这个积极上进的实验主义者用皮肤切口或伤口引起的感染打比方解释说，只有当一个人“养成邋遢的身体习惯”而不是“养成卫生的身体习惯”时，被臭虫叮咬后皮肤才会红肿；事实上，叮咬导致皮肤红肿，表明此人“血液流动不畅”。谜团由此解开，这就是为什么“两个睡在一张床上的人，一个人明显遭到叮咬，另一个则毫发无损”。[74] 看来塞缪尔·佩皮斯再也不能把臭虫叮咬他的朋友归因于“贵族血统”，而应当归因于不畅的血液流动，或是不良的卫生习惯，这又把我们带回到对于清洁的道德规范中。

约翰·索思豪尔是个既务实又有进取心的人。他向那些渴望免受臭虫侵扰的人提出了中肯的建议——大部分与 21 世纪我们在遭受臭虫灾害期间得到的建议大同小异。他敦促人们仔细检查家具和行李中是否留有臭虫排泄物的痕迹，并检查仆人从其他工作场所带来的箱包袋盒。在后一条建议中，社会阶层与臭虫联系在一起。洗衣妇的篮子尤其危险，会让干净的亚麻布染上虫子。索思豪尔告诫道，家具，尤其是床架应当简单朴素，用橡木类硬木制作，而不是用冷杉和松树之类软木。应该避免使用旧家具和二手家具，木匠和家具商不应该回收用过的物料。不过，如果上述预防措施全部失效，索思豪尔愿意并且可以出售他“无与伦比的药液”，只要“2 秒钟就足以消杀一张普通的床，附带如何有效使用的简单说明”，价格随家具或房间的消杀情况上涨。[75] 如果顾客不愿意亲自动手，索思豪尔接着说：“您可以让我或我的仆人快速高效地为您消杀，必要的话我们会把床或相应部位拆卸下来再按原样装回，甚至比原来装得更好，（如果我看到机会或条件合适）并且对它加以改变，使之可以用我常用的方式轻松地把它拉出来。”[76]

索思豪尔去世时身价不菲，他的妻子在他死后把这一生意继续经营了一段时间。[77]《论臭虫》1793 年再版，删除了业务部分，补充了“一名医生”消杀臭虫的方法。配方包含氯化汞（也是治疗梅毒的可靠成分）和氯化铵，与各种草药、松节油和酒渣一起煮沸。索思豪尔声称：“你会看到，一只活虫子只要沾上一滴这种混合物，就会即刻毙命。”此外，他声称把它涂抹在家具上是安全的。[78]值得怀疑的是，这种产品是否比以前的配方效果更好。我们会在第 2 章看到，灭虫员蒂芬先生在 19 世纪仍然生意兴隆，“一战”期间臭虫在战壕里肆虐，“二战”期间在防空洞内猖獗。战后它们终于被滴滴涕征服，后来却又对这种致命的药剂产生了抗药性。20 世纪首屈一指的寄生昆虫史专家 J. R. 巴斯文（J. R. Busvine）1976 年预见性地提出警告：“然而，复发的危险仍然存在。在许多气候炎热的国家，由于抗药性，滴滴涕几乎对臭虫毫无效果。如果一些移民的行李中携带了这种具有抗药性的臭虫，它们可能会传播开来，给我们带来严峻的控制问题。”[79]

臭虫及其外国携带者依旧是“外来者”，威胁着现代——事实上也包括后现代世界的安全和睡眠。18 世纪对这种害虫的猛烈攻击的反应很有启发性。臭虫导致的结果不仅是咬伤，它们的存在还标志着新近崛起的阶层和代表其地位上升的家具在这种微小的威胁面前依旧脆弱无助。蒸蒸日上的中产阶级想要拥有的物质财富可能会对他们反戈一击，从而暴露出他们所谓高尚地位朝不保夕。仆人可能把虫子带进需要清洗的衣物中，甚至用害虫做武器对付雇主。城市居民现在心情舒畅地睡在自己的新床上，过去简直淹没在臭虫的气息中，想要闷杀和控制它们，结果都是徒劳。

臭虫入侵英国，英国人责怪是外国进口的物品引发了这次袭击；来自新世界的物品带来了不可预测的后果，因为殖民和旅行不仅仅是从其他地方抢夺资源和获利的问题。矛盾心理削弱了英国人与其他土地上的当地人打交道的信心，在那里，本土知识可能是击败敌人的关键。当臭虫叮咬对白种人的影响比深色人种更严重时，英国人相对于其他种族和肤色类型的优势地位就成了问题。皇家海军担心船只和水手由于害虫肆虐而不能派上用场——臭虫对国家安全构成了威胁。

欧洲的科学和医学在对付臭虫方面取得的成果有限，于是一个专门针对这些问题的全新职业应运而生。灭虫员依靠上层阶级的认可来证明他们的工作效果，灭虫员之间为谁是合法的、谁是江湖骗子而争斗不休。他们向顾客提供一种新服务，推销一种新商品：一种异国的消杀方法，以保护英国人免受来自海外的威胁。他们开发的杀虫剂在成分和应用方法上逐渐变得危险。毫不奇怪，到了 18 世纪中叶，为了规避臭虫或消杀措施的威胁，报纸建议明智的消费者使用灰泥粉刷房屋而不是用木头建造房屋。[80] 一位英国外科医生提出了另一种技术解决方案，他在意大利观察了铁床后建议大家使用铁床。如果英国医院决定使用铁床，将有望为“成千上万痛苦的可怜人提供安慰，他们有时被这种令人作呕的害虫折磨，甚至一直到死”。[81]

昆虫在动物的生态链中一直处于最低位置，但人们觉得这种特殊的昆虫格外讨厌和让人恶心。[82] 在 18 世纪后笛卡尔的世界里，人类可以驱离或利用动物，笛卡尔（Descartes）在 17 世纪就人类与动物的区别提出了一条文化准则，但是害虫却冲击了这种区分。它们坚持不懈的能动性突破了人类身体的边界，它们的气味刺激了人的鼻子，由此颠覆了早期现代英国人视为理所当然的人类对自然界的统治地位的认知。臭虫似乎摧毁了一切障碍——人与动物、身体内外、蚊虫缠身的大众与清洁卫生（而且道德高尚）的上层之间的壁垒。它们让所有自命不凡的、自持优越感的人均处于危险之中，成了人类最害怕和捕杀最多的寄生虫。

在社会习俗发生剧变的时期，人们对臭虫的反应十分特殊，使人与动物的关系成了问题。臭虫及其气味和留在人类皮肤上的叮咬斑痕是 18 世纪对种族和阶级、全球化和商业、医学和骗术的恐惧在物理和隐喻上的体现。臭虫——用索思豪尔的话来说，"那只恶心的毒虫"——爬进了近现代世界的意识领域，暴露了后者的所有弱点。在漆黑的夜晚，臭虫将 18 世纪英国绅士精心构思的凌驾于昆虫学和他者之上的主张击得粉碎。

02 臭虫悄悄钻进现代社会

疯伯尼（桑德斯），他像臭虫一样疯狂，可是你们知道，他不退出。

——唐纳德·特朗普（Donald Trump），2016 年 6 月 17 日

总统候选人唐纳德·特朗普对伯尼·桑德斯（Bernie Sanders）做出的昆虫学评估，反映了一个古老的传说。特朗普用一种可以追溯到 19 世纪初的表达方式嘲笑桑德斯有点不寻常的相貌，强调后者所谓的疯狂和固执。当光线照射到臭虫身上时，它们会四处乱窜——而且人们的确很难摆脱它们——桑德斯像臭虫一样困扰过希拉里·克林顿（Hillary Clinton），也许让希拉里损失了睡眠的时间。

臭虫卷土重来了。20 世纪晚期由于滴滴涕的使用，它们几

乎销声匿迹了。但是现在它们已经成为严重威胁人类健康的昆虫，它们露出了作为威胁人类神智健全而不是身体健康的最强悍的昆虫的真面目。臭虫侵扰人类的房屋和财物，能让头脑清醒的人发疯。这可能是千真万确的事：在 2011 年美国精神病学学会（American Psychiatric Society）的一次会议上，一位研究臭虫对人的精神的影响的科学家报告称，臭虫侵扰可以引起人“各种各样的情感性、焦虑性和精神病性疾病，对人的精神造成严重损害，包括自杀和需要住院治疗的精神病”。[1] 毫不奇怪，新闻媒体上充斥着人们想方设法摆脱这些讨人厌的生物的故事，包括但不限于使用烟、火，用酒精浸泡财物（这时候千万不可点燃香烟，底特律一名少年吃了苦头才懂得这一点），使用剂量足以杀死一头大象的杀虫剂——却不一定能够杀死臭虫。[2]

臭虫似乎拥有超自然的智商。人们几乎无法遏制为这些食肉动物赋予人格的冲动。根据虫害控制行业的一份主要杂志的描述，它们既“偷偷摸摸”又“有板有眼”。[3] 文章把它们的叮咬模式描述为早餐、午餐和晚餐，如果栖息地受到干扰，它们就“走出门，穿过大厅，再穿堂入室进入下一间公寓”。[4] 受害者觉得备受煎熬。《华盛顿邮报》（*Washington Post*）一位撰稿人愁苦地说：“我觉得就像有人闯入我家，堂而皇之地住下来，并在我的床上做爱。”[5] 臭虫不仅叮咬人，还侵犯我们生活的私密之地，使我们遭遇家宅入侵或昆虫蹂躏，哪怕我们花费数千美元来保卫自己。

人们对当前臭虫灾害的回答与 18 世纪伦敦人歇斯底里

的反应相呼应。19 世纪初，根据博物学家和牧师威廉·宾利（William Bingley，1774—1823）的说法，人们视臭虫为“大城市多数房屋内让人心烦恶心的住户”，趁人入睡时吸食人血。[6] 1852 年，作家和社会评论家托马斯·卡莱尔（Thomas Carlyle，1795—1881）的妻子简·韦尔什·卡莱尔（Jane Welsh Carlyle，1801—1866）在给丈夫的信中写道：“这些可怕的臭虫让我抓狂了好几天。”[7] 在昆虫学日渐成为独立学科的时代，连苍蝇和白蚁也能从博物学家那里得到几句美言，臭虫则仍是自然界中最令人憎恶的昆虫。[8]

整个 19 世纪，英美科学家、企业家、昆虫学家和家政学家继续与臭虫开战。某报纸在报道纽约市美国研究所（American Institute of the City of New York，一家发明家协会）1833 年的展览时这样表达：“托马斯·米勒（Thomas Miller）先生应该凭他名为‘臭虫扑灭器’的蒸汽机得到国家的最高奖赏，说不定它会有效地‘耗尽’这些无情的食人虫。如果他能把这个发明物带到弗吉尼亚，他就功成名就了。我们与两个半球备受折磨的人们一样，为能够掌控这种可恶昆虫的前景而欢欣鼓舞。”[9]

19 世纪和 20 世纪初，某企业自称东方灭虫公司（Oriental Exterminating Company），这或许再次把虫害侵袭与远东联系起来。对害虫的想象再次变成了对其他民族的想象。

臭虫的外来起源（无论外国、政治还是种族意义上的）及其与他者的联系延伸到英国人在臭虫与深肤色种族（无论黑人、意大利人还是法国人）之间、臭虫与伦敦大火等事件之间建立起的联系。与此同时，19 世纪发明的蒸汽机事实上增加了臭虫侵扰人的可能性，因为铁路和旅馆里臭虫密布。随着公司在英美的城市中心蓬勃发展，企业家们热切地谋求为旅行者提供保护自己的产品。[10]

城市化、清洁和阶层继续影响着臭虫泛滥的国家，直至进入 21 世纪。2010 年，某互联网新闻网站声称："臭虫正迅速成为人类的祸害，袭扰家庭、办公室、电影院和购物中心。"[11] 臭虫在大城市中特别普遍。2018 年，美国巴尔的摩、华盛顿哥伦比亚特区、纽约、芝加哥、洛杉矶和俄亥俄州的哥伦布市在受侵染的城市中位居前列。[12] 目前，也许除了老鼠，臭虫是城市疫病最生动的象征。2004 年至 2010 年间，纽约市有关臭虫的相关投诉从 537 起飙升至 10 985 起。[13] 自 2007 年以来，《纽约时报》发表了数十篇讨论这种害虫的文章，其中多篇文章探讨目前臭虫激增的神秘现象，把它们重出江湖与形形色色的少数族裔联系起来。不出所料，不同的文化把这种生物的出没归咎于不同的群体：英国人怪罪东欧工人，东欧人责备吉卜赛人，美国人埋怨移民，到处都有人指责穷人和外国人，认为是他们把这种害虫带入富人家中。[14]

和 19 世纪乘坐铁路出行一样，21 世纪旅行也存在风险。旅行者被提醒要检查甚至拆开酒店的床铺，千万不要把旅行袋丢在地板上。那些不幸带着臭虫度假归来的人被指示把带回来的东西要么冷冻要么加热处理。[15] 显然，托马斯・米勒发明"臭虫扑灭器"蒸汽机是走在正道上的。

人们对近来臭虫侵扰的反应也具有文化共鸣。18 世纪和 19 世纪的伦敦人嗅到了可能威胁其社会期望的敌人。21 世纪，人们最怕的莫过于遭受社交耻辱的危险；据《纽约时报》报道，受害者"为这些看不见的吸血鬼栖居在自己家里感到羞耻，甚至心理上受到创伤……他们害怕邻居的怒目而视，同事的避而远之"。[16]过去，皇宫里臭虫横行并不稀奇，灭虫员甚至公开点名贵族客户。与过去不同，在当前的危机中，保密是法定义务。房东和高档酒店拼命掩盖自己的臭虫问题，要么逼得被咬者不得不提起诉讼要求赔偿损失，要么坚持在销售合同中加入保密条款。如今的阶层似乎比 18 世纪伦敦的等级社会还要重要——臭虫不该叮咬城市上层阶级。《纽约时报》报道称："除了叮咬、瘙痒、麻烦和费用，美国最近一场瘟疫的受害者发现，一种无形的磨难正以臭虫污点的形式等着他们。朋友开始和自己保持距离，邀请突然被取消。"[17]

和 18 世纪一样，人们求助于专家和科学来拯救自己免受臭虫的威胁。如今，科学家对臭虫有了深入了解，包括它们不会传播疾病，至少不会以微生物的形式传播疾病。[18]臭虫可能在其他昆虫或动物的排泄物中爬行，促使疾病传播，但它们本身只是传播媒介，而不是始作俑者。它们的致病结果是心理而非身体上的，约三分之一的人被臭虫叮咬后产生过敏反应或皮肤出现大面积的红肿——某皮肤科医生称之为"多汁的肿包"——7 天到 10 天内可自行消散。[19]在极少数情况下，严重的臭虫叮咬会导致人贫血，不过这种情况通常发生在免疫力低下的人身上。[20] 其他人则没有任何反应。臭虫在吸血之前会麻醉人的皮肤，所以多数人当时不知道自己被叮咬了。臭虫出现的迹象大多是间接的，比如枕套上的血渍或它们的粪便痕迹。臭虫本身很难辨认。昆虫学家和灭虫员经常要向惊慌失措的人保证，让他们惊恐的只是甲虫或放屁虫。一个当事人焦虑的状态反映出这只微小的臭虫是多么强悍地刺激着我们的想象力——“拜托，”她恳求道：“让它是疥疮吧。”千万别是臭虫！[21]

喜剧演员艾米·舒默（Amy Schumer）的回忆录《下背文身的女孩》（*The Girl with the Lower Back Tattoo*）中的一段话捕捉到了臭虫在现代社会引发的许多共鸣：“我不仅搬到了皇后区最糟糕的地方，还遭遇了臭虫，它们让我像遭遇‘9·11’恐怖袭击一样，当它们进入你的生活，就会带来一场逻辑和存在主义的噩梦。它们几乎无法被杀灭——我不得不让我那些老迈可怜的毛绒玩具们在高温烘干机里经历一场恐怖之旅。我的老相识们都在悄悄地重新评估我和他们的友谊。”[22]

臭虫的科学

1826 年，博物学家威廉·柯比（William Kirby，1759—1850）和威廉·斯彭斯（William Spence，1783—1860）在首次问世的《昆虫学史》（*History of Entomology*）一书中一致认为，发现自己与臭虫同床共枕不是一件好事。他们认为，臭虫通过贸易由国外传入英国：

> 商业给我们带来许多好处，也把许多祸患带到我们身边，其中有害昆虫占据了相当大的部分；而它最糟糕的礼物之一无疑是眼下摆在我们面前的令人恶心的动物……但是不管有些人觉得臭虫多么可怕，有些人觉得多么恶心，却仍有许多伦敦的好人似乎对它们无动于衷，懒得劳神费力去消灭它们。不过一般来说人们不希望这样：一个曾在尼科尔森的《杂志》(*Journal*) 工作过的记者发现臭虫在自己的房屋内肆意猖獗，宛如苏拉特（Surat，印度西部古吉拉特邦港口城市）的巴尼恩（Banian）医院，他试图消灭它们的一切努力起初全是徒劳。[23]

如同17世纪以来每个臭虫描述者一样，柯比和斯彭斯都认为他们的研究主题令人作呕。他们还预见到了未来博物学家对此课题的反感，后者会把伦敦人的满不在乎视为懒惰或冷漠的表现，这在虔诚的19世纪也许不太符合基督徒对待穷人的态度。19世纪的教士兼博物学家数量众多，柯比是其中之一，他通过研究自然来揭示上帝的安排。如同瑞典昆虫学家卡尔·冯·林恩（Carl van Linné，1707—1778）一样——更广为人知的名字是林奈（Linnaeus），这位博物学家最早提出用拉丁语双名法对生物进行分类——柯比在自然中看到神圣的和谐，臭虫未必包括在内。[24]柯比对林奈在1735年至1768年间出版的九卷本《自然系统》(*Systema Naturae*) 钦佩不已。威廉·图尔顿（William Turton）在1802年该书的英译本中解释道，臭虫是“多数城市令人心烦又恶心的住户：它们在夜间爬来爬去，趁人入睡后吸血，白天躲在隐秘的洞窟和缝隙中”。[25]

1819年，有一部词典逐字转载了这个定义，表明在一个人们普遍迷恋自然的时代，自然史迅速渗透到了通俗文学中。这部词典进一步描述了臭虫：“它在吸吮时是个完美的吃货，除非狼吞虎咽到再也吃不下的地步，否则不会停下来。”[26] 许多人扩散判断臭虫的方法和谁家住有臭虫的消息，包括哈佛昆虫学家和植物学家萨德斯·威廉·哈里斯（Thaddeus William Harris，1795—1856）。他坚持认为这种昆虫的名称从早先的“bugbear”沿袭而来，意为“夜间令人恐怖和厌恶的对象”。[27] 现代科学揭开了臭虫的全部隐秘（和血淋淋的景象）（见图2）。臭虫在吃完一顿鲜血大餐后的一段时间内特别没有食欲。吸食一次血液足够它们维持数天不再进食。如果宿主（或者，不太雅的说法，营养来源）消失，臭虫可以在不进食的情况下休眠一年以上。如18世纪的臭虫狂热爱好者约翰·索思豪尔所知，臭虫能熬过寒冷的冬天，随着春天的阳光重新露面。事实上，要想彻底杀灭臭虫，需要把烘干机设置到限定的最高温度持续运转30分钟，或者在118华氏度（约47.8摄氏度）中消杀70分钟——明尼苏达大学推广服务部（Extension Service）欢快地告诉大家，这并不能防止臭虫日后在此地死灰复燃。[28]

因此，人们在不间断地寻找能有效消除臭虫的方法。灭虫员的老办法——从烤死的猫到水银逐渐从民间记忆中淡去。19世纪人们用水银、松节油、汽油和砒霜杀灭臭虫；20世纪把除

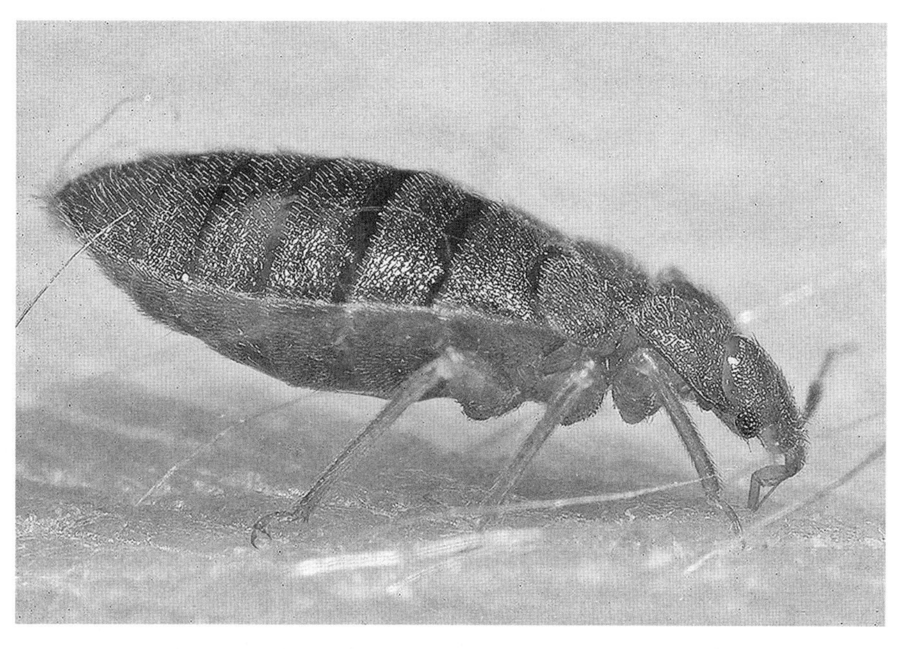

图 2　*Cimex lectularius*，臭虫成虫在进食。美国疾病控制与预防中心（Centers for Disease Control and Prevention），公共卫生图片库（Public Health Image Library）#9820

虫菊、氰化氢以及若干种化学物质添加到资源库中。[29]不幸的是，这些处理方法大多只能杀灭臭虫的成虫，它们留下的后代可以在日后再次繁盛滋生。只有滴滴涕——美国疾病控制中心描述它是“昆虫世界的原子弹”——真正消灭过这种干扰人类睡眠者。“二战”前，臭虫盘踞在伦敦将近三分之一的家庭中，19 世纪末和 20 世纪期间臭虫与铁路旅馆的顾客快乐地同居，更不用说兵营、电影院、妓院等常见的聚集性场所——滴滴涕的出现可以把它们彻底击败，人们再无须费力把它们压扁。[30]

但是，早在 1976 年，先驱昆虫学家 J. R. 巴斯文就警告说，臭虫对杀虫剂的抗药性日益增强，正准备卷土重来。[31] 20 世纪 70 年代多数发达国家禁止使用滴滴涕，这助长了臭虫的东山再起，到 2008 年，臭虫已经成为家庭和企业中司空见惯的伙伴。昆虫学家突然发现自己受到追捧，灭虫员几乎被视为救星。现代的臭虫杀手虽然不会用烤猫这个方法来对付臭虫，却会让经过特殊训练的狗来猎杀它们。毫不奇怪，人们指责驯狗师在不生臭虫的地方错误地指认臭虫——防治臭虫能让消杀人员赚钱。[32]现在有一款智能手机应用程序可以利用 GPS 数据告知用户臭虫潜伏在哪里，还有一种装有紫外线灯的特殊真空装置，可以杀死虫卵和若虫，但不能杀死成熟的臭虫。诚如索思豪尔的教导：“没有卵就无法繁殖。”[33]

科学家们正忙于另辟蹊径。《医学昆虫学杂志》(*Journal of Medical Entomology*)的一项研究描述道，近期科学家们尝试包括使用臭虫信息素来引诱这种昆虫进入杀虫干燥剂中。[34]

一些昆虫学家声称，信息素还能使成年雄性臭虫发狂，驱使它们杀死未成熟的同类，也许这正是约翰·索思豪尔在野生臭虫的行为中观察到的现象。在第一届（2009 年 4 月）和第二届（2011 年 2 月）美国臭虫峰会的网站上可以找到其他消杀它们的方法，包括使用原本禁用的杀虫剂。[35] 如今科学权威与政府支持相互关联，公共服务是公共部门的责任。第一届臭虫峰会由美国环境保护署（Environmental Protection Agency，EPA）发起，会上成立了联邦臭虫工作组（Federal Bed Bug Workgroup），成员包括美国环境保护署、住房和城市发展部以及农业部、商务部和国防部。[36] 如同皇家海军担心臭虫对英国的航运和国防构成威胁一样，美国联邦政府也希望阻止臭虫破坏国家安全。

19 世纪和 20 世纪初的阶层、种族和臭虫

18 世纪和 19 世纪，公众经常依靠约翰·库克和威廉·考蒂等专家的善意来对抗臭虫的威胁。在艾萨克·克鲁克申克（Isaac Cruikshank）的漫画《夏日娱乐：猎捕臭虫》（*Summer Amusement: Bugg Hunting*）中，一对夫妇似乎并不格外害怕或讨厌捕捉臭虫，但他们看起来的确像肮脏的下层阶级成员。他们穿着邋遢褴褛的衣服，几只老鼠躲在窗台上。卧室墙上贴着“T. 蒂芬：女王陛下的臭虫毁灭者”的广告（见图 3）。如果这对夫妇自己的努力没有效果，也许会向蒂芬寻求帮助。

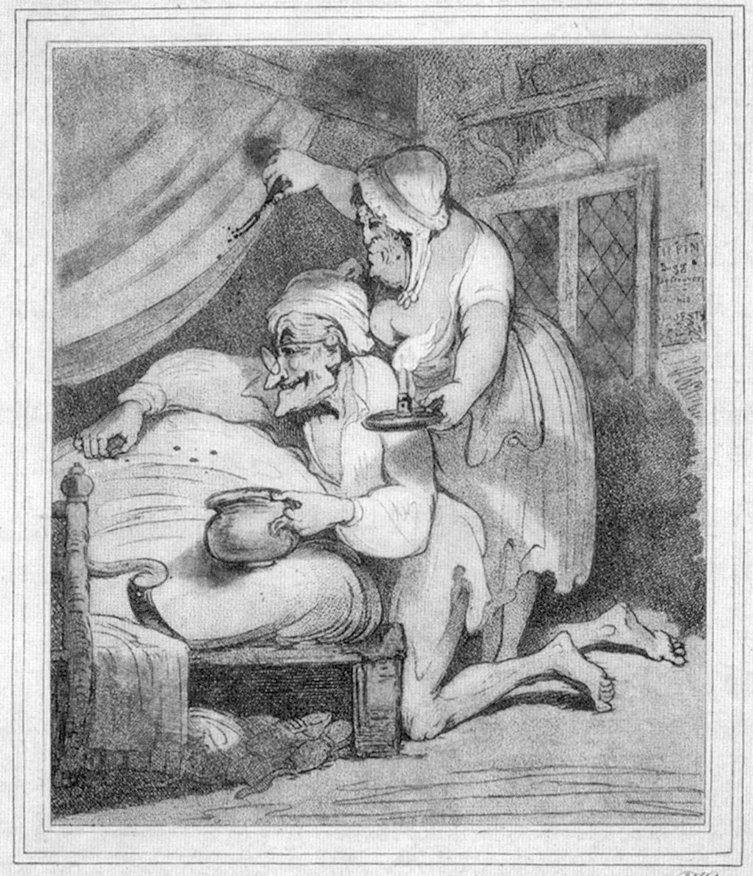

SUMMER AMUSEMENT.
BUGG HUNTING.
LONDON Publish'd Aug.t 20 1782 by I.P. Smith No 83 Oxford Street.

图3　艾萨克·克鲁克申克,《夏日娱乐：猎捕臭虫》。凹版蚀刻版画，1782年。美国国会图书馆版画和摄影部（Library of Congress Prints and Photographs Division），编号00652100

19 世纪中叶，灭虫世家的后裔蒂芬先生与记者兼早期社会科学家亨利·梅休（Henry Mayhew，1812—1887）对谈。[37] 蒂芬先生把家族事业的起源追溯到 1695 年，创业的先祖是女士裙撑制造商，可能对臭虫叮咬了如指掌。在 1801 年亚眠和约（Peace of Amiens）[1]签署后的“和平之光”(Illumination for the Peace）期间，这位蒂芬先生给自己的业务打出“T. 蒂芬：女王陛下的臭虫毁灭者”的广告。广告提到的“女王陛下”是夏洛特公主，如果她比祖父乔治三世和父亲乔治四世活得长久，就会顺理成章地继承王位（她没有）。不幸的公主要求他消灭夜间一直叮咬她的臭虫。他找到了那只臭虫，她叫起来：“哦，这个害人精！昨晚就是它在折磨我，别让它跑了。”蒂芬对梅休说出了这样的观点：“我觉得它尝过王室的鲜血后好看多了。”[38]（与许多英国人一样，蒂芬先生似乎对汉诺威统治者的优雅精致持有偏见。）

蒂芬声称只为富裕、有威望的顾客服务。这位灭虫员坚称：“我账簿上的贵族姓氏在英国首屈一指。”他的家族为上流社会服务在很大程度上是自我塑造的。根据蒂芬的说法，他父亲过去常常“腰间佩剑，头戴三角帽和丝囊假发去客户家杀灭臭虫——事实上，他打扮得像个普通的花花公子”。阅历丰富之后，蒂芬认为：“我从没注意到不同肤色的人被臭虫叮咬后的反

[1] 1802 年 3 月，拿破仑战争期间由当时法兰西第一共和国第一执政拿破仑·波拿巴的兄长约瑟夫·波拿巴与英国的康沃尔侯爵代表法英双方所缔结的休战条约。

应有何不同。”大家都是臭虫的猎物。他声称要想办法根除臭虫而不是依赖其他臭虫杀手宣称的所谓补救措施。他说：“我可以把它叫作对臭虫的科学防治，而不是大批谋杀。我们不关心成千上万只臭虫，我们要找的是最后一只。你的木匠和家具商千方百计地能抓到多少只，就有可能在干完活后留下多少只。”[39]

蒂芬含蓄地表达了自己与他的顾客一样优雅精致。他声称享有最高权威，因为他与18世纪和19世纪许多满怀热情、一丝不苟地研究自然史的绅士具有相同的科学精神。他没有不分青红皂白地扑杀臭虫；他不是用锤子而是用剑消灭它们，或许像他佩剑的父亲。他是个目标明确的刺客，不像某些下层灭虫员那样对臭虫大开杀戒。和其他自然物收藏家一样，蒂芬也收集了不寻常的标本：“我攒了很多臭虫壳，大小不一，颜色各异，我把它们视为珍宝保存起来。有白臭虫——你可以说它患了白化病——它是大自然的怪物。”[40]

在蒂芬追求地位的过程中，连他追逐的臭虫也别具一格。值得注意的是，他保存了它们的外壳而不是整个身体。臭虫和它们咬破的皮肤之间的紧密联系可能发挥类似护身符的作用，这让他的收藏品不仅成为研究的样本，也是自然魔法的来源。如同那些用强烈的气味消灭臭虫的灭虫员一样，蒂芬利用了敌人的另一个方面——这里指它们的皮肤——来反制它们。此外，他的活臭虫是值得尊敬的对手——它们“能在一切地方聚居，不过它们志向高远，偏爱高贵的地方”。在这种情况下，昆虫和猎手都喜欢荣耀，即使不是都喜欢鲜血。然而，矛盾的是，蒂芬虽然声称臭虫对皮肤类型没有偏好，却又提到“我见过的最精美肥硕的臭虫是在一个黑人的床上发现的。他是某位印度将军的心腹仆人”。[41]

蒂芬的爱好反映了众多更加专业的昆虫学家对自然史的追求，比如博物学家柯比和斯彭斯。19 世纪的业余博物学家比比皆是，他们兴冲冲地收集动植物标本，无论是在英国国内还是在英国殖民和征服的地区。跟索思豪尔一样，他们为了获得利益和地位而谋求掌控自然界。收集异国他乡稀奇古怪的东西是新兴资本主义的一个主题，是人们展示和积累财富的一种方式，是帝国建设者和国际金融家的一种消遣。[42] 蒂芬家族名利双收，他们的企业至今存在，不过改名为（也许你可以料到）“生态蒂芬”（Ecotiffin），该企业提供多种建筑物养护服务。

与臭虫捕手们的收益齐头并进的是臭虫吸食市镇居民的鲜血后逐渐长得肥壮。儿童作家毕翠克丝·波特（Beatrix Potter，1866—1943）描述了她 1883 年在海滨小镇托基（Torguay）度假时闻到臭虫气味的经历：“我抵达后在卧室嗅了嗅，那几个小时我的不祥预感一直存在，床上可能有太多自然史。”[43] 毕翠克丝喜欢白鼠，她对臭虫的厌恶更凸显了它们的负面形象。

约书亚·巴格（Joshua Bug）[1]的故事体现了臭虫与阶层态度的密切联系。约书亚·巴格是约克郡一家酒馆的老板，大概在被笑话了一辈子之后，他在 1862 年给自己改名为诺福克·霍

[1] Bug 这个姓氏和臭虫的单词拼写一致。

华德（Norfolk Howard）。很不幸，这个新名字并没有让他免遭奚落。报纸大肆报道，纷纷以巴格煞有介事地给自己选了个可以追溯到中世纪的尊贵姓氏为理由大做文章。《北安普顿水星》（*Northampton Mercury*）讥讽道："为自己的名字感到羞耻很不好，给自己安个堂皇的新头衔则是极度的粗俗。"从那时起直至20世纪初，至少在英国某些地方，人们把臭虫叫作"诺福克·霍华德"。[44]

在抗击"诺福克·霍华德家族"的战斗中，如果家庭主妇想保证家庭战场的安全，她们就要拿起"武器"。我们在第1章看到，清洁正成为体面的现代中产阶级的法定义务。但是把臭虫挡在家门外的工作量相当巨大。家庭主妇不得不定期晾晒被褥，更要频繁地拆卸床板甚至达到一周一次。倘若家里发现臭虫，她的工作量就呈指数级增加，如简·韦尔什·卡莱尔在写给丈夫的信中所说：

> 我先在厨房的地板上泼洒了满满20桶水，把那些企图自救的东西淹死——接着消灭了能够找到的每只臭虫，把床板一块接一块地丢进装满水的大盆里——再把水盆抬到花园里浸泡两天——我又粉刷了所有的接缝——让人把窗帘洗净，并暂时摊开，希望并相信没有一只臭虫能活着逃走——哦，天哪——要干的活儿多么恶心——可是，消灭臭虫是不能交给别人去做的事情。[45]

美国先驱昆虫学家 C. L. 马莱特（C. L. Marlatt）成名的主要原因是把瓢虫引入美国并绘制了蝉的生命周期图。1916 年，他思考了臭虫给家庭主妇造成的负担："一场艰苦的斗争、一场轰轰烈烈的运动摆在家庭妇女面前。她们响应召唤与臭虫这种声名狼藉、与人纠缠不休的害虫争夺家的占有权。它吞食受害人类的鲜血，从日出到黄昏都躲在巢穴里，却在午夜时分突然扑向熟睡中孤立无援的猎物。"[46]

不过，家庭主妇并非孤立无援。从 19 世纪中期到现在，销售防治臭虫产品的公司一直在呼吁母亲和家庭主妇要保护孩子和家园。墨西哥罗奇（蟑螂）食品公司（Roach Food Company）20 世纪初的一则广告表达了好主妇与坏臭虫之间的联系（见图 4）。

这则广告也反映了与害虫相关的持续的种族歧视。虽然该公司创立的初衷显然是为了抗击蟑螂（*la cucaracha*），但是到了 20 世纪初，它已经将业务延伸到了消杀臭虫的领域。1910 年，由于墨西哥革命和越来越多的墨西哥移民进入美国，美国人对墨西哥人颇多微词。致力于消灭蟑螂和臭虫的公司将受益于外界对墨西哥人的态度。

墨西哥罗奇（蟑螂）食品公司得到了美国政府批准。1910 年杀虫剂法案（Insecticide Act）通过后，美国政府决心给害虫防治公司颁发许可证。到 1912 年，政府对声称能根除害虫、实际上却销售似是而非的杀虫剂的公司处以罚款。[47] 但是政府没有采取整治建筑物内环境卫生的措施，虽然廉租公寓里倒霉的居民敦促政府采取行动。

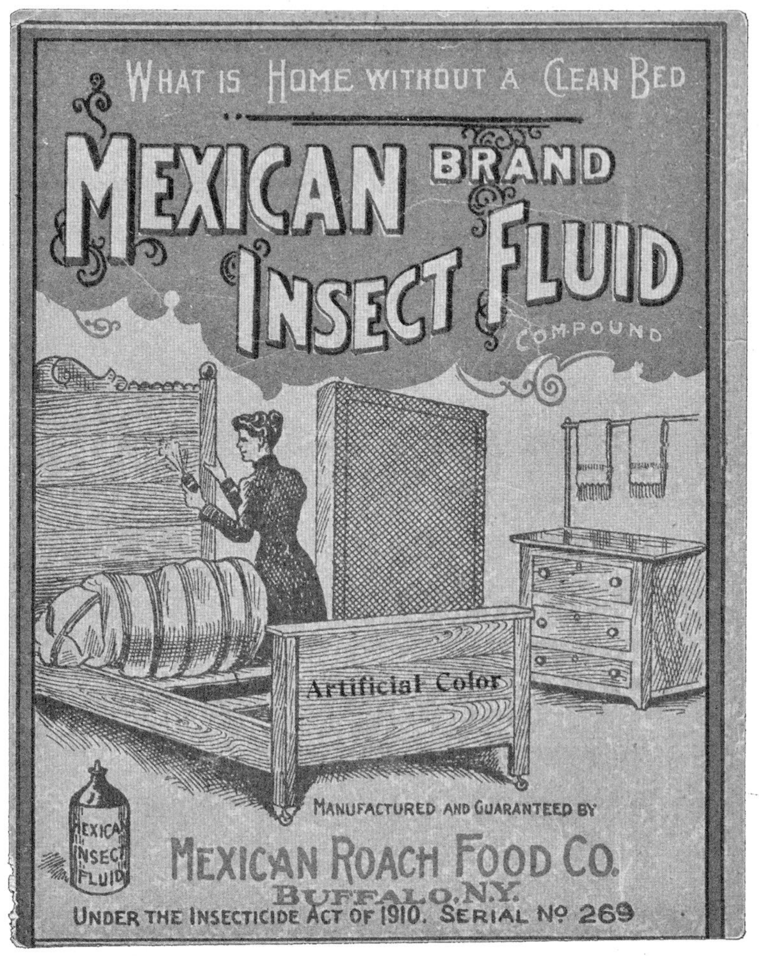

“没有干净的床算什么家”

“墨西哥牌昆虫液”

“根据 1910 年颁布的第 269 号杀虫剂法案，由墨西哥罗奇（蟑螂）食品公司生产和保证”

图 4　灭虫液商标，约 1910—1915 年，费城科学史研究所（Courtesy of the Science History Institue, Philadelphia）提供

在英国，政府监控到臭虫侵入建筑物，并采取应对侵扰的措施，对阶层的态度是这项措施的关键组成部分。20 世纪 30 年代，在大不列颠卫生医官（Medical Officers of Health）的某次会议上，协会主席、医学博士 C. 基利克·米拉德（C. Killick Millard）宣布："臭虫横行的房屋内，房客往往不太干净。但是他们常常既该被责备，也该被同情。""我们所考虑的许多人（尤其是生活在贫民窟的人）生活中或多或少对臭虫的存在习以为常，于是，熟悉感导致淡漠。"他建议，解决臭虫问题的办法是教育穷人具备"反臭虫的良知"。[48]

这项行动导致 1935 年英国卫生部成立臭虫侵扰委员会（Committee on Bed-Bug Infestation）。委员会 1940 年的报告中有一节涉及格拉斯哥消灭臭虫或"贫民窟臭虫"（该报告的一名作者后来如此称呼）的工作。[49] 政府一直致力于把贫民窟居民重新安置到该市的新建住房中，但是如果不"对这些房屋予以充分监管，对家庭主妇开展简单的家庭保洁方法的指导"，这些努力都是无用功。哪怕用氰化氢和二氧化硫熏蒸房屋也不管用，因为"用化学物质消杀房屋内的臭虫，可能导致房客采取漠不关心的态度，放弃自己对保持房屋内清洁标准的责任，而清洁将确保他们免受臭虫的再次侵扰……毫无疑问，家庭不够清洁是臭虫泛滥的主要因素"。[50]

"二战"期间，政府继续关注臭虫。1942 年的一份政府报告指出："整个大不列颠和其他几乎每个地方的社区都有臭虫滋生的居民楼，如果负责维护的人实施了有效的监督方案，就不至于让这些居民楼堕落到这样可悲的境地。”报告用傲慢的姿态建议卫生检查员向家庭主妇强调清洁的重要性，以不冒犯“懒惰落后的房客”的方式，“多管闲事的态度必然失败，对马虎大意的房客态度坚决又不失同情的处理办法在大多数情况下会得到他们最终心甘情愿的配合”。倘若这些人最终无法清除家里的臭虫，报告附和早期灭虫员威廉·考蒂的建议：“把建筑物拆除可能是唯一有效的补救措施。”[51]

我们看到，从19世纪开始，上流社会发出的谴责不绝于耳：臭虫横行是对卫生漠不关心。政府对可能助长臭虫侵扰的社会条件缺乏同情，一味把责任推给家庭妇女。英国医学研究委员会（Medical Research Council）的报告意图淡化家庭妇女为保护自家免受臭虫侵扰的工作量：“众所周知，哪里清洁，哪里就不生臭虫；事实上，家庭主妇为了让自己家里彻底免受臭虫的侵扰，家庭清洁不必达到惊人的程度，甚至不必达到令人不适的地步。”[52]所以，家庭妇女在预防臭虫叮咬这件事上不会遇到太多困难。遗憾的是，这番乐观的评估已经过时，闪电战迫使伦敦人进入防空洞，臭虫也在那里寻求庇护。英国卫生部决定，当务之急是公布1942年的报告，因为“这个问题在战争条件下格外重要”。[53]当臭虫不仅威胁穷人，也威胁在防空洞避难的每个人时，它们就成了国家安全问题。幸运的是，战争结束时随处可以获取的滴滴涕比墨西哥罗奇（蟑螂）食品公司生产的产品有效得多。这个解决办法能让所有家庭妇女稍事休息了（见图5）。

"DDT is good for me-e-e!"
The great expectations held for DDT have been realized. During 1946, exhaustive scientific tests have shown that, when properly used, DDT kills a host of destructive insect pests, and is a benefactor of all humanity.
Pennsalt produces DDT and its products in all standard forms and is now one of the country's largest producers of this amazing insecticide. Today, everyone can enjoy added comfort, health and safety through the insect-killing powers of Pennsalt DDT products . . . and DDT is only one of Pennsalt's many chemical products which benefit industry, farm and home.

GOOD FOR STEERS—Beef grows meatier nowadays . . . for it's a scientific fact that—compared to untreated cattle—beef-steers gain up to 50 pounds extra when protected from horn flies and many other pests with DDT insecticides.

Knox Out FOR THE HOME—helps to make healthier, more comfortable homes . . . protects your family from dangerous insect pests. Use Knox-Out DDT Powders and Sprays as directed . . . then watch the bugs "bite the dust"!

Knox Out FOR DAIRIES—Up to 20% more milk . . . more butter . . . more cheese . . . tests prove greater milk production when dairy cows are protected from the annoyance of many insects with DDT insecticides like Knox-Out Stock and Barn Spray.

GOOD FOR FRUITS—Bigger apples, juicier fruits that are free from unsightly worms . . . all benefits resulting from DDT dusts and sprays.

GOOD FOR ROW CROPS—25 more barrels of potatoes per acre . . . actual DDT tests have shown crop increases like this! DDT dusts and sprays help truck farmers pass these gains along to you.
PENN SALT
CHEMICALS
97 Years' Service to Industry • Farm • Home
PENNSYLVANIA SALT MANUFACTURING COMPANY
WIDENER BUILDING, PHILADELPHIA 7, PA.

Knox Out FOR INDUSTRY—Food processing plants, laundries, dry cleaning plants, hotels . . . dozens of industries gain effective bug control, more pleasant work conditions with Pennsalt DDT products.

"滴滴涕对我有好处！"

图 5　潘索特化工公司（Penn Salt Chemicals）的广告盛赞滴滴涕的优点，《时代杂志》，1947 年 7 月 30 日，费城科学史研究所提供

现代臭虫恐慌

1972 年滴滴涕在美国遭到禁止时，臭虫的禁食期结束了。数十年后，这种生物卷土重来，发起新的可怕的攻击。这时候，它们几乎对一切形式的杀虫剂都产生了抵抗力，用昆虫学家迈克尔·波特（Michael Porter，消灭臭虫的大师）的话说，臭虫掀起了一场虫害防治的“完美风暴”。波特强烈倡导杀灭臭虫，责备环保主义者控诉杀虫剂：“我想带着这帮人中的一部分人，把他们锁在一栋臭虫横行的公寓楼里，看看那时候他们又会怎么说。”[54] 臭虫似乎已经成为当今文化战争的另一个症结所在（sticking point）——或缓慢进行的问题点（crawling point）。

当前臭虫卷土重来的阵势令人生畏。到 2011 年，美国国家害虫管理协会（National Pest Management Association）的一份报告称，在 30% 的公共住房内发现了臭虫，99% 的虫害防治公司被召去对抗这种威胁。[55] 科学家在尝试设计新的策略以控制和终止这种攻击时遇到了巨大阻碍。饲养臭虫的实验室是用 30 年前的臭虫种群繁殖的实验用虫，它们与现在的品种相比，对杀虫剂的抗药性较差——杀灭野生臭虫所需杀虫剂的剂量要比杀死它们被驯化的“兄弟姐妹”所需的大得多。[56]

所以，在这样的情况下，你的卧室就相当于野外了。“通常人们不愿把自己的房屋当作实验室，”一名芬兰研究人员指出，“只想尽快除掉它们。”[57] 不过，研究仍在继续。科学家已经对臭虫进行了基因组测序，明确了它们是怎样克服拟除虫菊酯（最常见的杀虫剂）的药性的。一些研究人员认为，使用臭虫信息素也许是解决问题的关键——臭虫通过一种名为“创伤性授精”的方法进行繁殖，即雄虫在没有生殖器的雌虫身上挖洞，将精子注入其中。（对，这是臭虫令人骇然的又一个原因，感到自己私密空间遭到侵犯的人类会觉得心有戚戚焉。）雄性在交配时不区分对方的性别，包括攻击其他雄性和若虫并致其死亡。这些潜在的对象产生的信息素让雄虫能够知道它们是否对外开放。如果科学家能够分离出这些化学物质，就能用它们来制造有效的杀虫剂——或者叫杀精剂——引诱臭虫进入用干燥剂粉尘制造的陷阱，使其脱水而死。[58]

当然，就像科学领域中的许多进步一样，阻断臭虫交配也存在弊端。臭虫也可以成为对付人类罪犯的工具：法医专家建议对臭虫吸食的血液进行 DNA 分析。它们也为许多人提供了就业机会。[59]

不太切合实际却有更深远意义的是，臭虫可能给我们提供了一种了解进化的方法。它们是“活化石”，但它们对杀虫剂产生对抗性，目前正在变异为一个全新的物种。塔尔萨大学（University of Tulsa）生物学家沃伦·布斯（Warren Booth）在《分子生态学》（*Molecular Ecology*）杂志上一篇与他人合作的研究论文中写道：“那么多人对它恨之入骨，它也许只是个研究进化问题的完美有机体范本。”[60]

但是，既然臭虫不携带病菌，对人的叮咬又相对无害，它为何那么招人讨厌？部分原因是它在我们入睡后变得脆弱无助的时候发起攻击。臭虫乘着国际航班和全球化风起云涌的浪潮东山再起。它藏在我们的行李和背包里，用一种让反移民人士抓狂的方式穿越边境。事实上，迈阿密特朗普多拉尔国家酒店一位入住杰克·尼克劳斯（Jack Nicklaus）套房的客人起诉了这家连锁酒店，他在店内遭到臭虫叮咬并受到了伤害。受伤方称："相信我吧，我告诉你，早上醒来后知道整个夜晚你身上爬满臭虫是很可怕的。我被特朗普的形象欺骗了。"[61] 毫不奇怪，案件在 2016 年大选前了结，具体赔偿金额不详。

臭虫诉讼催生了一项有利可图的法律业务。对马里兰州奥克森山（Oxon Hill）某红屋顶客栈（Red Roof Inn）提起的诉讼，判决的赔偿金为 10 万美元。本案律师丹尼尔·惠特尼（Daniel Whitney）名利双收，号称"臭虫律师"。他在女儿从欧洲带回臭虫让他受到惊吓之后，开辟了这项业务。在对自家房屋进行了一番昂贵的处理后，他茅塞顿开："哇，这其中牵涉一些真正的法律责任。"[62]

人身伤害律师艾伦·施努尔曼（Alan Schnurman）起诉了纽约传奇——华尔道夫·阿斯托里亚（Waldorf Astoria）酒店，艾伦称该酒店的客户遭遇了"住在地狱"的体验。[63] 旧金山某酒店管理人员看见一只臭虫后花费了 2500 美元让人用蒸汽清洁房间。他告诉《纽约时报》："听起来这是一大笔钱，但良好的声誉价值无限。""我们最担心的是有人遭到叮咬，并在旅游网站上发布相关信息，那样我们就死定了。"[64]

位于迈阿密的戴尔法律全国总部（Dell Law Nationwide

Headquarters）设有臭虫部（Bed Bug Division），为全国各地愤怒的房客和租户提供代理，还有 24 小时热线电话和 YouTube 账号视频告诉人们，当遭遇臭虫攻击时该怎么办。该公司提醒道，臭虫会给我们的身心留下伤痕，同时向潜在客户保证，达不到协议效果不收取费用。[65] 还有一家专注于臭虫的公司——臭虫法律（Bed Bug Law）使用的措辞听起来颇像电视节目《法律与秩序》（*Law and Order*）的片段："通过努力，我们的律师赢得了才干出众和勇敢无畏的名声，拥有从发起臭虫诉讼到索赔的全流程技能并能予以证明。我们热情而勤奋地工作，让疏忽大意的企业主为其行为和给我们的客户造成的伤害承担责任。"[66]

追着臭虫谋求利润的不仅限于律师。自 19 世纪中期，某发明家就为自己设计的驱逐臭虫的装置"科克伦固定床架改良器"（Cochran's Improvement in Fastening Bedsteads）打广告；托马斯·米勒设计了臭虫扑灭器。这种微小的生物给他们带来了巨大的商机。市面上已有防止臭虫攀爬床腿的产品（拦截昆虫攀爬器）；把床包裹严实的其他产品（防臭虫床垫罩）；有专门清除臭虫的真空吸尘器（臭虫根除器）；杀死行李和背包上的臭虫的加热装置（阿玛托 9000）；更不用说帮助识别臭虫排泄物的成套工具（臭虫蓝色粪斑检测器）。科罗拉多州一位名叫大卫·詹姆斯（David James）的发明家拥有一家名叫潘克泰特（PackTite）的公司，该公司把价格不等的消杀臭虫的产品推向市场，从 19.95 美元的臭虫监测器到 3861 美元的能对整座房屋进行消杀的加热器。丰富的产品目录让他诗兴大发：

玫瑰是红的

紫罗兰是蓝的

确认了臭虫的蓝色粪便后

潘克泰特会把臭虫杀死。[67]

如果这些产品看起来都过于机械，还有其他对付臭虫的策略。一家颇具环保意识名为泰拉梅拉（Terramera）的公司，销售一种名叫“袋中碎布”（Rag-in-a-Bag）的产品，是把染了臭虫的物品与用印度楝树油处理过的碎布装在袋中一周。公司解释说，“强烈的天然绿杏仁味”会告诉你起作用了——这样的生态证据让人想起18世纪灭虫员的强烈气味驱虫法。[68]美国国家农药信息中心（National Pesticide Information Center）经过对比，把印度楝树油的气味比作“大蒜、硫黄”，约翰·索思豪尔或许会对它印象深刻，但现代人的鼻子却对它不那么在意。[69]

如果印度楝树油对臭虫来说仍然显得过于温和，那么人们还可以求助于嗅探臭虫的狗和驯狗师，这项服务收费高达3500美元。如同许多臭虫消杀产品一样，这项服务也没有保障——有时狗未经适当训练，有时嗅探结果不准，尤其是在遇到无良驯狗师的情况下。[70]但是，抱着对善待动物组织（People for the Ethical Treatment of Animals，PETA）的歉意，用心爱的动物——最好是比格犬、德国牧羊犬和拉布拉多犬——追逐可怕臭虫的方法在某种程度上是有效的。

比格犬罗斯科（Beagle Roscoe）在贝尔环境服务公司（Bell

Environmental Services）效力，人称“罗斯科臭虫犬”，它和同伴靠嗅觉来识别猎物。[71] 早先人们把臭虫的气味与香菜作比，如今有关嗅觉的新闻更换了内容。美国国家环境保护局形容它的气味“甜丝丝的，有点像生牛肉”，而在英国害虫控制协会（British Pest Control Association）看来，臭虫闻起来像“覆盆子、杏仁和发霉鞋子的混合气味”。[72] 英国人嗅到的可能是雌虫分泌的信息素，它们在阻止创伤性播种的雄虫的狂热追求。瑞典科学家尝试用指甲油蒙住臭虫的汗腺以抑制其繁殖。[73] 哈佛大学昆虫学家理查德·波拉克（Richard Pollack）说，对留意到气味的非专业人士来说，臭虫的数量一定数不胜数，所以也许还是留给狗去嗅为好。[74]

倘若你负担不起上述服务的费用，臭虫连体衣公司（Bed Bug Pajamas Inc.）会向你出售从头到脚的保护服。这种连体衣若是让人想起处理化学品泄漏时所穿的危险品防护服，似乎也不算巧合。如同灼烧大地的滴滴涕一样，消灭臭虫运动类似一个物种（智人）对另一个物种（温带臭虫［*Cimex lectularius*］）发起的全面战争。许多臭虫防治产品的名称和标语与战争的比喻遥相呼应：持械（Armato）——终极臭虫杀手（Ultimate Bed Bug Killer）、爬虫拦截机（Climbllp Insect Interceptor）、生态侵袭者（EcoRaider）、臭虫巡逻员（Bed Bug Patrol）。

但是广告商的销售策略往往基于母性而非军事情感，迎合母亲护犊的本能与守护儿童健康和家庭不可侵犯的角色。广告要打动人心，“生态臭虫杀手”（EcoRaider Bed Bug Killer）有一则广告，画面上可爱的婴儿在熟睡，配上广告语“从今晚开始，睡个好觉”，没有一个妈妈能够抗拒这种话。[75]

臭虫消杀产品的性别色彩——给主妇们提供消灭它们的武器和保护家人免受伤害的居家生活——体现了广告公司的老练心机和利用害虫赚钱的动机。纽约有家专门针对臭虫防治市场的公司叫艾乐伊丝（AllerEase），这家公司以老板是女性而自豪，它说明了防治臭虫是女性一项最重要的事务。庞图埃尔·埃斯卡格特公司（the Company Ponctuel Escargot）有一款产品叫“别致的臭虫珠宝链”，这款产品未必在强调性别色彩，也许只是想利用臭虫商业主义固有的荒谬性赚钱。[76]

心理学、社会和国家

一个简单的事实造就了臭虫攻防市场的繁荣：臭虫让人发疯。它们诱发人们的妄想症——提供商业机会——导致受侵扰者普遍绝望。正如一位臭虫专家所言：“对精神状态脆弱的人而言，臭虫具有毁灭性。”[77]

许多网站和博客致力于帮助那些身心遭受臭虫折磨的人。至少 Bedbugger.com 在 2017 年关闭之前是美国相关资讯最为丰富的网站。从 2008 年开始，该网站论坛中发布了数百个帖子，内容是人们讲述自以为染上臭虫的噩梦般的体验，有的人甚至没有遭到侵扰的证据。有人发帖说：“我相信我患了有关臭虫的创伤后应激障碍，我不服用安眠药就无法入睡，我忍不住不停地检查床褥……我觉得自己受到了无法修复的伤害，在与它们的斗争中经常感到孤独。”另一个发帖人坦言：“我深信自己已经万劫不复，我受到诅咒，余生都要和它们打交道。我变得非常焦虑、沮丧，有时连着几天睡不着——那是我生活的至暗时期。”[78]

这种恐惧症会导致人做出可怕的行为。最后一个发帖人是个少年，他离家去公园或朋友家睡觉。父母拒绝相信他，现在他跟他们疏远了。至少他没有企图自杀，不像那个具有躁郁症和酗酒史的可怜女人。她留了张字条，上面写着：“我刚刚在晨衣袖子上看到一滴血，我断定吸血鬼回来了，我受不了自己生活在被活活吃掉的恐惧中。我写下这张字条时已经灌下一瓶酒，吞了 200 粒药丸，我什么也感觉不到。我感到一片空虚，真受不了。”[79]

因臭虫困扰而自杀已经够糟了，这种昆虫竟然把另一个精神脆弱的人逼到了弑母的地步。明尼苏达州的一个男子杀死了他的母亲，因为他用杀虫剂给她的公寓进行消杀后认为“没救了”，接着又认为杀虫剂毒害了双子城（Twin City）的供水系统。Bedbugger.com 的网站管理员“nobugsonme”评论道：“绝望的人会做一些绝望的事。”[80]

臭虫主题的帖子的共同点是受害者的羞耻感。他们受到“无法修复的伤害”，他们感到“肮脏不洁”。[81] 就像被吸血鬼袭击的受害者在某种意义上也变成了吸血鬼，面临着社会偏执的恐惧和排斥。他们担心如果公开了自己感染臭虫的消息，自己会被赶出家门，被拒绝提供社会福利——有些受害者已经遭遇了这种情况。《华盛顿邮报》解释道："如果你生活在城市里，'臭虫'这个词仿佛一把冰冷的匕首刺向心脏。"[82] 把木剑刺入普通吸血鬼的心脏可以将其杀死，但对付臭虫这种吸血鬼显然要用更强劲有力的手段才行。

2010 年，喜剧演员史蒂芬·科拜尔（Stephen Colbert）询问密西西比州立大学昆虫学教授杰罗姆·戈达德（Jerome Goddard）："这种微小的'吸血鬼'即臭虫，是对我们真实的威胁，还是说目前人们的歇斯底里只是'媒体炒作'的产物？"这是个好问题，近来的鼓噪无疑让媒体获益。《BBC 杂志》（*BBC Magazine*）告诉读者："吸血鬼小说可能风靡一时。但《暮光之城》（*Twilight*）之后真正的吸血鬼不是新上映的剧集《德古拉》（*Dracula*）中的主角，而是生活在我们床垫、床板和枕头中的小昆虫。是的，臭虫回来了，虫害控制员警告说，全球将发生虫害大流行。"[83]

从《今日秀》（*Today*）到《奥兹医生》（*Dr. Oz*）再到《橙色是新的黑色》（*Orange Is the New Black*）等电视节目都在大肆描绘臭虫的入侵。芝加哥一家电视台报道称，CTA 红线（CTA Red Line）[1] 上一名乘客发现他的座位上有臭虫爬行，后来这名乘客收回了这一说法，因为他所说的臭虫原来是体虱——但那时《芝加哥论坛报》（*Chicago Tribune*）已经报道了此事。[84] 从

[1] 芝加哥交通局（Chicago Transit Authority, CTA）是美国的交通运营机构。其有轨列车的线路以颜色划分，红线是当前最繁忙的一条交通线。

加拿大、肯尼亚，再到其他国家，都发生过类似的故事。《纽约时报》一直热衷于有关臭虫的故事，该报自 2006 年以来在各个版面［包括“现代爱情”（Modern Love）］上刊载了 100 多篇相关文章。Bedbugger.com 的网站管理员得出结论，臭虫比虱子更耸人听闻，有臭虫故事的报纸销量更高，网站点击量也更高。[85]

臭虫引起的舆论喧嚣与它们对人类的实际威胁完全不相称。这不仅在于它们攻击处在睡眠中的、脆弱的人群，或使一些人出现过敏反应和皮肤红肿。对臭虫的反应体现了我们对社交孤立的恐惧。臭虫的污点本质上是让人沦为贱民，这可能把你的朋友、亲戚，甚至是陌生人拖入泥潭。“虽然如此，臭虫最糟糕的地方不在于臭虫本身，甚至不在于叮咬的疼痛，”苔丝·拉塞尔（Tess Russell）在《纽约时报》的“现代爱情”专栏上写道，“而在于你把消息告诉别人时对方的反应，他们的反应基本上是大同小异的：他们为你深感难过，然后退避三舍。”[86] 我们看到，美国女演员艾米·舒默（Amy Schumer）可以证明，由于臭虫的缘故，她失去了社交吸引力。[87]

社交孤立比一切虫蚋都可怕，它把受害者归为不得人心、为自己的不幸而受到埋怨的“他者”。美国国家环境保护局试图安抚人们病态的恐惧情绪，劝告人们遇到臭虫时不要慌张或丢掉所有家具，也不要对问题保持尴尬的沉默。政府积极建议：“公开交流臭虫及其侵扰等问题将促进合作解决问题，胜过对虫害横加指责，助长此类事件的污名化。”政府特地发布了一份建议低调处理教室里出现臭虫的公告：“在学校看见臭虫有助于察觉居住的社区中潜在的虫害。不过，这类信息非常敏感，可能让学生及其家人蒙羞，学校应谨慎处理。”[88]

但是政府在害虫和应对虫害问题上发出了混乱的信息。美国国家环境保护局建议采用害虫综合管理（Integrated Pest Management）技术，利用害虫及其栖息地的相关知识来降低虫害风险，只在万不得已的情况下使用杀虫剂。这些方法是“聪明、理智和可持续的”，“对避难所、一些教养院等临时住宅区的所有者或代理人来说特别有效，因为这些地方引入臭虫和日后受到臭虫侵扰的风险很高”。[89]

成立于第二届臭虫峰会后的美国联邦臭虫工作组（Federal Bed Bug Workgroup）在2015年的《臭虫合作战略》（*Collaborative Strategy on Bed Bugs*）中敦促“学校、住房提供商、社会服务提供商、害虫管理公司、地方企业、执法部门和地方卫生部门”对“文化考量”保持敏感，“例如价值观、种族、国籍、语言、性别、年龄、受教育程度、流动性、信仰、行为规范、沟通方式、文化水平等，这些因素可能对管理活动和建议产生影响”。美国国家环境保护局提出打破“把环境卫生、贫困和移民身份与臭虫联系起来的荒诞说法”的目标。[90]

这份文化考量清单是否暗示有些人或社区其实并不介意臭虫？说到臭虫，真是什么事都有可能发生。20世纪中期人们对付臭虫的策略和现在的几乎一模一样，人们对受到侵扰者居高临下的态度也十分常见。弗吉尼亚理工大学昆虫学教授迪尼·D.米勒（Dini M. Miller）为该州制定了一项庇护所计划，包括在公共区域张贴海报以提高“臭虫意识”，她这个计划效仿了1934年基利克·米拉德的“反臭虫的良知”。此外，米勒教授还建议受到臭虫威胁的人要限制杂物堆积，“臭虫的密友……限制客人可以存放在庇护所的物品，尤其是毛绒玩具、枕头、书籍、小摆设、电子产品等非必需品。当有孩子在庇护所里时，这些建议可能很难被采纳，但重要的是要让生活区对臭虫不友好”。[91] 采取这些措施可能会降低庇护所对人类的友好程度，不过这里没有谈到这个事实。

在有关臭虫及怎样预防臭虫的讨论中弥漫着阶级意识。穷人，包括受到虐待的妇女儿童——他们的小摆设和填充毛绒玩具——可能的确有臭虫藏匿其中，部分原因是消杀费用昂贵，且他们的家当往往是捐赠而来。但有些灭虫员认为，更大的责任在社会其他层面。因为感染臭虫带来的耻辱感是如此深重，有钱人起初否认他们有虫害困扰问题，这导致虫害泛滥。他们拥有更多财物，让臭虫有了更多藏身之处。当他们最终承认这个可怕的事实时，自身并不会受到公开羞辱，因为害虫控制公司使用没有标记的货车，发誓保守秘密。根据《纽约杂志》（*New York Magazine*）马歇尔·塞拉（Marshall Sella）的说法：“开价不菲的专业人士悄悄地应召前去清除迪奥高级礼服、波特豪特（Porthault）亚麻制品和奥布森（Aubusson）丝绸地毯上的入侵昆虫。对那些欣赏讽刺和或许有点幸灾乐祸的人来说，事实是这样的：抛开长久以来对臭虫和贫困的看法不谈，有钱人在某些方面可能更容易受到臭虫侵扰。臭虫是对人类一视同仁的害虫。”[92]

不论过去还是现在，当臭虫出现在富人家时，政府都会被敦促着采取行动——米拉德在1932年观察到：“在上流社交圈，哪怕提到这个词（臭虫）都会被认为不成体统。”[93]臭虫在这个阶层现身促成了臭虫峰会（英国卫生医官的现代对等物）的召开。地方官员知道，富裕选民盼望这个问题得到解决。2010年，纽约市首富、市长迈克尔·布隆伯格（Michael Bloomberg）向市议会议员盖尔·布鲁尔（Gale Brewer）抱怨说：“我的朋友们全都染上了臭虫，我该怎么办？”另一名女议员克里斯汀·奎因（Christine Quinn）在市政厅的台阶上喊道：“致纽约市的臭虫……去死吧，你们完蛋了，你们时日无多了，我们不会再忍受了。”[94]

这样的虚张声势也许能鼓舞人心，但臭虫对这些话充耳不闻。政府、企业和科学界团结全部力量似乎都对这种在夜间对人类发动袭击的生物无可奈何。我们可以消灭其他有害昆虫，但臭虫象征着我们在面对自然的敌意时的无能为力。的确，它们似乎忤逆了西方文明引以为豪的一切。它们是不受控制地扑向文明人的土著，它们是向征服者复仇的弱者。早在1930年英帝国鼎盛时期，一个英国筐篮制造商就把臭虫叫作“小食人族”。[95]小拉尔夫·加德纳（Ralph Gardner Jr.）在《华尔街日报》（*Wall Street Journal*）上甚至给它们贴上“小恐怖分子”和“我们卧室里和枕头上的奥萨马·本·拉登（Osama bin Ladens）”的标签。[96]《哈特福德新闻报》（*Hartford Courant*）的幽默作家吉姆·谢亚（Jim Shea）透露："好吧，中央情报局会否认这件事，但我的消息来源再次表示，臭虫恐怖分子在企图穿着小型自杀式炸弹背心进入我国时被抓获。"[97] 这些评论家并没有忘记在 21 世纪的第一个 10 年，臭虫和恐怖主义同时降临时带给人们的恐惧。

大隐患和小麻烦具有某些共性。两者都在人们措手不及的时候发动袭击，它们激起的人们的惊惧远远超过其真实的威胁。美国人被闪电击中的概率大于遭遇自杀式炸弹袭击的概率，因臭虫致死或者罹患严重疾病的概率就更小了。可是，它们激发的恐惧情绪却在改变人们的社会行为和旅行计划。胆怯让我们避开特定群体，排斥那些让我们感到不安的人。我们建立复杂的监控程序来探测对我们构成威胁的他者，比如美国国家环境保护局在某些地方对臭虫"密集检查"，美国国土安全部（Department of Homeland Security）对来自某些国家的移民或难民进行"极端审查"。

流行文化把臭虫视为终极的敌人不足为奇。2011 年，DC 漫画公司（DC Comics）创造了反派角色"臭虫"（Bed Bug），他用这种昆虫当武器来对付敌人，这是一个远远超出人类抵抗能力范围的技能——幸运的是，蝙蝠侠除外。（具有讽刺意味的是，蝙蝠和人类身上都发现了臭虫，数千年前二者共同栖居在洞穴里。）

对一些基督徒、犹太教徒来说，臭虫是世界末日已然来临的证明。《华盛顿邮报》的杰西卡·戈尔茨坦（Jessica Goldstein）

用《圣经》条文描述了她与臭虫的斗争。“有人在惩罚我吗？”她问虫害防治员，意思是她的遭遇就像逾越节故事中上帝派出蝗灾去折磨埃及人一样。在得知她遭遇到的害虫的真实身份并对其发起攻击后，她形容自己经历了“臭虫末日”[1]。98

不过，无神论者也许认为，这种“卑鄙邪恶的小生灵”证明上帝仁慈的观点是错误的。99 无论一个人的神学信仰是什么，分明没有人——除了一些宽宏的昆虫学家和少数生意兴隆的灭虫员——喜欢这些生物。得克萨斯州一个灭虫员在拿到一份价值 6 万美元的为公寓大楼消杀臭虫的合同后，“必须得把卡车停在路边，乐得手舞足蹈”。100 自然历史博物馆（Museum of Natural History）昆虫学家卢·索金（Lou Sorkin）欣然伸出手臂喂养臭虫，他解释说叮咬不疼；密西西比昆虫专家杰罗姆·戈达德（Jerome Goddard）对臭虫令人害怕的说法不以为然：“它们只是在做自己的事。”有人问戈达德为什么允许臭虫咬自己的脸，他回答说：“哦，你知道，研究臭虫的人都是疯子。”101

臭虫疯病竟然袭染了演艺人士。圣丹斯频道（Sundance Channel）播放的一段女演员兼模特伊莎贝拉·罗西里尼（Isabella Rossellini）出演的视频也许真切地反映了这种癫狂行为。她打扮成臭虫高喊道：“追我，和我交配，引诱我吧。”雄虫对她创伤性地授精，她一边宣布“他多么强劲、锋利”，一边愉悦

[1] 臭虫末日（Bugmaggedon），这个词由 bug 和 maggedon 两部分组成。后缀 -maggedon 源自《圣经》典故，指“(会导致世界毁灭的）善恶大决战”。——译注

地扭动着身体。在2010年8月的《每日秀》(*Daily Show*)节目上，主持人乔恩·斯图尔特（Jon Stewart）暗示这可能是伊莎贝拉·罗西里尼拍过的最烂的广告——可以把香味叫作“侵扰”吗？看到卢·索金用手臂喂养臭虫后，斯图尔特问道：“那么，有疯狂的科学家太太吗？”[102]

19世纪的昆虫学家可能会承认21世纪的同行有点疯癫，虽然那个时期的业余博物学家如蒂芬先生也许对这些生物抱有同样的热情。当然，各个时代的灭虫员都会因为臭虫消杀业务的赚钱前景而喜不自胜。过去让家庭妇女烦恼的家务事，包括努力保护家园和让孩子免受臭虫侵害，都让她们乐于接受一切承诺能控制这些昆虫的产品，至今状况依旧。从约翰·索思豪尔到臭虫猎狗罗斯科的主人，灭虫员用广告来寻找客户和赚钱。罗斯科和犬科伙伴用鼻子寻找臭虫，它们的主人却仿佛并不觉得臭虫恶心；似乎人连最基本的感官都是由文化态度塑造的。18世纪和19世纪好像没人为臭虫叮咬感到心烦意乱——让他们感到不适的是气味。也许我们比过去的人更珍视自己的皮肤。声称穷人对臭虫漠不关心或满不在乎，是中产阶级在清洁标准日益提高后所形成的一种高高在上的态度。到了20世纪，清洁标准固化为文化要务。社会权威把臭虫与忍受臭虫的阶层联系在一起。

最近，《纽约时报》专栏作家布雷特·斯蒂芬斯（Bret Stephens）对乔治·华盛顿大学媒体和公共事务副教授大卫·卡普（David Karpf）在推特上管他叫臭虫很是生气。这位作家气愤地答复："我经常对那些所谓体面人有准备地谈论别人的事情而感到诧异……欢迎你有空来我家见见我的妻子和孩子，和我们聊几分钟，再当面叫我'臭虫'。这要求你具备真正的勇气和知识分子的正直。"[103] 斯蒂芬斯对臭虫惹人不快的漫长历史和这种关联的含义心知肚明，这冒犯了他的人性和他在社会中的地位，甚至包括他身为丈夫和父亲的角色。大卫叫他臭虫是公然的侮辱。

与臭虫的关联激怒了一个比斯蒂芬斯更有权势的大人物。特朗普任总统时建议把佛罗里达州迈阿密特朗普多拉尔国家酒店作为七国集团会议的举办地后，该酒店有臭虫出没的说法再次登上报纸。总统在推特上泄愤："多拉尔酒店没有臭虫。激进的左翼民主党……散布了这个虚假恶毒的谣言。"[104]

臭虫嘲笑人类的优势地位。最重要的是，这种生物仿佛在斥责现代人的伪装。人类为了能随心所欲地睡觉和旅行，以按照自己的喜好改变自然和环境而自豪。不是这样的，这只看起来诡计多端的小小昆虫说：你们可以拿我寻开心，尝试用科学和治理来控制我，但我会以智取胜。化学制剂杀不死我，狗找不到我，你们的机器也不能征服我。母亲和家庭主妇可以想办法驱赶我，但我能够从这一地迁往另一地，在这户人家把我赶走后重新占领下一户人家的房屋。

在这场全面战争中，藏在笔记本电脑和毛绒动物玩具中的臭虫面对我们发起征服的努力，似乎岿然不动。社会阶层不重要；"贱民臭虫"把社交排斥传播开来，你是住在公园大道、布朗克斯（Bronx）的收容所，还是住在英国的公共住房里，都无所谓。人们尝试消灭臭虫的诸多方式非但没有消灭它，反而让它进化，它依旧以人类的血液和恐惧为食。

脆弱让我们变得偏执。后“9·11”世界对失控世界的象征前所未有地敏感，臭虫成了最可怕的昆虫。

《纽约时报》专栏作家简·布罗迪（Jane Brody）写道：“鉴于疫情导致旅行大幅减少，把这些不速之客带回家的机会已经大大降低。”[105]但可以肯定的是，无论如何，臭虫会继续无情地在我们的枕套和皮肤上阔步行进。

03 祈祷的虱子：

钻入宗教、科学和身体中

从前有个罗马独裁者下场悲惨。一个17世纪的牧师描述了这个罗马暴君苏拉（Sulla）的命运，以免他人重蹈覆辙：

> 他与男女演员和吟游诗人为伍，日夜与他们饮酒作乐。他还放纵自己对男人，尤其放纵自己对女演员梅特罗比乌斯（*Metrobius*）反常的欲望；——沉湎淫逸使他患了导致内脏溃烂的疾病，后来他的肌肉败坏，化为数量骇人的虱子，他能使唤的人手全部行动起来都消灭不了它们，他

的衣服、床褥、盆具、肉都受到污染……总之，他过着不洁的生活，死于一种可憎的不洁的疾病。[1]

这种病就是“虱病”，也就是所谓“烂病”，据说这种病会导致宿主的身体被害虫从内到外地吃光，然后血肉化为虱子。[2]这个17世纪的作者从普鲁塔克（Plutarch）[1]的作品中把这段描述翻译出来，据这个作者所说，苏拉得到如此下场是“上帝对他的公正判决”。

其实根本不存在什么虱病。现代与之最像的疾病是“臭虫妄想综合征”，患者坚称自己身上滋生了虱子、蠕虫等寄生虫——这是一种精神上的而非身体上的疾病。但是传说信誓旦旦地宣称苏拉等许多暴君被虱子吃掉，是不足为怪的。虫害侵扰与人性道德败坏和反常的欲望难分难解，人们要求上帝做出判决。上帝以或神秘或直白的方式显灵，信徒往往认为犯下这种罪行应该遭到特定的惩罚。

寄生虫，如虱子在侵扰人类身体，尤其是头发和皮肤（与道德和身体衰败联系最紧密的部分）时，会让人类身心两方面崩溃。它们对有道德过失的人施以世俗的惩罚，预示着这样的人将受到下地狱的报应。如果别的东西都无法触及堕落者——尤其是其在世时位高权重——上帝能够用这种寄生虫来折磨恶人。

所以，过去虱子不仅在昆虫学中爬行，还在政治、道德和

---

[1] 罗马帝国时代的希腊作家、历史学家、哲学家。

宗教中爬行。即使在17世纪人们首次对这些昆虫开展的科学研究中，这些微小生物与人类的肮脏邪恶之间的传奇纽带也使博物学家的视野染上了别样的色彩。英国实验人员罗伯特·胡克在新发明的显微镜下观察虱子后，形容它是“粗俗不雅”的生物，“潜藏”在人类的隐私处。色情作家也对这种实证观察兴味盎然，拿寄生在妓女及其顾客身上的虱子群大做文章。无论提到虱子是出于虔诚还是亵渎，它们都是我们思考前现代世界的关键。

自从我们作为一个物种出现以来，虱子一直是人类的贴身伴侣——也是亲密敌人。人类抓挠3种虱子：头虱、体虱（*Pediculus humanus*，分别生活在头发和衣服里）和阴虱（*Phthirus pubis*，生活在大腿根）。每种虱子都需要人体的温度和血液才能生存，所以虱子紧跟人类的进化演变，这导致科学家开始通过研究虱子的DNA，寻找灵长类动物进化的线索。人类的头虱和黑猩猩身上的虱子很相似，表明这两个物种在约600万或700万年前未分化时拥有共同的祖先。在330万年—180万年前某个时候，人类逐渐褪去体毛，驱使虱子寄生在头部。当我们的祖先在50万年—7.2万年前某个时候穿起贴身衣物时，有些虱子转移到美丽的服装上，逐渐长得比寄生在毛发中的表亲更加硕大。与此同时，700万年前某个时候，大猩猩身上的阴虱品种进化成截然不同的物种。科学家推测，某个倒霉鬼与灵长类亲戚走得太近［《纽约时报》科普作家尼古拉斯·韦德（Nicholas Wade）建议：“不能深究。”］，后者送给他或她一份有关彼此结合的活跃的纪念品。[3]

任何形式的虱子都不像良性的臭虫，因为臭虫不传播流行病。与臭虫相反，虱子传播斑疹伤寒、战壕热和回归热，它们的这一特征在20世纪初得到确认。过去没人知道虱子传播这些疾病，直到1907年法国细菌学家查尔斯·尼柯尔（Charles Nicolle）发现，斑疹伤寒的源头是虱子的排泄物，他也因此获得诺贝尔奖。到1935年，汉斯·辛瑟尔（Hans Zinsser）对虱子在斑疹伤寒传播中的作用进行了并非完全冷漠的描述（它无拘无束，简单质朴，很像卢梭笔下高贵的野蛮人），汉斯把欧洲历史上许多重大事件归因于使军队生病的斑疹伤寒病原菌。[4]艾米·斯图尔特（Amy Stewart）在近年的一本著作中提到了这个主题，把拿破仑在俄国的灾难性战争归因于虱子和斑疹伤寒。[5]这些医学事实一定会让过去的医生和科学家感到惊讶，他们追随亚里士多德，认为虱子由汗水产生，除了可能被用来治疗儿童黄疸，它们与医学毫无瓜葛。

今天，我们对这种特殊寄生虫的第一反应是对社交排斥的厌恶和恐惧。我们依然与生活在前现代社会的祖先相似，对自己战胜疾病的能力充满信心，把虱子视为道德上的折磨而非身体上的痛苦。太多家长收到了可怕的通知：虱子在侵扰小学生本该纯洁的头发（委实太多了，因为当今社会把虱子的存在过分夸大了）。我们想到虱子时不会想到上帝、国王或妓女，却一定会想到那个人的生活可能有多糟糕。虱子是个小小的提醒：人类的支配地位和妄自尊大有时危在旦夕。我们愿意认为，只有腌臜人才会生虱子——直到它们落在我们自己干净整洁的孩子身上。

我们的祖先过着“肮脏、野蛮和短暂”的生活，这是现代社会的老生常谈。当政治哲学家托马斯·霍布斯（Thomas Hobbes）在1651年创造这组短语时，他描述的是国家建立之前自然状态下人类的生存境况。对当前大多数人来说，过去完全是一种自然状态，不是因为缺少政治权威，而是因为卫生条件太差。《纽约客》（*New Yorker*）近期的一幅漫画捕捉到我们对过去的态度（见图6）。

1900年之前，人们可能对虱子知之甚少，却常常感觉到它们的存在。他们尝试除掉虱子，未见得是想达到我们所说的干净，可能只是想要停止皮肤瘙痒。在这个时期的大部分时间里，清洁的范围并不包括隐藏在衣服或帽子下的身体；事实上，直到18世纪女性才穿内衣。人们很少清洗头发和身体，因为那时公认水是很危险的——事实也通常如此。有时人们试着用刷子弄掉身上的虱子，有时用水银和盐来驱除害虫。虱子梳是一切阶层的盥洗用品，如1598年卡拉瓦乔（Caravaggio）的一幅画所示，画面描绘衣着华丽的曾是妓女的抹大拉的玛利亚（Mary Magdalene），梳妆台上放着一把虱子梳——换句话说，她仍然承受着虚荣和骄傲的折磨，大概只有基督才能拯救她（见图7）。[6]虱子是上帝对付不洁的武器，但不洁往往意味着道德上的缺陷，而不是身体上的不修边幅。一切阶层都存在不道德的行为。

"Yes, it's a golden age—or would be, if we weren't all swarming with lice."

“是的，这是黄金时代——或者可能是，如果我们不是满身虱子的话。”

图 6 《纽约客》的漫画，描绘现代人对黄金时代卫生状况的看法。由大卫·博尔查特（David Borchart）提供，CC135410

图7 米开朗琪罗·梅里西·达·卡拉瓦乔（Michelangelo Merisi da Caravaggio，1571—1610），《抹大拉的皈依》（*The Conversion of the Magdalene*）。底特律艺术学院，克雷斯格基金会（ Kresge Foundation）和埃德塞尔·福特夫人（Mrs. Edsel B. Ford ）/ 布里奇曼图片公司（Bridgeman Images）捐赠

前现代社会等级森严、尊卑有序，从国王、贵族、商人、农民再到乞丐，等级逐级下降，这种组织形式通常叫作“存在大链条”。自然界中也有等级：狮子和大象处在动物等级的顶端，昆虫处在底部。连昆虫界也存在等级：地位最高的是蜜蜂（通常被描绘成王蜂），最低的是虱子、跳蚤和蠕虫（当年人们总是把蠕虫归入昆虫类）等害虫。运用类比思维，每个班的优等生旗鼓相当，差等生也半斤八两。所以，身上长虱子不仅意味着你可能很邋遢，还意味着你处在社会最底层，在道德和身体上都是贱民。所以，当暴君被虱子吃掉时，他本质上被混同为这种最微小也最恶心的生物——他在被社会地位低下的物种吞食。同样，如果科学家花时间去研究虱子，他也承受着降格为研究对象所处社会地位的风险——17 世纪的科学革命对实验或“新科学”的讽刺强调了后者与只有下层阶级才从事的卑贱工作，以及低等昆虫的关联。同样，从性伴侣处染上虱子的人也承受着风险，别人可能把他（她）与农民或乞丐联系在一起。虱子可能把世界颠倒过来，摧毁原本看似无法逾越的阶层边界。

17 世纪中叶的印刷品，尤其是宗教作品中，涉及虱子的内容急剧增加。1615—1653 年间，这种增加现象尤为明显，这个时期英国的政治和宗教动荡日益严重，包括早期斯图亚特王朝的国王詹姆斯一世（James Ⅰ，1603—1625 年在位）和查理一世（Charles Ⅰ，1625—1649 年在位）统治时期，英国内战（English Civil War，1642—1649 年）和奥利弗 · 克伦威尔的军事统治时期（1649—1659 年）。

对虱子的关注表明这种寄生虫充当了国家解体的隐喻角色。国王是国家和教会的首脑，国家在分崩离析。查理一世小心地把头发掖进帽子里，之后就身首异处了。后世在讲述他被处死的故事时只字未提有没有头虱爬出来。保皇党的支持者谣传反对国王的议会领袖约翰·皮姆（John Pym）已经被虱子吃掉。其实没有这回事，但是谣传其身体的败坏应该反映了皮姆给国家造成的损害，在他的政敌看来，这完全合理。

虱子防不胜防的叮咬对倒霉的宿主具有多重意味：神圣的武器、政治灾难、科研对象、性伴侣。有些人在生活的方方面面看到上帝的信息，看到预兆闪现，他们从爬满全身的虱子中找到了无可逃避的意义。新发明的显微镜提供了这些生物的特写镜头，当象征性的威胁变成真实的恶魔时，人们畏缩不前了。在显微镜发明过后 100 年，人们对自然界采用了全然不同的分类法，虱子才渐渐失去多重意义，成了又一种被驯化的昆虫，只不过它们令人厌恶。直到人们认识到虱子传播疾病时，它们对人类的威胁才重新被重视。在一切科学认知的范围内，虱子都保留了钻入人体皮肤的能力——在字面和比喻意义上。

神学和帝王的虱子

虱子是《圣经》中的生物。英国人耳熟能详的关于虱子的故事出自钦定版《圣经》（King James Bible）中的《出埃及记》（Exodus）。法老不肯让以色列人离开，神降予埃及人的十灾中，虱子是第三灾："耶和华吩咐摩西说，你对亚伦说，伸出你的杖击打地上的尘土，使尘土在埃及遍地变作虱子。他们就这样行。亚伦伸杖击打地上的尘土，就在人身上和牲畜身上有了虱子；埃及遍地的尘土都变成虱子了。"（《出埃及记》8：17）也许正是这件事刺激古埃及人发明了虱子梳（见图 8）。埃及人因注重个人卫生而闻名，所以这种细齿虱子梳也许表明，即使允许以色列人离开，法老也不得不处理虱子问题。

虱子梳不仅在古埃及的文物中出现，还出现在希腊的考古遗址和罗马帝国的僻远角落。根据早期现代英国和英属北美可阅读的大量古代文献记载，这些地区的暴君深受虱子折磨。在古代，虱子不仅折磨法老，还折磨希律・亚基帕（Herod Agrippa）和安条克四世（Antiochus Ⅳ），还有倒霉的苏拉。[7] 连没有皇室资格的人也可能因虱子备受煎熬。据说哲学家柏拉图被虱子吞噬，这也许与他把思想置于物质存在之上的哲学观点构成了颇为讽刺的对比。

直至进入现代，人们依旧把虱子视为打击傲慢、惩治罪恶的神圣武器。今天，人们通常认为，宗教的世界观是与科学相对立的，但它却曾经是人们在对待自然的态度中不可或缺的一部分。所以，我们在第 1 章见到对臭虫发表意见的 17 世纪博物学家托马斯・穆菲特把虱子叫作"上帝之鞭"。清教徒牧师托马斯・比尔德（Thomas Beard）表示同意，他叙述了 3 世纪罗马皇帝马克西米努斯二世（Maximinus II）的悲惨命运，后者"生了这样一种病：身体私密部位突然出现一处溃烂，后来

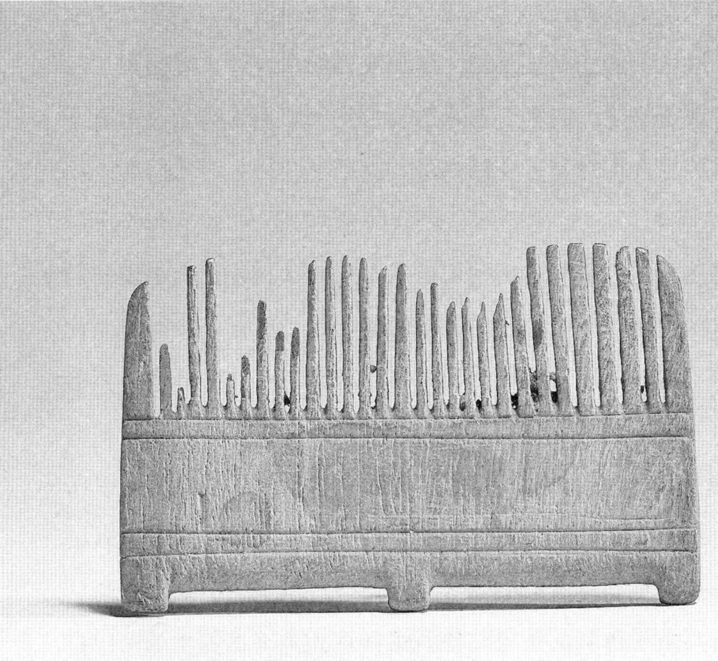

图 8　埃及的木质虱子梳，公元前 1550—前 1307 年，沃尔特斯艺术博物馆（Walters Art Museum），#61306

溃烂加深渐成糜烂，通过一根瘘管消耗和侵蚀他的内脏，里面有数不胜数的虱子蜂拥而出，味道臭得要命，没人能受得了”。比尔德接着写道，当马克西米努斯意识到“他的病是上帝降下的，就开始懊悔对基督徒的残暴，立即下令终止对他们的一切迫害”。[8]

当然，基督徒和迫害他们的人都生虱子，连圣人也受它们蹂躏，这就要求更改虱子的神学使命。虱子的存在虽然总是让人身体不适，但是在精神层面却可以解释为一件大好事。有些作家认为，站在基督教的角度，虱子是神圣的标志，而不是对罪行的惩罚，因为一切苦难都让人想起耶稣遭受的苦难。有些中世纪圣徒，尤其是方济各会凭借欣然接受虱子从而彰显自己的神圣、谦卑和对基督的效法。肉体的苦修由生活在人们皮肤内外使其备受折磨的生灵达成，也许这样节省了鞭子钱。中世纪的虱子在人因受难而成圣的过程中发挥作用，最有名的例子莫过于托马斯·贝克特。身为坎特伯雷大主教，贝克特拒绝了国王亨利二世提出的控制教会法律和财产的要求，这导致他于1170年殉道。据编年史记载，随着贝克特尸体的冷却，他身上刚毛衬衣外面的多层衣服里的虱子“仿佛水在大锅里嘶嘶作响，终于沸腾起来，旁观者时而哭泣，时而大笑”。[9] 局外人的反应想必取决于他们在教会与国家之争中的立场，但可能也是观众看到肉身成圣感到喜悦的证明。

暴君和圣人不是深受这种小东西折磨的特例。虱子困扰着各行各业的人——无论善恶，无论是有罪的还是应得到救赎的。

它们似乎是那道神学难题的原初例证，“为什么坏事发生在好人身上？”最简单的解释是，好人也并非无罪，所以只要生了虱子都是活该。穆菲特解释说，虱子栖居在人身上是因为人的原罪。在亚当和夏娃被撒旦引诱而堕落以前，他们身上没有害虫，“但是当亚当被那个狡猾的大骗子的恶行所迷惑，骄傲地炫耀自己懂得的跟上帝一样多时，上帝就用各种疾病，还有蠕虫、虱子、手虫、腹虫、白蚁、虮子和螨虫等东西让他谦卑”。[10] 神再次用虱子来惩罚人的罪行，尤其是与性相关的罪恶。亚当的遗产是虱子，是留给全人类的祸害，并不仅仅是留给暴君。

天主教徒和新教徒在许多事情上存在冲突，却一致认为人类活该生虱子。害虫的普遍性超越了特定的宗教信仰。因此，佛兰德神秘主义者安托瓦内特·布里尼翁（Antoinette Bourignon，1616—1680）认为，我们必须认命，接受上帝因我们的罪所施加的适当惩罚。“我们的痛苦和败坏都因罪而来，”她说，“连我们身上的害虫、虱子和由败坏而生发的其他畜生，都因罪而来，所以我们必须心甘情愿地忍受，因为这是上帝允许降临到我们身上的公平的苦修，而不是对我们罪恶的惩罚。”[11] 1628 年，牧师约瑟夫·弗莱彻（Joseph Fletcher）坚持主张，上帝对罪人施以正义的报复，“有时是老鼠雄师，还有浩浩荡荡的蠕虫和虱子大军”。[12]

在英国内战中，虱子与罪恶的联系为国王的敌人提供了一种天然的宣传工具，当时往往以发型和宗教情感来区分敌我。1654 年，传道士托马斯·霍尔（Thomas Hall，1610—1665）在

《讨厌的长发》(*The Loathsomeness of Long Haire*)中敦促道："时髦的公子们去找理发师吧，去吧，把你们毛糙的灌木丛交给他们修剪，上帝曾经在灌木丛中出现，但如今他不在这里。"他接着说："请告诉我，你听说过刽子手希律王吗？……法老土地上的第三次瘟疫呢？"长发与虱子在这位牧师的道德意识中交融，他论证道，长发"只会三番五次地妨碍人们履行天职，倘若疏于收拾和梳理，那里就会沦为虱子和害虫的庇护所。此外，还有些人认为长发反而会削弱身体健康。留长发至多只能算一种闲散虚荣的习惯，对此人们只能表示不以为意"。[13]总有一天上帝会审判虱子滋生的长发，他警告说，判决结果不会很好。有些议会支持者因为留短发，所以叫作圆颅；有些人为国王而战，叫作骑士，因为他们留着爱情小说的粉丝所熟悉的飘逸长发。这场围绕发型的争论随着1660年查理二世的复辟而告终，但是我们将会看到，查理二世担心虱子也许有自己的理由。

18世纪，当自由思想派挑战有组织的宗教的主导地位时，虱子依旧是神学对话的来源，只不过它不是肯定而是批判宗教的由头。1746年《绅士杂志》(*Gentleman's Magazine*，第一份面向受过教育的公众的综合类杂志)上的互动交流栏刊登了几封来信，讨论亚当和夏娃身上是否有虱子这样一个迫切的问题。一个来信人评论道："我们很难想象它盘踞在亚当或者他妻子身上，这是最整洁、最美好的一对夫妻(如果我们相信约翰·弥尔顿)。可是，当虱子不屑于吃草或舔土为生时，它还能在哪里生存呢？"[14]

这是个很好的问题，如果你十分相信上帝在前六天创造了万物——包括“蠕动爬行”的玩意儿。该杂志的编辑爱德华·凯夫（Edward Cave）指出，虱子是在上帝惩罚法老时才出现的；但另一个来信人回答道，否认虱子在伊甸园存在，就从根本上摧毁了《圣经》的合理性。于是，想必这个照字面意思理解《圣经》的人士得出结论，上帝在第六天命令道：“这种动物不论雌雄都改路去亚当的脑袋上吧。”那里是他命令它们安营扎寨、增强体格、觅食繁衍的地方。从此，它们迁移到“夏娃夫人”和他们子孙后代的脑袋上。[15]也许享用这份餐食是这种害虫的福分，但是很难理解夏娃乐意成为它们的晚餐，虽然我们在后文会看到，有些人从抓挠瘙痒中得到莫大的愉悦。

这场明显含讥带讽的辩论以爱德华·凯夫发表声明结束，“本能”会证明《圣经》中虱子起源于哪段故事是正确的：摩西还是众生之母夏娃。根据他的说法，无论如何，虱子确实在造物计划中起到了作用，虽然从它自己的角度看不一定是这样。“不幸的小玩意儿，”凯夫哀叹道，“神当初偶然创造它是为了惩戒人类的狂妄和傲慢，后来它却永远被判定为懒惰和污秽的祸害。”[16]

18世纪，懒惰和污秽在不寻常的地方出现，包括皇宫。恰如虱子可能破坏宗教权威，削弱假装凌驾于人民之上或自认为超越人类的统治者的威严，尤其是在现代民主政治诞生的时代。臭虫困扰乔治四世的女儿夏洛特公主，她爷爷乔治三世的噩梦却是虱子。一个恶意批评者问乔治三世：“许多王侯的头上出现了蛆，既然有蛆，怎么会没有虱子？”诗人亚历山大·沃尔科特（Alexander Wolcott），他使用笔名彼得·品达（Peter Pindar），把这个问题指向麻烦缠身的乔治三世，有一天乔治三世在餐盘里发现了一只虱子。这件事促使沃尔科特就这个主题写了一首 146 页的戏仿英雄体长诗，题目叫《卢赛亚德》（*The Lousiad*，1786—1792），开头写道：

> 我歌唱，虱子来自某颗不知名的脑袋，
> 在王座附近出生并接受教育，
> 掉落，——（命运的可怕裁决也将降临）
> 四仰八叉地躺在那位先生的餐盘上……
> 可是，一只虱子能否让英国国王感到惊诧，
> 把一双眼睛睁得茶碟那般大？
> 凡人脑袋上小小的房客，
> 用恐惧摇撼三个王国的伟大统帅吗？[17]

惊恐万状的国王被这种欺君行为激怒了，这种卑鄙的行为不亚于国王政敌的阴谋，他下令轮番讯问全家老少，追查是谁的脑袋产生了这个蠕动爬行的威胁物。后来他命令厨师剃光脑袋，他们像曾经的美国臣民那样做出叛逆的反应：

> 您喜欢 [原文如此] 餐盘里出现什么生物？
> 我们不知道——若是虱子，它不属于我们——
> 让各位厨师剃光安分守己的可怜头颅，

暴露出专断权力多么过分……

但是既然这只可怕的虱子出现在您的餐盘里，

先生您怎么能说，它属于我们？[18]

沃尔科特用这首讽刺诗把王室一网打尽，他抨击乔治三世是专横又荒谬的准暴君，从小东西（虱子）到广大土地（美利坚），他设法玷污了自己染指过的一切。和他之前的统治者一样，乔治发现王室和庶民的鲜血对虱子而言别无二致，虱子再次成为人们对唯我独尊的王室发难的工具。然而，到了18世纪，虱子成了独立动因而非上帝惩治恶人的武器。没有什么比这更能说明皇室在现代社会的衰落了。

科学虱子

当亚历山大·沃尔科特嘲笑乔治三世和他的虱子时，自然史（将演变为植物学、动物学和地质学等现代学科）正与物理学、天文学和数学争夺学科地位和皇家赞助。这些学科都在英国皇家学会（The Royal Society）找到了位置。这个成立于1660年的机构致力于科学事业，其中不乏罗伯特·波义耳（Robert Boyle，1627—1691）和艾萨克·牛顿（Isaac Newton，1643—1727）等杰出人物。学会虽然拥有如此杰出的科学家，却还是因为愚蠢地从根本上致力于无用的事务而招致批评，这种批评在相对沉闷的18世纪后期尤为激烈。沃尔科特延续了批评的传统，也许是因为英国皇家学会拒绝接纳他。沃尔科特提到他看不起英国皇家学会及其主席约瑟夫·班克斯爵士（Sir Joseph Banks），他认为后者是个为商业和殖民阶级利益服务的马屁精。他在《卢赛亚德》中写道："那就吩咐（皇家学会）杂志上的害虫们或爬或跳，或扑或跃，逗我们大家开心吧。"[19] 他的讽刺作品反映出虽然当时的业余爱好者和专业人士研究、收集自然史标本已有上百年，但这项事业仍疑点重重。害虫携带着累累包袱前来。

事实上，谈到对害虫的思考，自然研究者不仅要对抗虱子的神学和专制联想，还要与从古代到中世纪的与昆虫相关的哲学和医学教导做斗争。此外，虱子，尤其是阴虱含有性意味，有时会给科学家和批评者的工作涂上异样的色彩。实验科学和色情文学或刻意或无心，都对密切观察自然界兴致勃勃。在一些批评家看来，英国皇家学会的科学家是企图剥夺和征服自然世界的偷窥者。

在科学领域，最早——持续几个世纪的——关于虱子的话题出自古希腊哲学家亚里士多德，直到 19 世纪英国的大学仍在教授他的著作。亚里士多德认为，虱子由腐烂的肌肉或汗液生成，17 世纪和 18 世纪臭虫被赋予相同的起源，它们是自然发生说的主要例证，即一种动物不是由相似双亲的交配结合形成的，而是完全来自另一种有机体，甚至来自无生命的物质。亚里士多德认为，自然界存在一种格外恶劣的"野虱"品种，对妇女儿童的影响更大，因为妇女儿童身体里含有多余的水分，利于这种昆虫的产生。

直到现代社会，人们普遍相信害虫是自然形成的，这也影响了医疗保健。和亚里士多德一样，17 世纪后期倡导清洁空气和干净的床上用品的托马斯·泰莱恩（Thomas Tryon）认为虱子（和臭虫）是由汗水和污秽产生的。17 世纪的内科医生尼古拉斯·库尔佩珀（Nicholas Culpeper，1616—1654）在一篇指导助产士和妇女的论文中说，妇女儿童由于“体质湿热”，他们“会产生许多适宜滋生虱子的排泄物”。从这一观点延伸开来，库尔佩珀建议“不要让孩子吃含有恶汁的食物，尤其是无花果”。[20] 这是防止滋生虱子的一个办法。

荷兰显微镜学家安东尼·范·列文虎克（Antonie van Leeuwenhoek，1632—1723）把他的研究成果定期提交给英国皇家学会，他拒绝接受这样的解释：“这种观念的兴起不是出于别的原因，只是因为无花果含有大量小颗粒种子……（而）因为种子小的缘故，人们很可能把无花果的种子和谷物与虱子做比较，首先提出了虱子可能从无花果中繁殖出来的想法。”[21] 对于这种“无稽之谈”，他评论道：“当然只会引起哄笑。”人们照此思路认为虱子可以治疗黄疸和眼睛不适，也许因为这种泛黄的昆虫类似病人发黄的眼睛。将与人类疾病外观相似的动植物用于治疗，叫药效形象说，这种做法在中世纪和现代中期的医学中司空见惯。许多宗教和医学思想家认为，上帝在动植物身上留下了疾病解药的模样，它们与疾病外观相像，这种做法是完全说得通的。

但是，无论是药效形象说，还是自然发生说，或是其他民间传统，在列文虎克看来都没有道理。这个荷兰透镜制造商是第一位微生物学家。他把新近发明的显微镜改进到不仅能够用来观察虱子，还能用来观察细菌和精子等肉眼无法观察的物体。通过观察，他能够确定，至少使自己满意的是，自然界不存在“自然发生”这回事，在被创造的世界上的一切都证明了上帝的无所不能。连昆虫也凭借“难以理解的完美”显示了上帝的旨意。他认为，神安排一切的证据之一是虱子的“脚和爪”，……一种如此微小的生物，其身体构造也体现了不言自明的精致与完美。[22]

不过，列文虎克对虱子结构的钦佩并不妨碍他讨厌寄生在自己身上的虱子。于是他更加细致地研究“这种动物（虱子）”，“它给许多人造成烦扰，尤其是穷人，他们没办法频繁地更换亚麻制品和衣物”，“一些作家认为虱子从污垢、汗水或粪便中生成”，无法通过“普通的世代繁衍过程产生”。[23]列文虎克以追踪虱子的繁殖为己任。

列文虎克是第一个在显微镜下观察虱子器官的人，他确定了虱子的解剖结构，观察到雌虱携带许多卵。受好奇心牵引，这个荷兰科学家还决定检验一下虱子是“多产的动物，俗话说它在 24 小时内就能当上祖父”的说法。起初，他打算在一个穷孩子的袜子里放几只虱子，后来决定在自己身上做实验——没有任何数据比自己身体产生的数据更真实，这种实验精神一直持续到现代。他在袜子里放了 2 只雌虱，保证它们逃不掉，等了 6 天才检查这些虱子产生了多少后代：90 只。第二次实验他穿了 10 天长袜，虱子产下 250 个卵，还有很多卵待产。不过，对我们这位勇敢的实验者来说，这一切令人发指："看到这么多虱子让我觉得恶心，我把生了虱子的长袜丢到街上，然后使劲刮擦腿脚，尽量杀死可能留在上面的虱子，4 小时后又刮擦了一遍，然后才换上干净的白色内衣。"[24]

列文虎克最终认定，"2 只雌虱可以在 8 周内当上祖母，产下 10 000 个后代，除非将这个过程简化演示出来，否则这个结果简直难以置信"。他这样总结道："我们不难想象，一个可怜人身上有 100 只雌虱，没有几件衣服可供换洗，加上他懒得消灭身上的虱子，那么，他可能在几个月内（如果我可以这样表述）被这些害虫吃掉。"[25]

对穷人的困境没有比这更让人心酸的描述了，对他们的苦难也没有比这更让人感同身受的理解了。但是，即便是同情也含有一丝道德上的谴责，那就是穷人对内衣穿着太随便才无法摆脱虱子。16 世纪和 17 世纪荷兰人以城镇和街道干净整洁而闻名。改革家想把这种讲究延伸到个人清洁层面，他们提倡人们穿干净的亚麻衣物。因为列文虎克，科学、道德和卫生融为一体，预示了英国、美国和欧洲其他地方很久以后将会出现的情形。

列文虎克的虱子研究结果刊登在皇家学会的《哲学汇刊》（*Philosophical Transactions*）上，1680 年学会选举他为会员，但许多学术同行仍然秉持昆虫界的自然发生说。这个荷兰显微镜学家的昆虫学兴趣呼应了该学会首位专业实验主义者罗伯特·胡克早先的工作。直到17世纪中叶，虽然“新科学”先知弗朗西斯·培根（Francis Bacon）一直提倡研究自然历史，但是在英国，人们对它兴趣寥寥。到1660年英国皇家学会成立之际，实验主义者对自然物体的关注有所增加，部分原因可能是显微镜的发明使标本更易于被细致地观察和更公开地展示。15世纪和16世纪，欧洲兴起一种从地球的蛮荒角落和从本国收集稀奇甚至怪异的自然标本的文化。连国王也把这些物品陈列在所谓古玩柜里。当把显微镜瞄准诸如昆虫这类平淡无奇的物体时，它们显示出令人惊叹甚至可怖的面貌。[26]

著名建筑师和科学家克里斯托弗·雷恩（Christopher Wren）是皇家学会的创始成员，当他向查理二世展示虱子和跳蚤放大的图画时，国王为它们丑陋骇人的外表感到高兴，并把图画收在古玩柜中。也许他把被观察者注视的虱子看作是皇室对自然和宗教控制的象征，把这种过去用来折磨暴君的生物转变为受圣明君主摆布的驯养对象。他命令皇家学会继续用显微镜研究昆虫，这项任务最终落到罗伯特·胡克头上。胡克是一位出身寒微的科学家，担任贵族实验员罗伯特·波义耳（Robert Boyle）的助手，1665年当上皇家学会的实验负责人。该学会希望继续得到国王的支持。这个新机构的皇室赞助可能取决于苍蝇的翅膀或虫子的叮咬。

有些自然学者对研究微观世界提出异议。新兴学科的科学家必须利用害虫的传统内涵来证明自己事业的正当性。他们何苦要用这些琐碎又恶心的生物来烦扰自己？早在显微镜在英国使用之前，医生西奥多·德·迈耶恩（Théodore de Mayerne）在给托普塞尔（Topsell）的著作《四足动物、蛇类及昆虫史》（*Historie of Four-Footed Beasts and Serpents and Insects*）第二卷撰写的献词中就已然遇到过这个问题。他预见了日后昆虫研究的标准理由，即宇宙设计论。“他（穆菲特）认为把自然奇迹（他的论文）献给最伟大的公主不是无礼之举，自然奇迹在最微小的事物中最显著。它证明至高无上的万物缔造者威力无边，并且提高最高贵者的子嗣——王储们对一切原因的认识。”[27]

这个时期人们把自然研究者称为自然哲学家，值得玩味的是，这么多自然哲学家把上帝作为一个研究要素，这既表明了传统信仰的强悍，也显示了他们事业的过渡性质。像列文虎克一样，多数人认为，在宇宙秩序中看待上帝的旨意是唯一理性的做法。为了证明上帝的创造力，皇家学会的许多成员拥护宇宙设计论。18 世纪之前，把科学和宗教对立起来是不合时宜的——人们自然而然地接受（至少认为）虱子也是神计划的一部分。

博物学家约翰·雷 1691 年的著作《上帝的智慧在造物中展现》（*The Wisdom of God Manifested in the Works of Creation*）生动地描绘了这种对上帝和自然的态度。雷等神学家设想上帝无所不能、非凡卓越、超越人类的理解，他们论证道，“上帝的所有可见的工作”都显示了“他在每件作品的构成、秩序、和谐和用途方面的智慧”。一切造物，包括宏大和渺小的事物“不仅用来示范神的存在，也用来阐明他的某些主要特征，即他无穷的力量和智慧”。例如，雷论述道，上帝把“讨厌又烦人的生物变成虱子，把它们投入邋遢肮脏的衣服里……让男男女女不敢放荡无耻，激励他们保持干净整洁”。[28] 他在皇家学会的同行、医生约翰·威尔金斯（John Wilkins）为害虫在上帝的造物中扮演较为正面的角色而辩护，连虱子也证明了天意和神旨："最微小的生物、虱子或螨虫的骨架具有那么精确的结构和对称性，没人能凭空构想出来。”[29]

皇家学会的签名文本《显微制图》对研究自然界微小事物的神学含义进行了生动的描绘。《显微制图》由罗伯特·胡克撰写并配图，于 1665 年出版（见图 9）。胡克论述道："的确，昆虫的形成和产生五花八门，看似全无规律，只要能细致又勤奋地观察自然的若干种方法，就会有无限的理由更加佩服造物主的智慧和真意。”[30] “全智的自然之神”以与钟表师用不同材料制作手表相同的方式处理着大自然的自动装置。[这番分析体现了法国哲学家勒内·笛卡尔（René Descartes）的学说，笛卡尔认为动物是自动装置。] 自然界的昆虫自动机验证了上帝的终极设计。它们在《显微制图》内文中的静态图画展现了我们可以称之为神学的瞬间，即造物作品为了启迪观众而固定下来。《显微制图》把一动不动的苍蝇、蚊蚋、蜘蛛甚至跳蚤描画得俊秀美丽，令人敬畏。事实上，胡克唯一不喜欢的昆虫好像是虱子，它巍然吓人的图画是《显微制图》大幅折页版画中的最后一幅，反映了它在存在链中的卑微地位。

虱子是胡克的烦恼，不仅因为他留着天然平直的长发，还

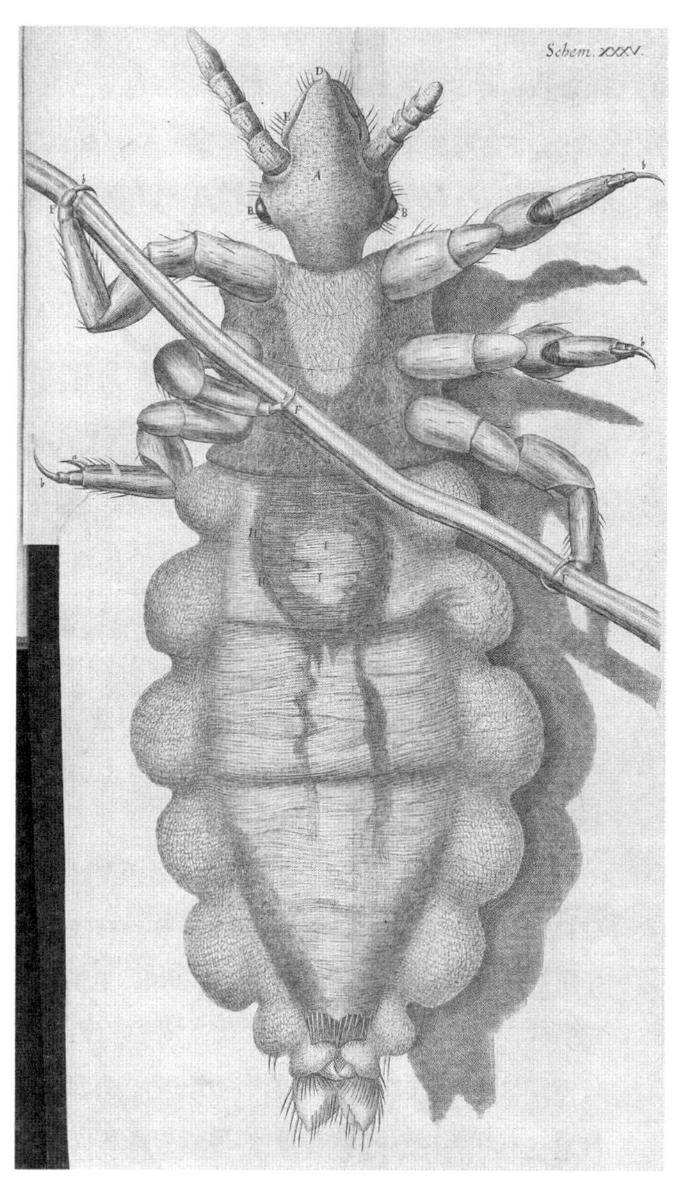

图 9　罗伯特·胡克，“虱子显微图”，《显微制图》中的版画，1665 年。韦尔科姆收藏馆（Wellcome Collection）提供

因为不同于其他昆虫，比如群居的蚂蚁或对人类有益的蜜蜂，还有至少叮人后离开的跳蚤，虱子恼人地赖在人类宿主身上。因此，胡克的《显微制图》中展示的虱子附着在人类的头发上，是书中唯一一种与人有关而非只与自己有关的生物。跟列文虎克一样，胡克也以自己的身体为实验品，让一只饥饿的虱子吃他的肉，吸他的血。他对实验的描述既科学又合乎道德：“这种生物很贪吃，哪怕已经吃不下，却依旧急促地吮吸着。”[31]

胡克没有解释上帝为何让虱子那么贪吃，它们在人类的经济活动中扮演何种角色，但他知道它们暴露了人类的脆弱。胡克把虱子描述为“一种爱管闲事的生物，每个人都会在某个时候认识它。它忙忙叨叨，放肆无礼，会贸然闯入出现在每个人的身边；它骄傲自大，志向高远，胆敢践踏最优秀的人，竟至于侵扰 Crown。”[32]胡克经常在《显微制图》中使用双关语，这里他利用“crown”的双重含义，既指头顶也指代国王。爱管闲事和放肆无礼的虱子粗野不恭，既攻击人的脑袋，也攻击国家的首脑。

与列文虎克相比，胡克对虱子的描述在揭露显微镜调查的肮脏细节时，少了些恭敬，多了些淫亵。有些现代女权主义批评家指责这个 17 世纪的实验者企图利用乃至强奸自然界，迫使它顺从。[33]胡克对自然的态度仿佛支持了这种说法。他解释说，自然曾经阻挠人们获取隐秘事物的知识，“自然不仅在正常的历程中，而且在轮回交替（shift）时也要多次反折转向，运用某种艺术竭力避免我们发现这些知识”。[34]在这段描述中，“shift”

既是动词又是名词。17 世纪，这个词不仅指转换，还指女人穿在裙子里的衬裙。然而，胡克还认为，一旦显微镜暴露了自然的秘密，想必既指隐藏的秘密也指性的秘密，结果都会让观者感到身心的强烈愉悦。他写道："我觉得这种实验哲学不仅是精神上的狂喜和愉快的事，更是一种物质上的可觉察的愉悦。"[35]结果显示，显微镜的使用不仅激发宗教热忱，还是一种感官实践——在追逐自然的过程中，身体能够战胜精神。

1667 年，托马斯·斯普拉特（Thomas Sprat，1636—1713）为英国皇家学会写了一篇辩护文，试图把实验中的感官享受写成一种单纯的消遣。他问道："沉溺酒色的男人可能幻想怎样的狂喜，这些狂喜比不上他们能享受纯粹的感官愉悦吗？在这里可以安心、坦荡地享受。"斯普拉特附和胡克，认为人类要从研究自然中获取的唯一享受是"用双手、双眼和常识"来理解构成世界的运动中的物质。因此，他得出结论，连古代伟大的享乐主义者伊壁鸠鲁也没有理由拒绝这种反对"愉悦对愉悦"的实验。[36]

这些早期科学家相信用双手去探索自然，也许也包括他们自己。罗伯特·胡克在《显微制图》中对虱子的图像描绘可以解读为延续了一种传统——给昆虫及其猎物赋予性别角色，尤其是当描绘在他的工作中成为常态时。"我发现，"他叙述道，"让一只（虱子）爬上我的手，它马上开始吸血……丝毫没有引起我疼痛的感觉。"引起快感了吗？胡克没有明确地提到抓挠虱子叮咬带来的快感，但他真切地暗示了虱子的性意味。他设身处地地站在研究对象的立场思索道，虱子"最令人烦恼的莫过于致人抓挠头皮，它知道此人在盘算使些坏招来对付自己，所以它躲藏到人体中某些更卑贱的地方，在人的后背爬过”。[37] 更卑贱的地方无疑是私处，它的表亲阴虱已经在那里安居。

所以，桀骜不驯的虱子“在高处觅食和生活……（并且）对皇冠（头顶）的影响最大”，罗伯特·胡克这些措辞可以解读为对君主私密部位和脑袋的粉饰。胡克暗示国王身上感染了虱子，虱子“去更卑贱的地方躲藏”。他可能不经意间加入了恶意批评者和讽刺作家的行列，把国王查理的性放纵与腐败联系起来。读者当然会把他对虱子的描述解读为对皇室权威的某种攻击。与胡克同时代的安德鲁·马维尔（Andrew Marvell）在1667年写诗告诫某画家：

> 要想简单地成就我们的名气，
> 就要像胡克一样透过你的显微镜瞄准目标，
> 比如大家都笑话的新任审计长，
> 看到一只高个儿虱子挥舞一根白色权杖。[38]

诗中的虱子是英国皇家学会主席、新任命的海军审计长布朗克勋爵（Lord Brounker）。胡克的插图中虱子抓着的头发已经化身为布朗克办公室的职员。它的生殖属性也应和了国王携带的象征权力（性或其他方面）的权杖。国王和大臣成了笑柄。潜在的暴君被虱子降低了威望。胡克看到自己的显微观察结果这么快就被用来讽刺国王——他要向国王寻求支持，一定开心不起来——他在《显微制图》中也不介意开一两个低俗的玩笑。例如，昆虫叮咬的瘙痒宛如“碎毛的刺痛，经常在欢乐中撒在被单之间”。[39]

至少有一位读者觉得胡克对害虫等研究对象的描述并不好笑。纽卡斯尔公爵夫人玛格丽特·卡文迪什是首位发表科学论文的英国女性。她在科学论文《实验哲学观察》（*Observations upon Experimental Philosophy*，1666）和讽刺爱情小说《燃烧的新世界》中对《显微制图》的思考尤其具有启发意义。卡文迪什认为，胡克等皇家学会成员的观察歪曲了他们所看到的事物，创造出一些她称之为“雌雄同体”的事物，它们是自然与艺术的可怕结合。17世纪时，人们认为雌雄同体是反常的，作为“自然的笑话”在集市和马戏团中展览。它们是自然失序的集中体现。所以，实验者把观察对象性别化，这些自然的探索者在某种意义上成了自然失序的偷窥者——矛盾的是，自然失序是他们创造的。卡文迪什在对胡克的虱子的批判中点破了这层矛盾。她论述道，虱子“在放大镜的帮助下看起来活像龙虾，显微镜放大和夸张了每个部分，使它比自然形态更大更圆”。由此产生的图画像雌雄同体一样反常，“事实是，外形越是用艺术手段放大，与自然形态相比就越畸形，以至于每个关节都呈现出身体的病态、膨胀和肿大，它饱满成熟且已经准备好，就等被切开了”。[40]

膨胀的虱子已然成熟，可以由实验者切开或刺穿。它的困境类似于一位在显微镜下被近距离观察的年轻女士。卡文迪什大声说道："不，我可以说几句话吗，恰恰相反，如果一位年轻漂亮的女士有着像在显微镜下所呈现出的那副面孔，她非但找不到恋人，还会是个艺术的怪胎，最后成为一幅自然图景。"事实上，这位年轻女士"会嫌恶至少不会喜欢自己的外貌和身材。虱子、跳蚤等诸如此类的昆虫如果去看显微镜下的自己，也会像这位年轻漂亮的女士一样被自己的外形吓坏，因为艺术把它丑化了"。[41]（这里卡文迪什用"艺术"指代显微镜观察。）

年轻女士有理由害怕虱子，不仅因为她在看到自己的面容被显微镜反映和夸大时与昆虫深有同感；在卡文迪什的讽刺爱情小说《燃烧的新世界》中，主人公、燃烧世界的女王看到这些昆虫的版画图案时反应强烈。"最后，"卡文迪什写道，"他们给女王看了跳蚤和虱子的图画。她觉得这些生灵在显微镜下看起来太可怕了，差点晕了过去。"[42]公爵夫人笔下的角色也许差点晕倒，因为女王既害怕实验者，也害怕他们研究的害虫入侵。在某种意义上，她遭到了科学家们的蹂躏，他们在挑战她的权威，质疑她的品德。毫不奇怪，为了防止王国内发生叛乱，她最终决定解散全部科学学会。

虱子和身体

17 世纪后期的科学和色情文本以图画为特色，这两类题材都拥有广泛的读者。二者对用直白的细节揭开过去隐秘无闻的事物兴致勃勃。不出所料，虱子在两种叙事中都跳了出来。欧洲首位色情作家、意大利人皮埃特罗·阿雷蒂诺（Pietro Aretino，1492—1556）把阴虱融入了妓女的故事。《游娼》（*The Wandring Whore*）于1660年被翻译成英语，书中有个故事讲述“一个整洁俊秀、皮肤白净的姑娘身上像撒了胡椒粉似的布满成群的阴虱（犹如咸猪肉里的丁香粉，在她屁股上看得清清楚楚）”。人们无须使用放大镜就能看到这些害虫，但是要消灭它们却得做一番实验。有个朋友想到一个帮助她摆脱痛苦的办法：“他抱她起来，把她像猴子似的赤裸的身体绑在床脚，点燃烟管，让这些寄生在她身上的多足害虫（由近亲繁殖的好色之徒产生）溃不成军，自此以后它们再也不敢在她身上栖居了。”[43]

此种消杀法想必更多是字面描绘而非真有其事。不过家政手册和医学论文里充斥着防治虱子的方法，往往与防治臭虫如出一辙。早期的方法如下：

> 取足量油渣或新鲜猪油，把一盎司水银滴进去，直至水银全部渗入油脂，再取些虱草粉末，把它们全部混合在一起，在患者的腰间绑一条浸满药水的羊毛腰带……然后让他每时每刻都贴着皮肤系在腰间，这是把它们赶走的唯一办法。[44]

直到18世纪中叶，水银仍被推荐用来治疗阴虱，但意大利医生文森佐·加蒂（Vincenzo Gatti）提醒道，病人在治疗后“发现阴茎明显变冷发麻，极不适合性交”。[45]

早期作家、荷兰人文主义者丹尼尔·海因斯（Daniel Heinsius，1580—1655）抓住了害虫的颠覆性和幽默的可能性，尤其是与性相关时。他在一首赞美虱子的颂诗中——颂诗由拟人化的虱子讲述，暗示虱子帮了人类一个忙，因为它们提供了抓挠的机会。“如果感到疼痛，”他从虱子引起瘙痒的角度争辩道，“正如我猜想的那样，你（我的主人）被它吸引住了，那种极小的使人满足的感觉，它是快乐的前奏，也是你最主要、最恣意的享受，或者是你可怜又痛苦的境遇。我常常看到，你用那种喜悦的表情来摩擦和抓挠，有时是你的头，有时是两侧，有时是另一部位，你的客人会轻轻地给你挠痒痒。”[46]这个受折磨的人在抓痒后体验到“摩擦的强烈快感”，性意味一目了然。虱子的手淫功能强调了人类与这种昆虫经常相关联的不正当的快感。

海因斯在虱子颂中表现了他的睿智辛辣的同时，也陈述了很少有人愿意承认的事实——动物，包括人类喜欢抓痒。近日，《纽约时报》报道称，瘙痒科研人员（没错，确实有这么个行当）发现，“瘙痒和抓挠不仅涉及感觉，还涉及有助于解释我们为何喜欢抓挠的心理过程：动机和奖励、愉悦、渴望甚至成瘾。由瘙痒开启，由抓挠结束——自己抓挠比别人抓挠效果更好”。[47]

当年的纽卡斯尔侯爵、玛格丽特·卡文迪什的丈夫威廉·卡文迪什（William Cavendish，1592—1676）在1654年发表了一首长诗，捕捉到了抓挠害虫的幽默感和性潜力，在这首诗里，人们互相抓痒而不是演独角戏。他描述了老乞丐和干瘪老太婆的罗曼史：“在炎炎夏日他们终于爬了出来，如苍蝇般活跃，其他时候他们昏睡不起。最后，一个爬到另一个身边，互相给对方捉虱子，他们就这样友好地相遇。”在这段叙述中，抓虱子充当了前戏——互相捉虱子让他们“死灰”复燃，他们结了婚，不幸的是，年纪扑灭了他们行房的激情：“她，温柔的夫人，用手摸索，没有摸到拐杖，摸到一根折断的芦苇。”48

复辟时期[1]另一部色情作品由多塞特郡第六任伯爵查尔斯·萨克维尔（Charles Sackville）创作，描写生活在妓女阴毛上的两只阴虱之间的战斗，被情人轻看的男人到她这里宣泄。但是如同一切事物一样，诗人议论道：“然而，人们找到世界的哪个角落，/不是痛苦和快乐依旧环绕？”顾客在她那簇“毛发”中找到了解脱的愉悦，也“（在）欢喜中为毁灭担忧”。49

愤怒的阴虱在战斗中使用了何种武器，我们至今不得而知，除非“有些格雷沙姆人士或许在玻璃制品的帮助下，/投入很长时间，可能有机会猜到”。格雷沙姆人士指皇家学会成员，他们在这首诗的写作时间——1668年在格雷沙姆学院相遇，玻璃制品指显微镜，现在这些与色情活动紧密相关。虱子只有在落入妓女的“咸水湖”时才停止争斗，也许不出所料，它们在“湖里”遇到了麻烦，“一顶摇摇欲坠的王冠，/属于威武的君主，丢下来”。查理二世与情妇懒散度日，为私事荒废了国务，结果两只阴虱“在这种极端状况下一致认为，/政府应该是联邦体系”。50又一个潜在的暴君被贬到低位，连虱子都弃他而去。

---

[1] 王政复辟，指1660年英王查理二世复辟。

所以，虱子有力地提醒我们，即使最威武的人也无法逃脱微小动物的劫掠——因此，没人能够忽视自己的德行、宗教、政治或个人责任。专横滋生腐败，道德败坏导致身体腐烂，这都要感谢寄生虫对人血肉的吸食。不管虱子是上帝还是大自然的工具，它们在前现代世界的文学中无所不在，反映了在前现代人的身体上无孔不入。博物学家和实验者必须证明对虱子发生兴趣的合理性，这种生物有时似乎把神的创造和对造物主的信仰置于危险之中。由于这种寄生虫的政治意味和性内涵，表面纯洁的研究有时暗示性放纵。罗伯特·胡克、玛格丽特·卡文迪什和安东尼·范·列文虎克都明白，虱子不仅仅关乎身体瘙痒，也不单是透过显微镜观察的对象。清教徒和色情作家知道，虱子给国王和庶民发出了信息。事实上，虱子可以充当社会评论和政治讽刺的武器。我们会在第 4 章看到，多塞特郡伯爵对查理二世的讽刺挖苦和亚历山大·沃尔科特对乔治三世的抨击，只是虱子在 21 世纪会激起嫌恶时引发笑声的一种方式而已。整个社会群体都因与虱子有关而被污名化，如同散发臭味的臭虫一样，虱子承载的意义也远远超出了它的体形，它的六条腿上担负着文化影响力。

04 邋遢的社会：

寄生在下层阶级和外国人身上

乔纳森·斯威夫特（Jonathan Swift）[1]不喜欢任何人，不过他格外讨厌苏格兰人。他嘲讽英格兰与苏格兰和爱尔兰的结合，把苏格兰比作一位毫无魅力的女士，她“天生放荡，总是满身虱子，从来没有不痒的时候……她穷得像乞丐，靠走到哪儿偷到哪儿勉强混口饭吃”。[1]

苏格兰人罗伯特·彭斯（Robert Burns）对英格兰有不同

[1] 爱尔兰作家，著有《格列佛游记》。

看法，但他有一首描述虱子从苏格兰女人身上爬过的名诗：

你这个匍匐的、该死的丑恶东西，
圣人和歹人都把你厌弃，
你怎敢爬上她的玉体——
一位贵人！
去，到别处去找吃的，找个穷人
走开！去乞丐的脑门上蹲着。[2]

斯威夫特和彭斯用寥寥数语揭示了虱子的多重社会含义：这些生灵是外国人、妇女和乞丐的帮凶和伙伴。连圣人甚至是罪人也鄙视虱子——无论虱子曾经拥有怎样的神学理由，在18世纪的这些智者看来，都已不复存在。

于是，对于讽刺作家，虱子成了创作黑色喜剧或尖酸诗句的理想武器。在早期现代的英国，虱子能使人们发笑甚至快乐地尖叫。它们的讽刺意味首屈一指，可以用来杀灭任何对象的威风。虱子是机会均等的弹药，不仅指向国王和科学家，也指向社会流浪者，后者的存在让有钱人寝食不安。当代讽刺作家放出虱子去叮咬穷人和自视高贵的人。

像臭虫一样，虱子跨越了皮肤的边界，也跨越了家庭和国家的边界。臭虫遭人嫌恶，但感染了臭虫的人往往被描绘成受害者，而虱子缠身的人或民族却被认为是其同谋，跟寄生虫一样被厌恶。[3]对虱子的评论总是涉及道德层面，无论幽默的还是严肃的。17 世纪的自然历史学家托马斯·穆菲特宣称，虽然跳蚤“让人不胜其扰，但它们既不像床虱（臭虫）那么臭，也不像虱子那样让受到困扰的人蒙羞”。[4] 历史学家基思·托马斯（Keith Thomas）指出：“虱子缠身让人丢脸，外表干净整洁的人更容易找到工作。”[5]

到了 17 世纪和 18 世纪，虱子也成了贫穷的象征，成了宿主兽性难驯和社会退化的标志。相比之下，中世纪的社会公认帮助穷人是一件善事，所以圣人既拥抱穷人，也接纳他们的虱子。但是到了 1500 年，讲究社交和道德感的人们把“勤劳肯干”的穷人与“四肢健全”“身强体壮”的乞丐加以区别，后者有能力却拒不工作。根据通俗文学的记载，这些人用假残疾和（真）虱子为行乞帮腔助势。

在不断变化、流动性增强的社会，健壮的乞丐对自称体面——据说不受虱子折磨——的文明人构成了威胁。虱子本身和生虱子这件事所带来的耻辱会威胁到声称逃离了充满害虫忧虑的前现代生活条件和习惯的人。许多专著、歌谣和小册子尤其热衷穷困潦倒、无家可归和具有潜在危险的社会流浪者，也许因为他们似乎享有不受中上阶层的社会习俗束缚的自由。中上阶层被期望施加自我控制，不屈服于身体的需求。他们从小被教导要为文明社会视为禁忌的行为感到难堪和羞耻。少年乔治·华盛顿抄写了以下得体行为和礼仪规则：“不要当着别人的面杀死跳蚤、虱子、蜱等害虫。”[6] 这些规矩可能是受了文艺复兴时期的饱学之士德西德里乌斯·伊拉斯谟（Desiderius

Erasmus）的著作《论儿童的教养》（*The Civility of Childhood*）启发，该书于1530年首次出版并迅速翻译成英文。伊拉斯谟在给一位年轻王子的信中建议："身上千万不能生虱子，也不能有虱卵。屡屡在别人面前挠头是一件既不体面也不正派的事情。至于用指甲抓挠身体，那是一件无礼且肮脏的事情。"[7]

显然，任何人在公共场合捉虱子都会遭受社交排斥和道德谴责，更别说哄笑了——同样一目了然的是，不管人们怎样矢口否认，上层阶级仍然有虱子。富人哪怕在开始用剃光头和戴假发来对抗虱子之后，仍然因这些生物的存在而蒙羞——富人和穷人被一视同仁地当成虱子搞笑的对象。

虱子潜伏在早期现代人的毛发和衣服下，揭示了宿主的道德品质，暴露了他们身体和行为的污秽。讽刺作品通过隐藏在笑话背后的道德愤慨噬咬人心。在罗伯特·彭斯笔下，苏格兰女士的道德品质和自命不凡被在她帽子周围游荡的虱子削弱，虱子打破了阶层和性别界限。诗人起初感到震惊，虱子胆敢钻入一位漂亮小姐的头饰而不是"老太婆的破帽"或"穷小子的汗衫"，但是最后，他点明这位女士遭到虱子入侵的原因："哦，珍妮，"他责备她道，"请不要把头仰起，/ 向外展示你的美貌！/ 你哪知被诅咒的速度有多快 / 爆炸产生的碎石正在散落！"[8]

彭斯列举了活该染上虱子的人——贫穷的老妇、衣衫褴褛的男孩、乞丐和年轻的小姐——这证明了虱病的范围和效力。社会优势地位的标志之一是指定他者，自己比他者占有优势。当此人身上带有他者的身体标记——虱子或被其叮咬的痕迹时，一个新的、强有力的社会标识就会被人识破。

让虱子留下社会烙印的“同伙”是毛发——人类的头虱是一种特别的生物，它需要毛发才能生存。头发和皮肤一样，是人类最具可塑性的特征，两者可以改变人的社会意义。不同阶层的人留着不同的发型；各民族的人用自己的方式刮胡子、剪发和染发；不同的发型区分人类成长的不同阶段，表示不同的身份。头发是表达社会一致性或特异性的现成工具。[9]于是，头发不仅给了虱子一个家，也为虱子赋予了意义，虱子反过来又给头发赋予了意义。对虱子社会意义的探究开始变向为对稠密毛发的关注上——彭斯写给虱子的挽歌以两句名诗结尾：“哦，但愿上天赐给我们这一本领 / 看自己就像别人看我们一样清楚！”[10]在诗人看来，所有人都沉溺于自欺欺人，虱子在乌七八糟的游历中揭露了这一点。男人女人可以改变发型，但大胆的虱子摧毁了他们在文化和审美优越感上的自命不凡。所以，人们越发有必要坚持认为，这些寄生虫只对社会底层人士来说是天经地义的存在，而不属于精心打扮的上层人士。

栖息在乞丐和小偷身上的虱子是早期现代英格兰人视为异类群体——包括邻边的苏格兰人和爱尔兰人——的特征。鉴于虱子和厌恶情绪之间的紧密联系，英国人毫不费力地把对下层阶级民众的反感之情延伸到其他国家和大陆的居民身上。根据征服者的说法，这些人“不文明”，因为他们兽性不改——不培养风度也不克制兽性冲动，从而无一例外地生虱子，甚至吃虱子。谈到英国文明的优越性，还有什么比这更好的证明呢？

虱子由此成为衡量早期现代社会对各种对象（尤其是囚犯、穷人、外国人和不适应社会的人）的鄙视程度的标准。有时连嘲笑他们都显得过于温厚，人们干脆谴责滋生虱子的人是令人作呕和穷凶极恶的。透过“虱子棱镜”，人们的政治仇恨和社会反感显得格外真切。

用于讽刺的虱子

早期现代的讽刺作家和道德家往往对人性整体上持悲观态度，这种轻藐态度表现在与虱子有关的典故中。在 1637 年的《澡盆的故事》（*Tale of a Tub*）中，戏剧家本·琼生（Ben Jonson）用冷幽默的方式讽刺了虱子与人的关系：“我不在乎你，就像我不在乎虱子跳三下。”穆菲特在日后议论虱子时说：“我们英语中有一句与穷人有关的谚语，说他不值一只虱子（一文不值）。”[11]

颠倒这种情感，能够戳穿一切社会阶层的虚妄：有时一个人还不如一只虱子有价值，因为虱子比人好。荷兰人文主义者丹尼尔·海因斯赞美抓挠虱子叮咬带来的“摩擦”的快感，他用整篇讲稿阐述虱子带来的妙趣。他在 1635 年发表的《虱子赞》（*Laus Pediculi*）中主要讲述律师在“乞丐堂令人尊敬的主人和看守”面前为虱子辩护——显然，观众对被告十分熟稔。他赞美虱子是人类“永远忠实的伙伴”，它“在人类的暴虐压迫下受苦受难，人类千方百计地把它搞得名声扫地，恶名远扬”。

的确，虱子在许多方面比人好，因为“人类……生自石头，虱子却生自人类。虱子的起源比人高贵得多，因为人比石头高贵”。海因斯告诉我们，这种在人类最理性的部位栖居的生灵受到好邻居的熏陶，拥有悟性、谨慎和智慧。事实上，虱子“忙于饲养和家务，（并且）锻炼和喂养自己以外的闲暇时间都用来沉思和休息”。因此，这些爱思考的生物几乎做到了毕达哥拉斯式的沉默，同时又像亚里士多德希望人类做到的那样善于交际，它们与同伴和人类朝夕相处。与其他生灵不同，虱子不在逆境中弃人而去，是“贫困真正的伴侣和侍从”，哪怕它们的主人枷锁在身或上了绞刑架，它们也紧紧依恋。[12]

海因斯把虱子的忠诚和人的变节做对比，他不是唯一一个用虱子做武器抨击人类虚妄的人。诗人罗伯特·希思（Robert Heath，1575—1649）显然受到《虱子赞》的启发，他夸赞虱子，敦促人们“在稳重持久的感情中观察它（虱子）的慷慨天性，它不屑于在朋友落难时离开，而是忠实地陪伴他从宫廷去往集中营或是监狱。虱子是仅次于人的高贵生灵”。[13]

这番描述中，虱子似乎拥有所有好人拥有的品质，一系列早期现代英国人渴望的特质：在逆境中不失勇气，在日常事务中谨慎周到，在一切情况下都忠诚如一，与主人和同伴相交甚欢，休息时沉思默想。虱子忠实地陪伴着各个社会阶层的个体，尤其是陷入贫困或犯罪的人，他们可能格外需要记住这种昆虫所拥有的美德。在命运的车轮上，虱子是一个有价值的早期现代形象，它是隐喻的关键，提醒着国王可以成为乞丐，乞丐也可以成为国王。

很多早期现代的讽刺作品会利用人们对虱子能在社会等级边界跳来跳去的恐惧情绪，带领读者跟随它们沿着社会阶梯上下穿梭。18 世纪的一个故事中，一只虱子自称“落脚于圣鲍街附近的一条小巷，生在一件结实的乞丐罩衣上”，但是它离开出生地，投宿在一位律师身上——人们对某些职业的态度永不过时——它宣告“我用无与伦比的艺术方式咬了一口 / 那个欺骗众人的人”。虱子从律师处去拜访了法官，接着爬到一位女士身上，通过她去到政治家和风情女子处，然后沿着社会阶梯跳到仆人身上，再到妓女身上。这个故事的寓意是：“所以，我经历了种种忧虑和冲突，体验了人的喜怒哀乐，我和他终将交出生命，安静落幕，再次化为尘土。”所以虱子“免于一切恐惧，除了猝然而至的致命一击”。[14]

在这只虱子回忆自己的流浪生涯若干年后，另一只爱说教的昆虫讲了个类似的故事。在双周刊《冒险家》(*Adventurer*)，中，虱子给目前自己栖居的脑袋的主人托梦，教导他“生活是永远处在令人不安和危险的状态的”。这只虱子虽然“不记得我曾因莫名其妙地偏离道德或不够谨慎给自己招致灾难”，但它的妻儿被“碾得碎粉”。它们原本生活在慈善学校的一个男孩头上，有人给男孩洗了头。它自己被男孩用刷子扫进一篮换洗衣物中。这只虱子从亚麻布旅行到“一位艳名远播的名人”的脖子上，从她那里游荡到“备受打击的情郎”身上，他在皇宫里精心打扮，这差点要了它的命。然后这只虱子离开这个朝臣，到了他的贴身男仆身上，在仆人被解雇后到了他的新主人——一名理发师身上。后续的历险把它带到了实验哲学家头上，也许这只虱子读了胡克的《显微制图》，接着到了医生身上，护士差点把它混入一剂去黄疸药（一勺有虱子的牛奶）中给一个 6 岁儿童服用。理发师给男孩刮脸，这只虱子从剃须围布上逃离，到了文章作者身上。这只虱子经历的磨难让作家“捧腹大笑”，随后虱子有这样的思考：“人类的生活同样暴露于邪恶之中，人对安全和幸福的所有期望都是空想和荒谬的。”[15]

但虱子并不总是给人上道德课。讽刺作品更经常地把虱子判为其主人令人嫌恶的象征，既代表人类的汗水和其他体液，也表现他们邪恶和卑鄙的本性。在一本想象奇特的小册子中，詹姆斯一世时期的剧作家托马斯·戴克（Thomas Dekker，1572—1635）描述了一场英国乞丐聚会：“他们是国家游手好闲的寄生虫，英联邦的毛虫，王国的埃及虱子。”他提到埃及，让人既想起虱子在《圣经》中的角色，也想起它们与吉卜赛人的关联——当时英国人认为吉卜赛人来自埃及。还有穷人，穷人之于国家的影响同样映照了虱子之于人体的作用。在这个小册子中，乞丐们的装束与通常爬满虱子的装束不同，他们穿着“漂亮干净的亚麻衣物”，“根据我们社会的尊卑等级”组织有序。乞丐像早期现代英国社会各阶层那样按等级排列，他们组成一个团体，就像“一个学院”。他们定期在“大会堂”开会，值此之际，“大会堂里人潮蜂拥（swarm）而至”，“蜂拥”这个动词本身就含有虫害的意思。乞丐“属于世界漠不关心的群体，他们也不关心世界；他们是自由人，却不屑于城市生活；他们是大旅行家，却从未离开故土；他们穷困潦倒，却从卓越人士的餐桌上得到了饭食”。[16] 如同虱子一般，乞丐也靠别人生活，受惠于他们所鄙视的社会，社会反过来又蔑视他们。这种态度，甚至这个意象，在政治活动中可能十分熟悉。

另一部讽刺作品由爱德华·沃德（Edward Ward，1667—1731）创作，他是 18 世纪人称“格拉布街”（Grub Street）的雇佣文人和贫困记者团体的参与者。他描述了某乞丐俱乐部——“这个由留胡子的垂老伪君子、有木腿假肢的善良基督徒、悠闲散步的退伍老兵[1]、走路一瘸一拐的骗子、假装残疾的海员、火药爆炸致盲的哑剧演员和残肢断臂的年迈劳工组成的协会”，他们自娱自乐的方式是看着同伴“摸索衣领，把食指和拇指碰巧逮住的囚徒——一个微乎其微的敌人从脖子上拿下来送到嘴巴，他可以把咬他的小东西吃掉，动作自然而娴熟，你很难分辨他是在开玩笑还是来真的。他这样既消遣了自己，也娱乐了同伴。同伴忍不住对这番虱子表演耸耸肩膀，好像出于同情自己也发痒似的”。[17]

乞丐“把咬他的小东西吃掉”，恰如乞丐用假装残疾和骗人的社会资格凭证上演的有害表演，来掠夺他们看不起的社会的轻信和善良。同样，罪犯攻击比自己社会地位高的人——他们对虱子也熟稔。在监狱里，囚犯可以指望这种寄生虫与自己

[1] 退伍老兵（Clapperdudgeon），他们用腐蚀剂摩擦四肢假装溃烂的伤口。

做伴，哪怕他们不像海因斯那样欣赏它们的忠诚。17 世纪早期英国有一出喜剧，身陷囹圄的角色不肯放弃与某位贵妇的婚约："首先我会在监狱里发臭，和虱子一起被吃掉，忍受比魔鬼本人还要糟糕的恶棍的欺负，他们就是透过栅栏盯着我生满虱子的身穿亚麻衣服的那 10 名卫兵。"[18] 这个 17 世纪的幽默故事在 21 世纪可能会稍显失色。

纽盖特监狱（Newgate Prison）尤以害虫肆虐臭名远扬。在威廉·霍加斯（William Hogarth）著名的系列版画《勤劳与懒惰》（*Industry and Idleness*，1754）中，"游手好闲的学徒"开始了他滑向纽盖特监狱和绞刑架的旋涡的历程——他旁观名声不好的 3 个人在棺材上赌博，还抓挠自己的头皮，还有人在画面背景中做礼拜（见图 10）。19 世纪的编辑这样点评霍加斯的著作："这个男孩的手在头上活动，胸前沾有黑鞋油的污渍，表示污秽和害虫在他身上。说明我们的主人公离染上乞丐的毛病只有一步之遥。"[19]

囚犯和乞丐受虱子折磨，但是在早期现代欧洲的文学作品中，下层阶级有时是害虫的帮凶，而不是受害者。法国和英国都有作品描述落魄汉把吓人的害虫伙伴当作武器，就像 18 世纪的伦敦人担心仆人有意无意地把臭虫传播给地位优越的人。16 世纪，弗朗索瓦·拉伯雷（Francois Rabelais，在讽刺方面颇有造诣）[1]

[1] 法国作家。

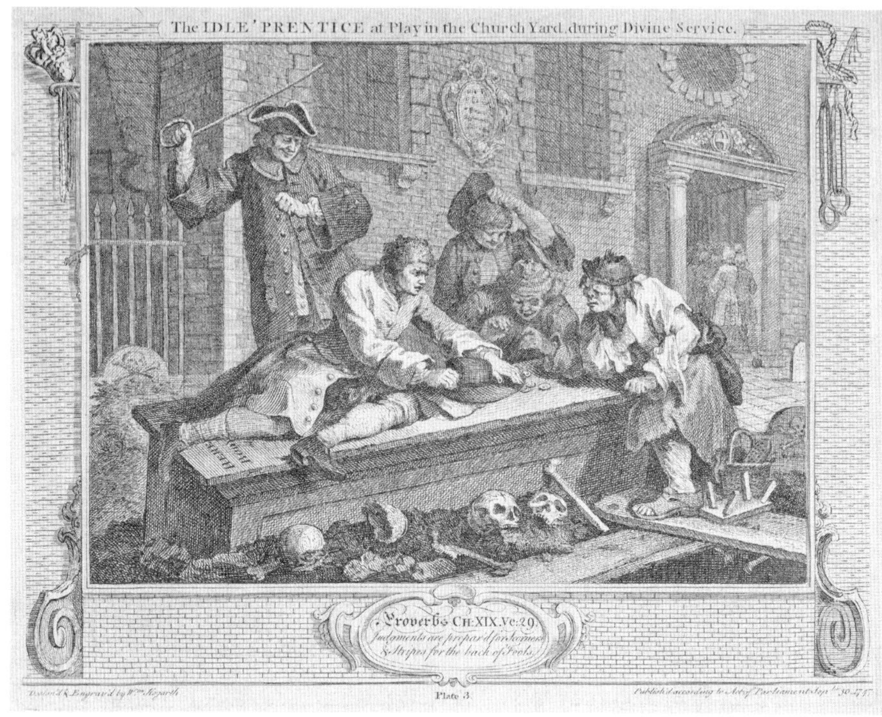

图 10　威廉·霍加斯,《勤劳与懒惰第 3 帧：礼拜时在教堂院子里玩耍的游手好闲的学徒》(*Industry and Idleness, Plate 3: The Idle Prentice at Play in the Church-yard during Divine Service*),《威廉·霍加思作品集》(*The Works of William Hogarth*) 版画，1833 年。古登堡计划

描述了巴汝奇（Panurge）[1]的行径，巴汝奇是巨人庞大固埃（Pantagruel）的损友："他在另一只（口袋）里装了许多塞满跳蚤和虱子的'小喇叭'，这些跳蚤和虱子是他从圣·因诺森特（St. Innocent）的乞丐那里借来的。他用小木棍或羽毛将之投进被他盯上的名媛的脖子里，他竟然在教堂里也这么干。"[20]若干年后，英国牧师和历史学家托马斯·富勒（Thomas Fuller，1608—1661）报告称："乞丐在自己身上培育害虫，再把它们吹到别人的衣服上。"[21] 17世纪晚期，据说是罗切斯特伯爵（Earl of Rochester）编了一个故事，一名扒手想偷一块手表，便心生一计：

> 我口袋里有一根装满活虱子的羽毛管，为实施这个计谋做好了准备。我把它掏出来，打开两端，轻轻一吹，它们就粘在了我盯上的那个人的后背和肩膀上：这些六足动物很快发现自己获得了自由，马上四散爬行……旁观者很快察觉到了，有些人笑起来，还有些人告诉了他，他立刻紧张起来。

如此声东击西的套路让小偷得了手，因为受害者忙着把害虫从身上打落，不觉分了神，完全无暇他顾。[22]

也许是受到拉伯雷的启发，虱子与武器最令人震惊的联

[1] 拉伯雷的长篇小说《巨人传》中的人物。

系出现在维克多·雨果（Victor Hugo）的《悲惨世界》（*Les Misérables*）中。冉阿让（Jean Valjean）和珂赛特（Cosette）看见一队用铁链拴在一起的囚犯排着望不到头的长队，他们穿的衣服破烂不堪，几乎遮不住他们病态的红肿皮肤——这也许是患上体虱的后遗症。围观人群的嘲笑把囚犯惹恼了，“他们用羽毛管把害虫吹向人群，专挑妇女下手”。《悲惨世界》出版于1862年，出版第二年便被翻译成了英文。雨果在为囚犯争取权利时，用“傻乎乎的快乐”这样的词句含蓄地谴责了围观的资产阶级——在另一种意义上，从某些角度来看，看客和囚犯一样不堪。珂赛特问冉阿让：“父亲，这些是人吗？”这位曾经的囚犯深陷于早先身陷囹圄的记忆中，回答：“有时候是。”[23]

头发、虱子和文明

我们在第3章看到了虱子是如何被用于政治和宗教的诽谤的，被用来攻击国王的弱点和毛囊或政治和宗教对手不刮胡须的习惯。阴毛中虱子的存在使调情者和他们的批评者都能够将色情作品以及女性与害虫联系起来。毛发是一种重要的文化商品，自称社会地位卓越的人想在现代卫生要求到来之前除掉盘踞在自己真假头发中的害虫，这可不容易做到。

头发里生虱子给人带来羞耻感是现代社会的新鲜事，这表明上层阶级多么希望能掌控自己的身体。到17世纪晚期，卫生既是私人事务，也是抵御社交耻辱的手段。在此之前，集体除虱是一种风尚，就是人们围坐在一起互相捉虱子。图 11 摘自 16 世纪初期的一份健康手册，图上画着一个上流社会的女性在给一个男人除虱。两人似乎都很愉快。

法国历史学家伊曼纽尔·勒罗伊·拉杜里（Emmanuel Le Roy Ladurie）描述了 14 世纪法国某村庄的家庭灭虱活动："贝尼特（Benete）和阿拉扎伊·里弗（Alazais Rives）在阳光下让女儿们给自己捉虱子。"[24] 15 世纪，英国妇女玛格丽·肯普（Margery Kempe，约 1373—1438）讲述了她前往耶路撒冷朝圣的故事。她途经日耳曼（德国）时遇到一帮穷人："伙伴们脱掉衣服，光着身体围坐一圈，给自己捉害虫。这个人（玛格丽）不敢像同伴们那样脱掉衣服，结果由于一直跟他们混在一起，她日夜受到害虫凶猛地蜇咬。"[25]

玛格丽或许格外害怕虱子，人们认为可能是妇女留长发的缘故让她们格外容易染上这种害虫。前现代社会对头发的医学理解通常与人体的四种体液理论联系在一起，四种体液的平衡或失调会让人体要么保持健康要么处于疾病状态。18 世纪，该理论对文明和卫生要求起到了推动作用。1725 年匿名出版的《亚里士多德的问题新书》(*Aristotle's New Book of Problems*) 认为，头发是"第三种混合物产生的排泄物并构成其中最恶心的世间多余之物，它的益处是消耗人的恶心、黏腻而乌黑的脑袋排泄物，起到遮盖和装饰脑袋的作用。它在人的头部找到了最适宜自身繁殖的物质，所以长得很长，特别是在女性身上，因为她们的大脑湿度比男性的更大"。[26] 库尔佩珀大夫在第 3 章

peruenit ad etatem. Isi. li. viij. Circa aũt pullum equinũ hoc vltimo animaduertas: qz passum suauem vel durum quem assuescit in iuuētute vix potest dimittere etiam in senectute zc Superius in ca. liiij. dictum est. quare ibidez vide de Equo.

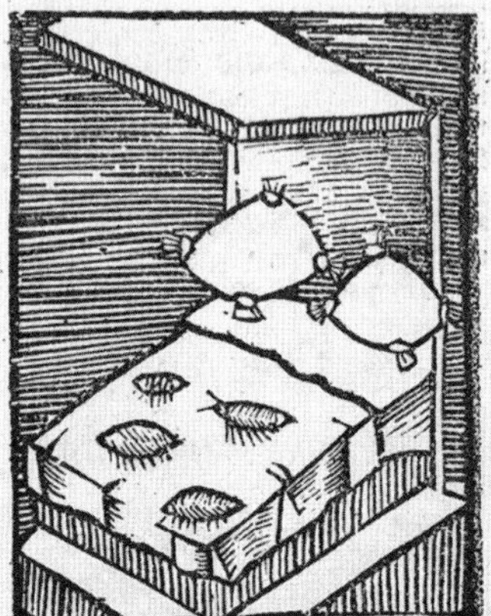

Capitulum. cxviij

Pulex. Ex li. de na. re. Pulicies vocati sunt eo ꝙ in puluere magis nutriunt. Patet pulicē esse vermiculũ nigruz z minutũ quidem. sed valde pungitiuũ. maxime aũt t tempore estiuo et pluuiali. Saliunt aũt z o

h j

mili aggregant sup lignũ linitũ eradipe hericij. ¶Itē fugiũt ex odore caulis. et folioꝝ oliandri. ¶Palladius. Pulices fugant a murca ꝑ pauimentũ frequēter aspersa vel cimino agresti cum aqua trito vel cucumeris agrestis semine aqua resoluto sepe infuso.

Capitulum. cxix.

Pediculus. Isido. Pediculi sunt vermes cutis a pedibꝫ dicti. vñ pediculosi dicti sunt ꝗbꝫ pediculi in corpe efferuescũt Ex li. de na. rez. Pediculi dicunt a numerosi-

“臭虫，灭虱”

图 11　摘自《健康花园》(*Hortus Sanitatis*)，1536 年。韦尔科姆收藏馆提供

解释过，湿润的脑袋会滋生虱子，不过，男人也可能成为这种吸血昆虫的猎物。这幅 18 世纪的木刻版画描绘了虱子给中上阶层造成的危险（见图 12）。

版画中的谚语可以追溯到 17 世纪，意在劝告法律界人士不要追究穷人，但是它也可能在警告人们，虱子可以一举打破社会秩序，轻易地从乞丐身上传到绅士身上。版画中的律师举着假发——这是身份的象征——正挠着剃光的脑袋，表明虱子不受阶层约束。假发和真发揭示，到了 17 世纪末，文明的全新思想已经何等牢固，也暴露了人们对社会阶层的焦虑，版画说明假发能提供的保护是微乎其微的。

如第 1 章所述，1662 年，著名的日记作者塞缪尔·佩皮斯可以对虱子付之一笑。但是再过几年，这些生物就让他的心情不那么轻松了。佩皮斯想弄到一顶没有害虫的假发却屡屡受挫。1664 年，佩皮斯有一次去找理发师理论。“他最近给我做了顶假发，我让他把上面的虱卵除掉，他竟然把这样一件东西交到我手里，让我火冒三丈。”[27] 而佩皮斯对制造假发所用的真发本身就可能携带虫害的担心，并未阻止包括他在内的许多人继续追求这种时尚，假发在 17 世纪末和 18 世纪的社会各阶层中颇为盛行。那时人们用水洗发的潮流尚未开始——时人认为这是危险的。这种追求并不全错——假发能让主人不用再给油腻的真发扑粉了。[28]

旅行过程中虱子猖獗的住宿条件或许能把佩皮斯逗乐，但是当这种寄生虫出现在自己家里时，他就忍无可忍了。1663

DIVERS PROVERBS

Sue a Beggar and catch a Louſe.

THIS Proverb is a witty Lampoon upon all *indiſcreet* and *vexatious* Lawſuits commenced againſt *inſolvent* People; for what can be more ridiculous than to ſue a *Beggar*, when the Action muſt needs coſt more than he is worth? It puts a Man's *Prudence* quite out of Queſtion, though it puts his *Satisfaction* of *Revenge* and *Malice* quite out of Doubt; for, according to another Proverb, *What can we have of a Cat but her Skin*; *Rete non tenditur accipitri, nec milvio*, ſay the *Latins*, and *πένητος ἀνδρὸς οὐδὲν ἀσφαλέστερον*, ſay the *Greeks*.

Many Hands make Light Work.

THIS Proverb is a proper Inducement to animate Perſons to undertake any *Virtuous* Attempt; either for the Relief of the *Diſtreſſed*, the Succour of the *Oppreſſed*, or the

[30] Vindication

“跟乞丐打官司，染上虱子”
“人多力量大”

图 12　木刻版画，摘自内森·贝利（Nathan Bailey）的《谚语词典》（*Dictionary of Proverbs*）。由利亚姆·R. 奎因（Liam R. Quin）提供

年，他因为家里不洁而训斥妻子，骂她是“乞丐”，妻子反唇相讥，骂他是“针虱（pricklouse），把我烦死了”。[29] 夫妻二人用虱子代表的肮脏意义互相攻击，这些语言侮辱存心是想要刺痛对方：伊丽莎白·佩皮斯虽然不是乞丐，但也出身中下阶层家庭，佩皮斯本人则是裁缝之子。“针虱”是17世纪人们对裁缝的俚语称呼，指裁缝是翻新虱子滋生的衣物的人，又指针扎的感觉酷似虱子叮咬。裁缝的社会地位低于其他手工同行和商人。[30] 因此，佩皮斯的妻子提醒他别忘了自己不光彩的出身，他的出身虽不肮脏，但也谈不上多洁净。

1661年佩皮斯当上了英国海军委员会书记员（Clerk of Acts of the Navy Board），他对自己的出身极其敏感，这种敏感反映在他不断地努力营造有序的——想必是没有虱子的家庭环境。[31] 他惋惜一名侍女在“我太太今天给她除了虱，穿上漂亮的新衣”后逃跑了。他“浑身上下奇痒难耐”时，感觉自己也蒙受了羞辱，认为这是虱子叮咬所致。“今天下午我发现自己全身红肿，脸颊红肿难看，长满疙瘩，所以我……看到自己容貌大变，不仅觉得恶心，还感到羞耻。”[32] 1669年，下面发生的这件事可以说让他愤怒到了极点：

> 于是我去了太太房间，吃了晚饭，让她给我剪头发，又检查了衬衫，因为这六七天以来我一直痒得厉害。总而言之，她发现我生虱子了。她在我头上和身上找到约20只虱子，有大有小。我感到纳闷，这种情况20年来从未发

> 生过……我不知道它们是怎么来的，但是我很快改变了想法，我要摆脱它们。我把头发剪短到贴头皮的长度，就心满意足地上床睡觉了。[33]

显然，塞缪尔·佩皮斯完成了文明的过程。如果说臭虫惹人嫌恶是现代性的标志，那么虱子让人感到羞耻和难堪则表明资产阶级对体面的要求浮出水面，这是一种把道德要求转化为礼仪规范的情感。我们可以论证，真正的英国绅士（至少真正的英国人）的形象——受过良好教育，谈吐得体，干净清爽（特别是身上没有虱子）——出现在 1662 年（虱子横行的床褥让佩皮斯感到好笑）和 1669 年（除虱后他心满意足地上床睡觉）之间。

佩皮斯与假发制造商的交流表明，全新的礼仪规范催生了一个全新的行当，就像在这之后出现的运用专业知识捕捉臭虫的灭虫员。17 世纪末，专业理发师和假发制造商开始打广告宣传自己的服务项目。据当时的报道称，到 18 世纪末，英国会有 2 万名理发师。这个数字可能有所夸大，但是 1795 年的发粉税达到 210 136 英镑。（法国大革命后，给假发扑粉的时尚以及对发粉征税不复存在，这对王室的收入而言是个遗憾。[34]）

18 世纪，各个阶层的男人都头戴扑了粉的假发，上流社会的女人则梳着膨大高耸的发型。历史学家唐·赫索格（Don Herzog）描述过："对于上层人士，美发是个精细活。把头发梳平，扑上粉（每颗脑袋扑粉多达 2 磅重），卷曲，用润发露、熊油或望加锡油润滑。必须每天梳理和重新涂抹这一大堆东西——睡觉时肯定会把发型弄乱；无论如何，这个行当必然支持了大量动植物种群的存活——并且人们对理发师的需求旺盛，希望他们越专业越好。”[35]

时尚要求人们做出一定程度的牺牲。通过用来打造巍然效果的模子和发片，膨大的发型对新标准下正全力被人从身体驱除出去的害虫敌人重新敞开大门。

德文郡公爵夫人乔治安娜·卡文迪什 1779 年的肖像画再现了这种发型的高度（见图 13）。

肖像画家戴安娜·波科勒女士（Diana Beauclerk，1734—1808）当然明白高耸的发型固有的危险——不仅仅是可能倒塌而已。她嫁给了远近闻名的邋遢鬼托普汉姆·波科勒（Topham Beauclerk）。他的一则故事可谓是历史上诸多虱子故事的集大成者：

> 这位优雅才高的绅士……就是法国人所说的，除了乞丐或吉卜赛人，任何人都无法想象他的个人习惯。他和戴安娜夫人在布伦海姆（Blenheim）出席盛大的圣诞晚会，众人欢聚一堂。不久，大家纷纷发现，自己仿佛置身于古代的法老之宫（Court of Pharaoh），莫名其妙地会被某些客人惹恼——“在他们所到之处”——那是发粉和发油盛行的年代，人们用热烙铁和黑发卡笨拙地烫发和卷发，使梳子极难插入头发——简而言之，那种痛苦难以言表。[36]

图 13　戴安娜·波科勒女士,《德文郡公爵夫人乔治安娜·卡文迪什》, 点刻版画, 1779 年

虽然屡屡有报道称英国上层人士的头发中藏有害虫——只有他们的理发师确切知道，不过他们守口如瓶，但英国人仍旧谴责其他人不讲卫生，不梳理头发。这种谴责不仅带有种族和民族主义色彩，还包含宗教偏见和对他者文明与否的评判。佩皮斯注意到，在一次散步时，“我一路喝着早酒去往约克府（York House）——俄国大使住的地方，我看到大使的下属在上蹿下跳地去除自己的虱子”。[37] 在佩皮斯看来，除虱必须私下进行，以避免与害虫沾上关系带来的耻辱。俄罗斯使团的成员公然进行个人清洁，这清楚地表明他们还不属于文明社会。约 40 年后，沙皇彼得大帝将赞同他的看法。他努力让俄国西化，命令贵族剃掉胡子，否则就要支付高额罚款——想必这一举措夷平了一些种群密集的害虫栖息地。

但是虱病的皮鞭仍然可能抽向英国人自己。在乔纳森·斯威夫特的《格列佛游记》（*Gulliver's Travels*）中，巨人族布罗卜丁奈格人（Brobdingnagians）的国王根据格列佛的描述，想象欧洲人是“麇集于地球表面的、大自然所曾承受过的最可恶的微小害虫”。但是斯威夫特在作品中嘲笑同胞的同时也点明外国巨人也有自己的虱子。格列佛叙述道：“最可恨的景象是虱子在他们的衣服上爬行。我能用肉眼清楚地看到这些害虫的四肢，比透过显微镜观察欧洲虱子要清楚得多，还有它们猪一般拱来拱去的口鼻。”[38] 在《格列佛游记》虚构的地理中，布罗卜丁奈格这个国家是北美西北海岸的一个半岛。显然，虱子横行是一种普遍现象，英国人所到之处，它们如影随形。

外国虱子和害虱病的他者

如果说头发本身就意味着差异，那么毫不奇怪，侵略者认为外国人或新地方的土著与栖居在他们头发和身体上的昆虫之间的感知关系证明了英国和美国侵略扩张的合理性。侵略者认为，其他社会能够也应当受到英美的剥削，因为这些地方的人兽性不改，活像从头发里抓虱子的类人猿。从很早开始，英格兰人就将被征服的爱尔兰人、苏格兰人和非洲人描绘为臭虫缠身的形象。托马斯·穆菲特千方百计地贬低爱尔兰人和非洲人，相信“（在圣托马斯的）摩尔黑人满身虱子，白人就没有这种麻烦。整个爱尔兰都以此闻名，那里虱子成群”。[39] 埃德蒙·斯宾塞（Edmund Spenser）对爱尔兰人持类似的态度，他回忆了自己在那里担任郡最高军事长官（Lord Lieutenant）的时光。他在描述放荡的爱尔兰女人穿的披风之后补充道：“至于其他正派女人，她们喜欢无所事事，躺下睡觉或者在阳光下给自己捉虱子，多么惬意啊。”[40]

16 世纪另一个作者重申了爱尔兰没有蛇的事实，但是他指出：“爱尔兰人并非不生虱子，虱子来自邋遢污秽的个人习惯。”[41] 英国人显然在刻意提炼日后对其他外国人进行道德判断的标准：肮脏、懒惰、性滥交，并且拥有乞丐的很多特征，包括以扪虱为乐。一种说法认为，到 17 世纪，英国人干脆认定爱尔兰人自己就是虱子。人们经常称赞奥利弗·克伦威尔说过的一句话，“虱子卵生虱子”（nits make Lice），据说他在 1649 年德罗赫达战役（Battle of Drogheda）中用这句话为自己屠杀妇女、儿童和反叛的爱尔兰士兵辩解。克伦威尔的现代追捧者否认他曾残酷无情地实施过种族灭绝，但是17世纪中期一个英国诗人这样评价克伦威尔的一位指挥官屠杀爱尔兰天主教徒的行为："勇敢的查尔斯·库特爵士（Sir Charles Coote）……听从（良言）……杀死虱卵，让它们不可能长成虱子。"[42]

英格兰人对苏格兰人的态度即使没有这么刻薄，也有与之相似的傲慢。乞丐和小偷有自己的语言，他们把苏格兰称作"虱子的地界"。既然乞丐本身被认为是害虱病的典型人群，似乎连英格兰最底层的社会阶层也对北方邻居抱持他们是害虫的观感。如18世纪早期一位智者所言："戴林叔叔常说，他在苏格兰待了两周，对他们的现状了如指掌。我不太怕生虱子。众所周知，把一只虱子放在桌子上，它会忠实地向北爬去，那是它祖国的方向。"[43]

英格兰旅行家期待能在前往爱尔兰和苏格兰的旅程中发现他们的凯尔特邻居那让人恶心的风俗习惯，在他们往赴他方时也抱着相同的期待。旅行家的故事沿袭古代的奥德修斯（Odysseus）和中世纪的马可·波罗和约翰·曼德维尔（John Mandeville）的风格，故事中充满神奇的怪兽和奇异的人类。与他者相遇，无论他者出现在何处，无不肯定了英格兰旅行家（和读者）的优越感，并为他们提供了骇人听闻的娱乐故事。陌生、遥远的异国情调迷住了那些深居家乡的人。众多旅行家在叙述自己的经历时往往虚虚实实、真真假假，虱子爬进爬出正符合人们的期待，这绝对不是为了恭维当地人。

毫不奇怪的是，人们在描述虱子缠身者令人恶心的习惯时往往聚焦于他们的头发，这通常是文化差异最醒目的标志。东欧人被认为会梳一种特别恶心的、容易滋生虱子的发型，叫作波兰辫（plica polonica）。这种发式是把长头发分成一股或者两股扎起来。根据东欧的民间信仰，为了保护身体免受疾病侵害，千万不能清洗或修剪辫子。如若把辫子剪断，鲜血就会从中涌出，导致身体肿胀和发烧。

西方人弄反了病因学，认为是辫子本身导致了严重的疾病。[44] 根据 17 世纪的一篇文章，“俄罗斯人和哥萨克人患了一种被医生称为纠发症的病，用该国的语言叫作 Goschest，患者病发时手脚不听使唤，还像麻痹病人那样感到强烈的神经疼痛”。[45] 与虱病不同，这是真实存在的健康问题，现代流行病学家说，这是“人体对头虱叮咬做出免疫反应的结果”。[46] 在早期现代，英国观察者知道这种疾病与虱子有关，但是认为寄生虫是问题的结果而不是原因。因此，苏格兰医生安德鲁·邓肯（Andrew Duncan，1773—1832）把这种病描述为“波兰及其邻国的一种地方病，某种病态物质在头发上严重沉积，导致头发粘连在一起无法解开”。他接着写道：“倘若全部的头发受到感染，就形成帽子似的模样；倘若只感染单绺头发，就形成几股绳状辫子。在形成绳状辫子数日后，病人头上逐渐散发类似腐烂脂肪的气味，用手指触摸这些辫子会引起手指刺痛和不适的感觉。与此同时，病人身上令人恶心的虱子的数量突然增多，病人所承受的来自虱子的折磨胜过疾病本身带来的痛苦。”[47]

多数英国评论家认为，俄罗斯人和波兰人从鞑靼人那里习得了留辫子的习俗，鞑靼人被英国人视为一个更加令人厌恶的群体。英国地理学家迈克尔·亚当斯（Michael Adams）用人类学而不是医学的标准论证道：

> 有些（鞑靼）部落比其他部落更脏，在这方面尤以堪察加人（Kamtschatkans）为甚，据说他们从不洗手洗脸，也不剪指甲……男女老少都把头发编成两根辫子，用小绳把发梢绑起来。如果有头发新长出来，他们就用线把它们缝合在一起，这意味着他们头上害虫成群，用手就可以把它们刮下来。[48]

因此，18 世纪这个骇人的长发辫说法引起一些观察者对这种发型的一致谴责。连皇家学会的《哲学汇刊》也谴责这些人是因为“邋里邋遢、不梳头发”导致了健康问题。一个德国医生 1724 年在写给学会的信中说道：

> 很多波兰人受到这种辫子的困扰，这首先促使我思考，这是一种真正的瘟热病吗？我现在相信，他们可憎的生活方式以及那时人们的普遍观点（即把这绺头发剪掉会危及生命）比身体真正的不适更多地导致他们染上这种疾病；考虑到受困扰的是中层或贫困阶级的人口，人们看到

他们无不感到惊骇。但是没有一个德国人生过种病，虽然大量德国人生活在那个国家。[49]

德国人也许不曾沾染这种健康问题，它在英国却谈不上闻所未闻，英国人把纠结的头发叫作 elflock。《罗密欧与朱丽叶》（*Romeo and Juliet*）中茂丘西奥（Mercutio）所说的蕴含昆虫典故的一段话提到了这种发型：

这就是那个春梦婆
在夜里把马鬃打成了辫子，
把懒女人的肮脏乱发烘成一处处胶黏的硬块，
倘然把它们梳通了，就要遭逢祸事。（1.4.93–6）

春梦婆麦布（Mab）是仙女们的女王，所以发辫导致的健康问题对英国人来说具有奇幻的，也许是魔鬼般的意味。清教徒传道士托马斯·霍尔（Thomas Hall，1610—1665）在谴责人们留长发时提到了波兰辫，他坚信这种不符合基督徒品质的讨厌疾病如今不仅折磨波兰人，也折磨着英国人：

你们可曾知晓，
上帝之手近来在波兰落下；
足以让全国害怕，
让你们的长辫倒立起来？

害怕他送来辫子，

还有让人无法接受的爬虫：还有更多

未曾听闻的审判时刻准备着，

比繁星密布的浩瀚天空，

比你们玲珑的脑袋上生长的头发还要多。[50]

然而，无论清教徒抱着何种希望，辫子并未出现在留长发的英国人头上。到 18 世纪，辫子只跟东欧人有关，尤其是波兰和俄国的犹太人。1796 年，旅行家安德鲁·邓肯写道："犹太人是极其固执的一群人，他们自有一套习俗和对策：绝不允许剪掉自己的辫子。最让人恶心的莫过于因为留山羊胡和络腮胡而染上这种病的人。"[51]

盎格鲁-撒克逊作家对犹太人和波兰人的厌恶在随后数百年间得到种族主义者的附和。到 20 世纪，人们常把犹太人与虱子相互关联，直到"一战"期间人类发明了化学杀虫剂，用来消灭战壕里的虱子，但纳粹却在毒气室里用杀虫剂消灭犹太人。虽然多数反犹主义的历史学家把欧洲早期的宗教偏见与现代的种族态度加以区别，但是一些西方人对虱子与犹太人、虱子与波兰人、虱子与鞑靼人的态度却显示出一种针对性的恶意尖刻。毕竟，是生活在波兰的德国人躲过了虱子。

但是至少不曾有人指控东欧人和犹太人吃虱子，这是涉及欧洲之外的描述中常见的主题。西班牙历史学家皮特·马特·德安吉拉（Peter Martyr d'Anghiera，1452—1526）或许是传播土著吃虱子传奇的始作俑者。他在描述他看到的拉丁美洲的情形时写道："印第安人染上这种脏东西时，就互相清洁衣服和身体。干这些活儿的多为妇女，她们把从对方身上捉到的东西都吃掉。"[52]法国耶稣会探险家路易斯·亨内平（Louis Hennepin，1626—1705）在探索今美国北部时也有相似的叙述："一天，我看到有人雇佣一位衰朽的老妇，让她啃咬孩子的头发，吃掉里面的虱子，这让我非常惊讶。"[53]英国探险家和博物学家塞缪尔·赫恩（Samuel Hearne，1745—1792）叙述他在加拿大北部寻找西北通道的探险时，讲了因纽特人的类似故事：

> 他们的衣服主要由鹿皮组成……很容易生虱子；但这远没有被认为是一种耻辱，他们当中有些人以捕捉和吞食这些害虫来自我消遣……我的老向导马托纳比（Matonabbee）酷爱这些微小的害虫，他经常差遣五六个身材魁梧的妻妾在毛茸茸的鹿皮中捉虱子，她们的收获总是相当可观。他急切地用双手接过虱子，像欧洲美食家舔食奶酪里的螨虫那样娴熟优雅地把它们吞下……我完全无意于养成对这种美味的嗜好。[54]

根据旅行记事，当航海家们经过赤道时，欧洲虱子会抛弃主人，让自己免于和它们的外国兄弟一样的命运。西班牙探险家贡萨洛·费尔南德斯·德·奥维耶多·巴尔德斯（Gonzalo Fernandez de Oviedo y Valdés，1478—1557）说过，有一次他们沿着拉丁美洲海岸旅行，士兵们身上的虱子“死了，离开了他们，但他们在返程途中要经过这一片地区（仿佛虱子在那里等待他们）；那段时间哪怕他们一天换两三次衬衫也无法摆脱这些虱子”。[55]堂吉诃德用欧洲虱子的命运指点桑丘，让这个传说进入了文学：

> 你该知道，桑丘，当年西班牙人和在加的斯上船的乘客去往东印度群岛时，他们要想知道自己有没有穿过赤道，有一个最明显的标志就是整船人身上的虱子是否都死了，是否还有虱子留在身上，留在船上，哪怕他们用金子也留不住它们。所以，桑丘，你可以把手放在大腿上，要是摸到了什么活物，那毫无疑问你还没穿过赤道；如果什么也没摸到，我们就通过了那条线。[56]

虱子如此游走并非西班牙人独有的体验。17 世纪，荷兰人和英国人开始在南非掠夺和开发他们称为“霍屯督人”（Hottentots）部落的土地。根据 18 世纪的资料显示，霍屯督人身上“虱子成群”，但“在海角的欧洲人身上一只虱子都不生”。此外，“无论这些昆虫落在何处，霍屯督人都将它们视为神圣的”。他宣称“霍屯督人一定是天底下长虱子最多的人”。当然，他们出于报复心理会“吞食”虱子，不以公开除虱为耻，而是“将之视为游戏，他们带着工作或消遣时的表情决定让谁出现在自己眼前”。[57]外国人兽性难改再次表现为他们身上和食谱上有虱子，而虱子对文明人避而远之。

不过，当约翰·索思豪尔访问了牙买加，获得了消灭臭虫的万灵药秘方时，他发现有时土著比“高人一等”的欧洲人懂得更多。另一个非洲旅行家（假定是）在床上跟沙虱共度一晚后，发现自己身上布满了紫红斑点，痒得厉害。“老主人看了它们在我身上留下的痕迹，他笑了。他给了我些大象油脂，让我涂在身上。”这段旅行记事其实是编造的，但它表明了欧洲人，尤其是英国人对非洲人和虱子的态度，这是毋庸置疑的。[58]

随着所谓文明的英美社会日益关注仪表风度，他们不能容忍自己与曾经的私交——虱子——发生瓜葛。他们对本国感染虱子的外来群体的排斥扩大到整个国家、各个群体。就像爱尔兰人、苏格兰人和英格兰乞丐，这些异族缺乏适当的羞耻心，理应受到文明人的谴责。这些人的外表和口味证明了他们的兽性和他者属性。虱子曾经是人们讽刺自命不凡者和提醒大众社会边界十分脆弱的工具，如今它日益成为伤风败俗、劣等和另类的标志。19 世纪，虱子在新兴的人种辩论中的地位举足轻重，连查尔斯·达尔文（Charles Darwin）的科学思考也不例外。到 20 世纪，虱子的存在使欧洲战场格外令人厌恶。到“二战”时，虱子在纳粹的种族灭绝想象中扮演了更加醒目的角色，“虱子卵生虱子”演变成这样一种信念：吉卜赛人和智力残疾的人是某种虱子，必须被消灭。

05 虱子对现代世界的危害

1834年，查尔斯·达尔文听闻了大量与虱子有关的逸事，他说："这些惹人讨厌的害虫在奇洛埃岛（Chiloe）上数量繁多。好几个人肯定地告诉我，它们与英国虱子长得大不一样，它们庞大柔软得多（所以指甲无法压扁它们），侵扰人的身体胜过侵扰人的脑袋。"[1] 此外，他叙述道，捕鲸船上的一个英国外科医生告诉他，三明治群岛（Sandwich Islands）上感染了虱子的土著无法摆脱它们，"这些虱子颜色更黑，跟他之前见过的虱子长得都不一样"。但是如果虱子侵扰船上的英国水手，这些昆虫就会在三四天内死亡。显然，这些外国虱子具有特殊的味觉——欧洲人不适口。“如果这些事得到证实，它们就具有巨大的关注价值，”达尔文沉思道，“起源于同一祖先的人类，不同的人种如今拥有不同的寄生虫。”[2]

事实上，19 世纪时有些博物学家和人类学家认为，虱子品种的不同可能确实意味着人类不是由单一起源（单源论）进化而来的，而是多元性（多源论）的产物，即由一系列自然或神安排的创造行为产生不同的人种。[3] 包括部分科学家在内的许多人用多源论来论证人种差异，比如，他们认为高加索人种比“蒙古人种”和“尼格罗人种”更好——他们援引昆虫学理论来支持这种优越性，为帝国主义和奴隶制提供辩护。[4]

19 世纪和 20 世纪，这些评判把种族和虱子编织成一段复杂而肮脏的历史，导致数百万犹太人、同性恋者和智障人士惨遭屠杀。16 世纪和 17 世纪，虱子扮演了讽刺人类妄自尊大的角色，此后它代表的文化意义发生了更为险恶的转变。人感染虱子的状态，在 17 世纪的讽刺作家如海因斯看来显得可笑，让日益文雅、圆融的塞缪尔·佩皮斯感到厌烦，到 19 世纪这不仅成为社会地位低下的证据，也成为种族自卑的佐证。嫌恶演变到人性丧失。随着自认为文明的英国绅士淑女们日益注重仪表和风度，他们不能容忍自己与曾经熟悉的烂人（虱子）有所关联，进而把其他的民族、群体和大洲都视为劣等的（事实上，将之视为虱子缠身的），并对其嗤之以鼻。

英美人把虱子与爱尔兰人和非洲奴隶联系在一起不足为

奇。那时上流社会虽然尚不知晓虱子能传播斑疹伤寒，但照样把疾病与这种寄生虫挂起钩来。在爱尔兰闹马铃薯饥荒（Irish Potato Famine）期间，斑疹伤寒导致死亡率上升，细菌和病毒渗透到拘留所和监狱中，渗透到任何一个穿干净衣服都是不可能的梦想的地方。1848 年，在等待获准入境加拿大的所谓棺材船里，成千上万的爱尔兰人死于斑疹伤寒。1852 年《笨拙》（*Punch*）[1] 杂志上的一篇文章把爱尔兰人与西印度群岛的“黑奴”作比，警告说，爱尔兰人会“像没有翅膀的害虫一般在全国各地爬行”。5

英格兰人认为爱尔兰人乃至外国人全都邋里邋遢，虱子缠身，所以他们都是野蛮人。清洁在 19 世纪成为文明的基本要素。清教徒和循道宗 [2] 的教义、公共政策、私营企业和家政要求都把卫生情况视为德行的伙伴——没有什么比虱子更意味着污秽的了。虱子话题成了禁忌，以至于昆虫学家阿尔费斯·斯普林格·帕卡德（Alpheus Spring Packard，1839—1905）1870 年指出：“这种生物本身已经被逐出了正派体面的社会。”但是，帕卡德也做出道德和社会评价：“我们不是处在文明的中心吗！贫穷堕落的人被这些爪牙一般恶心的生物紧紧追随！”6

达尔文在“白痴”或小头畸形儿身上看到了相同的联系。“人们描述白痴在捕捉虱子时经常用嘴巴辅助双手。他们的习惯

---

[1] 英国著名的风趣与讽刺杂志。它对英国人的身份形成和认同有重要作用，也影响他国如何认识英国。

[2] 也称卫斯理宗，是基督教新教主要宗派之一。

往往污秽不堪，不体面。若干案例已经公布，他们身上体毛格外多。”[7]

道德判断助长了有关虱子缠身者的流行说法。某美国医生在说明染上阴虱的原因时曾发出这样的警告，上流社会的男人“太频繁地受到与品德放荡、习惯肮脏的女性性交的影响”。他补充说，“有些作家试图证明，头虱能随其所依附的宿主的种族而变化”这个观点在论述阴虱时不太常见。[8] 20 世纪初，另一个道德家谴责“现代女性”佩戴“从外国农民头上剪下”的假发，染上了外国头虱。[9]

在这种心态下，人们认为肮脏污秽会滋生道德败坏和犯罪行为。19 世纪七八十年代细菌理论被提出后，有些人得出结论，住在肮脏的房屋中等于一种谋杀，特别是在突尼斯巴斯德研究所（Pasteur Institute）的法国细菌学家查尔斯·尼柯尔证明人类体虱是流行性斑疹伤寒的传播媒介之后，人们更加相信这种说法。1903 年，尼柯尔观察到，患有斑疹伤寒、虱子缠身的病人只感染了住院处的工作人员，没有感染病房里的护士。因此，这种疾病的罪魁祸首一定是受害者衣服上的虱子，它们在病人住院期间洗衣服的过程中被消灭了。经过一番实验，尼柯尔于 1909 年发表了他的研究结果，1928 年 10 月获得了诺贝尔奖。[10]

斑疹伤寒在当时似乎是一种较新的流行病，但有些权威人士追踪发现，它曾在古代肆虐。它可能曾在欧洲局部流行，直到 16 世纪才被认定是一种不同的疾病。由于与其他疾病相似，当时仍然难以诊断。早期现代的实事评论家曾报道说，斑疹伤寒首次出现在1489—1492年，西班牙人围攻摩尔人的格拉纳达[1]期间，在传给美洲土著和随征服者返回欧洲后变得毒性更强了。1500年后，斑疹伤寒频繁地伴随着战争出现，最著名的例子是它大举消灭了入侵俄国的拿破仑大军，使大军人马从50万锐减到寥寥数千人。[11]

斑疹伤寒是一种极其恶心的疾病。现代历史学家理查德·埃文斯爵士（Sir Richard Evans）描述了它的症状："身体滚烫……反常而恶臭的鼻息……徒劳的干呕……小脓疱和溃疡……口渴难耐的痛苦。"[12]这种疾病在19世纪以古希腊语*typhos*命名，意思是烟雾缭绕或朦朦胧胧，即指斑疹伤寒患者在病情后期的精神状态。直到19世纪中期，人们还经常把它与伤寒混淆。伤寒患者会表现出类似的症状，只不过他们是喝了受污染的水或吃了不干净的食物得病的，不是斑疹伤寒杆菌引发的。斑疹伤寒的致死率在10%~60%，多数患者极度贫困或生活在战争或被迫害造成的无法忍受的条件下。这种病通常出现在寒冷的天气里，细菌在保暖的层层衣物中快速成长。在现代美国，它只见于裹得严严实实的无家可归者身上。[13]

斑疹伤寒致人死亡惹人嫌恶，在某种程度上，它很像历史上人们想象中的虱病，脓疮上爬满虱子。因此，19世纪和20世纪，侮辱性单词"lousy"成了"disgusting"（恶心的）的简

---

[1] 中世纪时，摩尔人统治者曾在西班牙建立了格拉纳达王国。

略用法。在《俚语和非传统英语词典》(*The Dictionary of Slang and Unconventional English*)中指出，这个词在“一战”期间被广泛使用。参战者本以为这只是一次短暂的英勇历险，其间偶尔能在索姆河上举行田园牧歌式的野餐，结果却遭遇了虱子、老鼠、残肢断臂和命丧黄泉。随着20世纪的人们日益重视消毒清洁，战场成了虱子、老鼠繁殖的热土。[14]

“一战”后，虱子和斑疹伤寒成为政治家和科学家瞄准的靶子，其中包括美国医生汉斯·辛瑟尔。他观察到斑疹伤寒在战争中造成的破坏，后来撰写了论述害虫携带疾病的《老鼠、虱子和历史》一书。(不出所料，辛瑟尔并非不抱偏见，他解释说，只有让警察逮捕“有色人种的绅士，只有在他们身上才容易发现那令人觊觎的昆虫”，他才能获得虱子样本。[15])辛瑟尔警告说，虽然虱子看似只出现在贫寒困苦的人群身上或世界上的“原始”地区，但它“永远不会彻底消亡，而且总是有机会广泛传播到哪怕是极度讲究卫生的大部分区域”。[16]

到目前为止，他是对的。“二战”期间，体虱困扰着军队，头虱至今仍在侵扰儿童。20世纪，英美政府试着通过限制移民和支持使用新型杀虫剂的办法来降低虱子对公民身体发肤的掌控程度。政府支持商业上使用滴滴涕，直到美国和英国相继于1972年和1984年明令禁用。近年来，人们用其他消杀方法应对这个难题，大大小小的企业已经把虱子商品化，但它们的出现依旧让儿童受到排斥，让媒体发出流浪汉收容所里害虫肆虐的警告。

虱子至今仍是社交耻辱和“他者”的标志。而且，人们对这种昆虫的嫌恶很容易延伸到其携带者身上。20 世纪见证了轰轰烈烈的反对二者的运动。

虱子和种族主义

人们关于种族与虱子的争论始于 18 世纪，此后持续了数百年。不同种族是否会滋生不同种的虱子，全人类是否属于同一物种？答案往往是充满种族主义味道的。科学甚至简单的经验观察解释常常受到文化假设的影响。18 世纪的威廉·考蒂对虱子与种族的关系的说法模棱两可。但不管他说什么，他只是灭虫员，不是科学家。美洲殖民者对待这个问题也没有那么审慎。牙买加的白人精英爱德华·龙朗（Edward Long）1771 年在《牙买加历史》（*The History of Jamaica*）一书中指出，非洲奴隶身上滋生黑种虱子，“我不记得博物学家是否注意到了这种特殊的情况”。[17] 到了 1799 年，英国博物学家查尔斯·怀特（Charles White）援引龙朗对虱子的论述：“也许这种看似微不足道的情况正是支持非洲人与欧洲人种族不同的非同小可的论据。”[18]

达尔文在著于 1871 年的《人类的由来》（*The Descent of Man*）一书中重申了这个观点，他的思想是：“不同人种都受寄生虫侵扰，但这些寄生虫看起来判然有别，也许可以根据这个事实提出合理的论点，即人类本身就有种族之分。”[19] 1845

年，达尔文请英国地质学家查理斯·莱尔（Charles Lyell）从被奴役的“黑人”身上采集虱子做标本，看看这些虱子是否真的比欧洲的品种更大、更黑。[20] 1865 年，达尔文把这些虱子样本送给英国昆虫学家亨利·丹尼（Henry Denny）。达尔文说：“不好意思，向您请教，这些虱子是特殊种还是一个特征明显的变种？”[21] 显然，自他 1834 年乘坐“小猎犬号”（Beagle）战舰航行以来，这个问题就一直萦绕在他的脑海中。达尔文很熟悉居住在南非的昆虫学家安德鲁·默里（Andrew Murray）的观点，后者收集来自非洲、澳洲和南美洲的虱子标本，它们在颜色和身体结构上似乎各不相同。达尔文相信，“对昆虫而言，微小的结构差异如果保持稳定，通常就被认为具有特殊价值。不同人种受寄生虫侵扰，这些寄生虫看起来迥然不同，也许可以根据这个事实提出一个合理的论点，即人种本身就是不同的”。[22]

丹尼给达尔文的回复表明人类的身份地位是如何受到了虱子侵扰的。他开宗明义地指出：“我找不到任何能解释虱子不传染他人的理由。”他对印第安人不怎么生虱子的解释是，他们“不穿衣服，女人剃光头。男人虽然留长发，但上面却涂了一层脂肪和红赭石，根本不适宜虱子居住”。[23] 依照这个观点，脏辫与第 4 章中讨论的波兰辫不同，它是预防而不是产生虱子的方式。但是以上两种观点显然秉持着相同的态度：外国人与虱子具有亲密的——也是惹人嫌憎的联系。

亨利·丹尼在书写虱子的相关内容时，并没有将视线局限在印第安人的身上。1842 年，他在一部探讨寄生昆虫的代表作中应和了早期殖民观察者的观点，即印第安人和非洲人吃虱子。他宣称：

> 可是，不是所有民族都把这些生物视为不受欢迎的客人。我们获悉，霍屯督人、西非各国人和部分印第安人都吃虱子。他们将虱子视为不可多得的珍馐，他们不仅自己动手，还使唤妻妾共同采集虱子，因此得名嗜虱者。理查森博士（Dr. Richardson）告诉我，在 J. 富兰克林爵士（Sir. J. Franklin）带领下的横跨陆地的探险期间，他"每天都能看到印第安妇女用牙咬碎这种寄生虫，她们看起来很享受"。猴子具有同样的癖好。[24]

从这段文字中可以清晰地看到，非洲人和印第安人就像猴子一样。此外，这些充满异国情调和怪异恶心的口味与人的性别和愉悦相关。16 世纪的人文主义者海因斯曾解释过，乞丐抓挠瘙痒处，享受"摩擦的快感"，土著像乞丐一样喜欢让妻妾喂自己吃虱子。

整个 19 世纪后期，与虱子味道有关的相似报道屡屡出现。美国昆虫学家阿尔费斯 · 斯普林格 · 帕卡德论述道，"一些半开化的人"吃虱子，这种饮食导致他们具有"某些精神特征和肉体欲望"。[25] 马克 · 吐温（Mark Twain）也有自己的种族主义问题。他在 1862 年给母亲的信中写道，印第安人"嘟嘟圈"

（Hoop-dedoodle-do）不自觉地释放出大量害虫，他原本要吃掉它们，因为“我知道一些你不知道的信息：它们很可口”。[26] 20世纪初，部分人的这种吃食问题继续吸引着观察家，同时，他们对害虫的忧虑也在为帝国主义、民族主义和反犹主义辩护。德国昆虫学家海因里希·法赫伦霍尔兹（Heinrich Fahrenholz，1882—1945）认为，不光黑人有专属的虱子种类，日本人和印第安人也有。[27]

虱子不好，人类更坏。20世纪记录的虱子故事是令人生畏的人类堕落的历史。在科学界发现虱子能传播斑疹伤寒等疾病的同时，对虱子缠身者的流言蜚语让数百万人蒙难。由虱子传播的斑疹伤寒杀死了成百上千人，在东欧尤甚，但是这种昆虫充当疾病载体至少是其天然角色。用虱子来证明消灭所谓像寄生虫一样的人类是正当的则是令人难以想象的恐怖行为。1943年纳粹死亡集中营的建筑师、党卫队全国领袖海因里希·希姆莱（Heinrich Himmler）宣称：“反犹主义和除虱是一模一样的。除虱不是意识形态问题，是清洁问题。同理，反犹主义对我们而言也已经不是意识形态问题，是个清洁问题，这个问题很快就会被处理好。它（他）们很快就要被去除。我们只剩下2万只虱子，之后这项活动在整个德国就可以结束了。”[28] 在1942年纳粹的宣传海报中，犹太人与这种昆虫的形象被掺杂混同。这个形象打破了虱子与人类的边界，两者都侵犯并威胁到看图人的安全。这种威胁海报传达了错误信息，意指通过粉碎或者喷毒气消杀这些“劣等生物”是正当的行为。

研究大屠杀的历史学家休·拉弗尔斯（Hugh Raffles）认为，希姆莱可能真的认为犹太人和虱子是一样的。[29]但是无论这个纳粹领袖的言论是隐喻性的还是字面意思上的，他都在操弄犹太人与传染病之间几个世纪以来的关联。这种关联可以追溯到14世纪鼠疫流行期间人们对犹太人往井水中投毒的指控和早期现代对波兰辫的描述。希姆莱还借虱子与斑疹伤寒相关的最新证明，将这些研究往法国细菌学家查尔斯·尼柯尔从未想到过的方向援引。

早先，杀虫剂的成分从猪油到水银不一而足。到20世纪初，欧洲人普遍使用氰化物家族中的化学物质——齐克隆B来对付臭虫。美国官员用它来给移民除虱，特别针对来自东欧地区和东亚地区的移民，还有越境进入得克萨斯州的墨西哥临时工。在美国人测试了它的效力之后，希姆莱把它用在了纳粹死亡集中营中。[30]

"二战"期间和战后，西方人经常用滴滴涕消灭虱子，将这种杀虫剂广泛喷洒在士兵和难民身上（见图14），但这对安妮·弗兰克（Anne Frank）[1]和她的妹妹而言为时已晚，1945年2月或3月，她们在贝尔根－贝尔森（Bergen-Belsen）集中营死于斑疹伤寒。一名幸存者讲述了弗兰克死时的情形，那时她"只不过是一具骷髅了……被包裹在一条毯子里；她再也受不了

[1] 第二次世界大战犹太人大屠杀中著名的受害者之一，是生于德国的犹太人，《安妮日记》的作者，该书记录了她亲历"二战"的故事。

图 14　第二次世界大战期间美国士兵演示如何使用滴滴涕喷洒设备。费城科学史研究所提供

穿她的衣服了，因为衣服上爬满虱子”。[31]

今天，西欧人和美国人不再受到斑疹伤寒的威胁，注射一剂抗生素就能方便地治愈这种疾病，但它仍然在发展中国家肆虐。[20 世纪 80 年代，布隆迪（Burundi）[1] 内战期间，有 50 000 例斑疹伤寒。[32]] 西欧人和美国人对虱子的恐惧和厌恶仍然如故，尽管这种昆虫如今代表“死神”的意味有所减弱，但它依然能轻易地让人畏惧。头虱其实不携带疾病（有些非医学猎虱人持不同意见），但人们认为它是公民社会中的一种祸患，更别提它对儿童稚嫩的脑袋的威胁了。

头虱能把孩子变成贱民。受侵袭的倒霉家庭将遭受巨大的尴尬和羞辱。在美国情景喜剧《摩登家庭》（*Modern Family*）的剧集中，两个家长议论他们的越南裔女儿的班上发现了虱子的事。“呃，”一个家长说，“可能是波西娅身上的。你知道，她总是脏兮兮的。孩子们不得不把她踢出‘游泳伙伴’小组，因为她在泳池周围留下了一圈脏印。”当他们发现是自己的女儿身上生了虱子时，他们决定守口如瓶——没人愿意跟染了虱子的孩子或其家人扯上关系。[33] 这对家长碰巧是同性。21 世纪，身上生虱子显然比同性恋或种族问题更让人难堪。社会态度在演化，但还不足以容忍虱子在身。

[1] 布隆迪共和国，位于非洲中东部。

虱子上战场

即将在 1918 年阿拉斯战役（Battle of Arras）中阵亡的英国士兵、诗人艾萨克·罗森伯格（Isaac Rosenberg）写下了《猎虱》（*Louse Hunting*）这首诗：

> 浑身赤裸——一丝不挂，莹莹发亮，
> 大呼小叫，乐得发狂。咧着嘴巴，
> 张牙舞爪，
> 激动地在地上打转。
> 衬衫上害虫繁忙
> 士兵扯着喉咙，骂骂咧咧
> 连上帝也会畏怯，虱子却纹丝不动。
> 衬衫很快被
> 他点燃的蜡烛照亮，我们都躺在周围。
> 于是我们一跃而起，脱光衣服
> 捕捉一窝窝害虫。
> 像一出魔鬼的哑剧
> 这地方立刻炸了锅。
> 只见人影幢幢张着嘴巴，
> 摇摇曳曳飘忽移动，
> 与墙上战斗的手臂交织杂沓。
> 看巨大的钩状手指
> 在至高无上的肉体上扭曲

让至上的微物化为污渍。
只见快活的肢体在炎热的高地猛挥
因为某只巫师害虫
用魔法从寂静中召出狂欢
当时我们的耳朵多少得以放松
沉睡的号角
吹响了黑暗的音乐。[34]

在“一战”的第一手记叙资料中，虱子无处不在，折磨着士兵，如罗森伯格诗中所述，虱子把他们变成语无伦次的暗影，扭动身体跳起魔鬼芭蕾。这首诗中有些主题在早期战争中已经司空见惯。美国南北战争期间，士兵深受虱子和跳蚤之苦。而罗森伯格对“一战”期间士兵捕虱子的叙述更为深入——士兵不仅脱光了衣服，他们自己也成了怪物，“巨大的钩状手指”，寻求“让至上的微物化为污渍”。捕虱子成了人虫之战的重要隐喻，虱子获得了胜利，因为人类在追捕钻入皮肤的敌人时，神性的光环荡然无存。

并不是所有士兵都会留下夜晚遭遇“巫师害虫”的鲜活记忆，但是没有一份战争叙述会漏掉士兵遭遇无处不在的虱子的折磨。战壕里虱子（和老鼠）成群，士兵和照顾士兵的护士很少有机会洗澡或换衣服。英国诗人西格夫里·萨松（Siegfried Sassoon）的另一首诗表达了因虱子搅扰而引发的深深绝望：“冬日在战壕里，畏缩，阴冷，/ 只有面包屑和虱子，没有朗姆酒，/ 他用一颗子弹穿透头颅。/ 没有人再提起他。”[35]

对在清洁的 19 世纪长大的新一代年轻男女来说，战争的堕落足以深刻地破坏他们稳定的心态，甚至可能导致自杀，像英裔澳大利亚作者埃瓦德妮・普莱斯［Evadne Price，以海伦・泽娜・史密斯（Helen Zenna Smith）的笔名写作］在其小说《不那么安静……战争的继女》（*Not So Quiet . . . Stepdaughters of War*）中描写的女救护车司机，“1918 年春天，皎洁的月光下，她的灵魂在洒满鲜血的战壕边故去”。[36] 在小说的前面部分，女救护车司机们目睹一位队友剪掉头发，因为“虱子中队”在她头上安营扎寨：“咔嚓，咔嚓，咔嚓”卷发掉在地上。另一位队友警告她说：“你会一点儿女人味没有的。”但是，为了追捕虱子，失去女性气质和性别特质是值得的，虱子象征了这场冲突中人类的堕落和文明的丧失。[37]

普莱斯这本书应该是对德国作家埃里希・玛丽亚・雷马克（Erich Maria Remarque）著名的“一战”小说《西线无战事》（*All Quiet on the Western Front*）的戏仿。只不过普莱斯的作品是怪诞的黑色幽默，而不是让人放声大笑的逗趣样本。《西线无战事》同样沉浸在战争和虱子导致的绝望中。主人公保罗・博伊默尔（Paul Bäumer）描述道：“挨个弄死身上的几百只虱子是件苦差事。没完没了地用指甲掐死这些硬邦邦的小动物，很容易让人感到厌烦。”[1] 士兵们裸体围坐在一起，把猎物投入火

[1]［德］埃里希・玛丽亚・雷马克：《西线无战事》，姜乙译，上海文艺出版社，2021 年。

堆上的罐子里，听它们在里面噼啪死去。[38] 即使非文学专业的读者也能心领神会，年轻的士兵将拥有和虱子同样的命运。

不出意外的话，士兵们会想尽办法去除身上这些有损人格的害虫。从上文提到的烧烤虱子到企业家殷勤提供的防虱产品，这其中也许最有创意的是体绳，一条布满杀虫剂的腰带，让受到侵袭的士兵或救护车司机系在腰间。根据制造商的说法，“皮肤吸收杀虫剂的药效，把它们散播到身体的各个部位。它甚至可以防止虱子寄居在衣服里”。[39]

亚细亚体绳由一位女士代言，想必她知道怎么让男青年保持干净、可爱和品行端正。广告中她欣喜地说：“刚刚收到来自战壕的消息，萨默维尔体绳（Somerville's Body Cord）是为了让士兵感到舒适而发明的最棒的东西。”[40] 这根绳子的灵感来自印度的民间医方。它由三股四层长布条编成辫状，浸在水银软膏和黄蜂蜡以 2∶1 比例混合的物质中。战争期间，这种体绳共售出 12 万条，但医疗机构怀疑它的价值。[41] 这款产品的畅销似乎与顾客购买约翰·索思豪尔的臭虫秘药的理由一样：异国奇特的古代文明——尤其是异国臭虫浸淫的文化——可能比西方医学更懂得如何消杀这种昆虫。同理，随着战场上的条件把战斗人员抛入野蛮的状态，一款受到所谓未开化文明启发的产品可能会管用。当时被推向市场的另一款灭虱产品是特伦奇曼腰带（Trenchman Belt）（见图 15）。

在这条腰带的外包装上，两个士兵正手忙脚乱地抓虱子，一个健硕阳刚的青年笔直地站在旁边咧嘴笑着，他的腰间系着

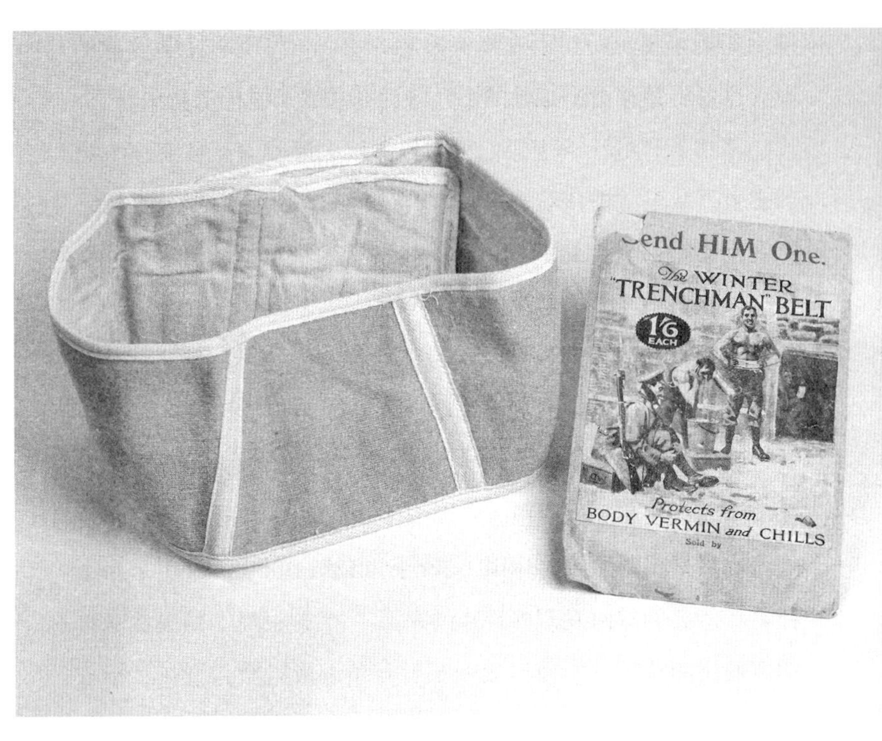

图 15　特伦奇曼腰带。帝国战争博物馆（Imperial War Museum）提供

特伦奇曼腰带——它不仅能保护他免受虱子侵扰，还能预防感冒。这条腰带即使不是英国医学的胜利，也是英国广告的胜利。而更多士兵依靠“基廷粉”（Keating's Powder）。这种粉末由除虫菊（从菊花叶中提取的化学物质）制成，按罐出售，罐子上画着一个咧着嘴笑的小恶魔，表示这种虫子的邪恶品质。它的效果不详，但除虫菊仍然是现代防虱洗发水中的活性成分，可能由于人们的过度使用，虱子已经对此产生了抗药性。为了把产品卖给走投无路的西方人，基廷粉还有一个名字叫波斯粉，商家再次向异国情调致敬。

对付虱子唯一真正管用的武器是保持清洁——这在战壕里是天方夜谭。不参加调度时，士兵们有机会洗澡，虽然杀死这种害虫所需的热水在战场上也很稀罕。士兵的制服，包括内衣都需要用蒸汽消杀，即便受侵袭者足够幸运，清除了自己身上和装备上的虱子，也几乎立刻会在前线再次受到感染。有些士兵宣布，他们宁愿迎接敌人的炮火，也不愿遭受被虱子叮咬后的剧烈瘙痒。根据某军事历史学家 1915 年的说法：“体虱引起人情绪上的烦躁会妨碍睡眠，让宿主变得虚弱；此外还会引起某种心理反应，导致许多军官害怕虱子胜过子弹。”[42]

虱子（Lice）派生出许多同义词——美国人和英国人叫这种生物为“cooties”，这给两国几代学童提供了骂人话。美国人也管虱子叫“greybacks”（字面意思“灰背”，源自南北战争时期）、相当富于诗情画意的“galloping dandruff”（飞奔的头屑）或“seam squirrel”（接缝松鼠）。英国人给它们取名“coodler”，法国人想必是捻着上唇的胡子称呼它们为“totos”。英国人和澳大利亚人也把它们叫作“chatt”（与“chat”相像，闲聊之意），也许灵感来自人们边捉虱子边聊天的氛围。许多士兵还互相转告，这些夜间恐怖分子是“德国制造”。43

虽然虱子长期盘踞在西线[1]，斑疹伤寒却不太常见。而虱子带来的另一种不太致命的疾病，即战壕热或五日热（Rickettsia quintana，也叫回归热）却非常猖獗，人患此病后可能会多次复发。它和斑疹伤寒一样会引起人高烧，肌肉酸痛和皮肤损伤，通常还伴有剧烈的胫骨疼痛。它能让士兵3个月卧病不起，这也许能让他免于战死，却可能致其终生抑郁。英国作家J. R. R. 托尔金（J. R. R. Tolkien）[2]、英国剧作家A. A. 米尔恩（A. A. Milne）[3]和英国作家C. S. 刘易斯（C. S. Lewis）[4]都感染过战壕热，他们归家后都用文字构思了奇幻之地——魔多（Mordor）的黑暗世界，这让人联想到战壕；田园风光的百亩森林（Hundred-Acre-Wood）；还有宗教乌托邦纳尼亚（Narnia）。也许《魔戒》（*The Lord of the Rings*）中的蜘蛛尸罗（Shelob）会让人从昆虫学角度想起战壕里的虱子，就像A. A. 米尔恩对伦敦某昆虫馆的反应：“回想起那场精神和道德堕落的噩梦——战争，我近乎感到身体不适。我6岁的儿子把我带进了动物园的昆虫馆，一

[1]“二战”中的西线战场，指柏林以西，英法两国对抗德国。
[2] 代表作：《霍比特人》《魔戒》。
[3] 代表作：《小熊维尼》。
[4] 代表作：《维尼亚传奇》《沉寂的星球》《黑暗之劫》等。

看到那些可怕的囚徒，我不得不赶紧松开他的手，到外面去呼吸新鲜空气。”[44]

西线士兵饱受虱子和相关疾病之苦，东线的情况则更加糟糕。奥匈帝国入侵塞尔维亚后，斑疹伤寒于1914年从塞尔维亚向东蔓延（塞尔维亚人怪罪该病祸源是“阿尔巴尼亚虱子”）。它让前线近50万塞尔维亚士兵患病，造成12万人死亡。1915年，美国医生和细菌学家汉斯·辛瑟尔作为红十字斑疹伤寒委员会（Red Cross Typhus Commission）成员前往塞尔维亚，目睹了这场人间惨剧。1917年到1919年，他以美国陆军医疗队（Medical Corps of the US Army）成员的身份回国。20世纪30年代，辛瑟尔从事细菌学研究工作，与科学家同行M. 鲁伊斯·卡斯塔纳达（M. Ruiz Castanada）合作，在斑疹伤寒患者的血清中发现了抗体。最终，他们通过把生长在鸡胚卵黄囊中的立克次氏体接种到正常雏鸡的身体组织中，成功研制出斑疹伤寒疫苗，该疫苗能引发人体免疫系统反应获得对该疾病的免疫力。辛瑟尔还发现了布里尔氏病（Brill），一种毒性较低的易复发的斑疹伤寒病种。为了向他致敬，人们将这种病更名为布里尔辛瑟尔病（Brill-Zinsser disease）。[45]

1935年，辛瑟尔根据这些经历，写作了《老鼠、虱子和历史》一书，把它献给挚友查尔斯·尼柯尔，该书被称为斑疹伤寒的“传记”。身为首批科学史学家之一（他谦虚地不肯这样自称），辛瑟尔讲述了寄生虫病在人类历史上的作用，当时专业的历史学家尚未认识到这一点。更重要的是，把他的著作定义为传记，为后人认识疾病及其意义开辟出一条新道路。虱子成了许多其他事物的隐喻——在辛瑟尔的阐释中，这种隐喻的对象包括为了安全便利地获取食物而放弃自由的人。虱子需要的营养物质是人类的血液。虱子“在一个富饶的生命岛上”实现了“安全而轻松地活着。因此，在某种意义上，凭着让自己适应寄生，虱子已经达到资产阶级文明的理想，虽然它使用了比商业或金融手段更直接的方法，它的营养来源也不是自己的同类”。[46]

辛瑟尔仁慈善良，他定会为日后看到纳粹用吸血虱子的类似比喻给实施种族灭绝找借口而感到震惊。但他举的例子表明了害虫引发人的联想具有爆发冲突的可能性。辛瑟尔论述道，虱子是寄生虫，人类也是寄生虫，人类的存在依赖自然界的资源。他曾说（想必是开玩笑），可怜可怜虱子吧，它跟我们一样也是斑疹伤寒的受害者，跟我们一样死于这种疾病。辛瑟尔谈到自己所研究的这种生物：“看在它和我们患难与共的分儿上，它应该得到一定程度的同情和原谅。”[47] 他的做法和 17 世纪的海因斯一样，将虱子变成评论人类处境的一种方式。

西欧人和美国人密切关注着斑疹伤寒在东欧的毁灭性影响。

德国和奥地利推迟入侵塞尔维亚，直到那里的斑疹伤寒疫情自然结束。德国还采取预防措施，避免国内和军队，特别是派往西线的军队中暴发疫情。凡是出现症状者一律隔离，隔离带上摆放着高大的驱虱植物，实行严格的卫生标准。这些努力卓有成效，有 3.3 万德军死于传染病，只有 1500 人死于斑疹伤寒。[48]

但斑疹伤寒疫情给人心理上带来的影响令人震惊。有些西方人不肯相信德国红十字救援队的报告，即斑疹伤寒和战争正在酿成人吃人、狗吃死人的惨剧。死亡人数中保守派贵族和知识分子占了很大比例。[49]

温斯顿·丘吉尔（Winston Churchill）相信，1917 年德国人把列宁送到圣彼得堡是为了动摇敌人，“好比你把装有伤寒或霍乱细菌的药瓶倒入大城市的供水系统”。

丘吉尔了解虱子。1916 年他在前线担任营长，他向军官们打招呼：“先生们，战争已经打响，向虱子宣战。”他的长官安德鲁·德威尔·吉布（Andrew Dewer Gibb）后来解释道：“有人用丘吉尔的这些话展开有关欧洲蚤属（*pulex Europaeus*）的演讲，探讨它的起源、发育、天性、栖息地及在古今战争中的重要性，这些作者的威力让人感到惊讶。”[50]假如拿破仑能够预见这些言论和虱子携带疾病之间的关系，俄国或许在 19 世纪初就会落入法国之手，大战便无从发起。丘吉尔是行动派而非空谈家，他让人把军队的酿酒桶改造成浴缸，发起全面的除虱活动，最终，效果不错，他赢得了部下的尊敬，他们也因此逃过了斑疹伤寒和战壕热的蹂躏。[51]

美国当局也对虱子采取强硬态度，他们从 19 世纪和 20 世纪之交就开始对东欧移民仔细检查。早在移民登船开赴纽约之前，他们就被关在由英国船运公司维护的“集中营”里进行虱子消杀。如果发现生了虱子，男人必须剃光头；女人获准使用肥皂、油和虱子梳清除这种昆虫，以保住“面子”——头发。

抵达纽约后，他们需要再次接受检查。被发现生了虱子的统舱、三等舱和一些二等舱乘客从埃利斯岛（Ellis Island）出发，被送往霍夫曼岛（Hoffman Island）上的一个隔离站——专门的灭虱站。在那里，用油和肥皂处理乘客，用加压蒸汽或氰化物气体消杀行李。[52]

美国官员坚称整套流程是以尊重的方式进行的。《纽约时报》肯定地告诉读者："对这套流程的亲历者来说，他们感觉这个方法是经过了精心设计的，以便尽量做到兼顾彻底且高效地除虱与保持个体的尊严。"[53] 但是移民与疾病的关系却为美国的反移民浪潮推波助澜。1892 年，纽约下东区暴发斑疹伤寒，病毒溯源到了当时乘坐汽船"马西利亚号"（Massilia）抵达美国的移民身上。虽然只传染了 200 人，但是美国当局暂时扣留了全体移民，还派卫生检查员进入移民寄宿处检查。这一行动很快演化为不应发生的暴行。据《纽约世界》（*New York World*）报道，卫生检查员"把女人们拖走，留下抓耳挠腮的丈夫们，受到惊吓的孩子们懵懵懂懂哭个不停。这是一项可怕的任务，因为所有病人都觉得莫名其妙，迫害运动已经把他们吓傻了。他们以为自己被匆匆带走，要被处决"。[54]

威廉·兰道夫·赫斯特（William Randolph Hearst）利用人们的这种畏怯大做文章，他在引起恐慌的文章《对"士兵身上的害虫"——虱子的新发现》的标题上方画了一只吓人的虱子。又在文章的小标题中继续警告，"科学家们为何不厌其烦地研究和获取每个与之相关的事实""归国部队全体接受细致的灭虱步骤”“区区几只战争虱子的来临就可能让死亡瘟疫席卷美国，导致 4/5 的受害者死去”。在这种情况下，归国士兵（尤其是黑人士兵）被贴上了可能携带虱子的标签，移民也可能被记上一笔。[55]

《公共卫生公报》(*Public Health Bulletin*，以下简称《公报》)隶属于新成立的美国公共卫生局（Public Health Service），连这样一本正经的报纸也不免惶恐起来，尤其是在 1922 年美国公共卫生局局长视察东欧时“有幸与虱子朋友发生亲密的个人接触”之后。《公报》一改诙谐的口吻：“此刻，斑疹伤寒是个国际问题。我们现在的处境如同比利时遭到德国人的占领一样，这是对整个世界的威胁。”1922 年，美国公共卫生局已经掌管了外国人入境美国的事宜，其执行官员负责调查移民和归国船员是否患有“可恶的疾病、传染病和慢性病”。（摘自 1891 年美国《移民法案》，颁布该法案是为了应对当时的霍乱疫情，这里的“可恶”一词包含物理和道德两重含义。）执行官员不仅在纽约等东部城市活动，还在墨西哥边境和旧金山活动。导致有两人在“塔希提岛号”（Tahiti）汽船上死于氰化物中毒。[56]

1917 年，在美国得克萨斯州西部的一个城市——埃尔帕索（El Paso）出现了把外国虱子与外国人等同对待的令人胆寒的事件。1915 年，墨西哥中部暴发斑疹伤寒，引起了部分美国官员的恐慌。埃尔帕索市市长要求美国海关总署（US Customs Service）建立针对移民的除虱设施，“给从墨西哥入境美国的肮脏、恶心的人洗澡和消毒”。墨西哥人在当地获准干活之前，要先用汽油洗澡并脱光衣服接受检查。墨西哥女佣卡梅利塔·托雷斯（Carmelita Torres）拒绝接受这种羞辱性的对待，她还鼓励另外30人拒绝以此种方式进入美国。随后发生的“洗澡暴动”最终被美国和墨西哥军队的特遣队镇压。57

后来，直到20世纪50年代末，除虱成了移民越过美国边境程序中的永久组成部分，这反映了美国人对墨西哥人是“肮脏的”根深蒂固的偏见。颇为讽刺的是，多数入境美国的墨西哥妇女是为美国家庭打扫卫生的。齐克隆B很快取代汽油成了人们首选的除虱熏蒸剂，20世纪50年代又被滴滴涕替代。墨西哥移民为了逃避这些有辱人格的程序，开始越来越多地采用偷渡的方式。也许可以不夸张地说，虱子催生了非法移民。

20世纪20年代和30年代，大西洋两岸的科学家们在苦苦寻找一种疫苗以抵抗虱子带来的破坏。汉斯·辛瑟尔是20世纪二三十年代勉力研究斑疹伤寒疫苗的科学家之一。另一位是奥地利裔波兰细菌学家鲁道夫·魏格尔（Rudolf Weigl）。像胡克和列文虎克一样，魏格尔首先以自己为实验对象，他感染斑疹伤寒并最终活了下来。纳粹占领利沃夫（Lvov，今为Lviv）[1]时，魏格尔不辍研究，终于研发出一种疫苗，他的实验室则成了波兰知识分子、犹太人和波兰地下组织成员的避难所。他雇佣“虱子饲养员”照顾实验所需的百万只虱子——这差事或许谈不上光鲜，却为很多人提供了一条逃离纳粹的路径，纳粹被

[1] 今乌克兰西部的重要城市。

斑疹伤寒和潜在的疾病携带者吓坏了。他们的恐惧如此强烈，曾与魏格尔共事的犹太细菌学家路德维克·弗莱克（Ludwig Fleck）竟然获准继续研究斑疹伤寒疫苗，不论他在奥斯威辛集中营，还是后来到了布痕瓦尔德（Buchenwald）集中营。

虱子、斑疹伤寒和种族灭绝的多重灾难在集中营里蔓延。囚犯到达集中营后要经历一套毫无人性的除虱流程——他们被扒光衣服，剃光毛发——包括阴毛——再在氯液里浸泡全身。一名集中营幸存者回忆道，这个过程中充满了羞辱：

> 当我们脱光衣服后，每个人都被命令站在凳子上，他们给我们剃毛，剃了头发，还有私处。我们不仅脱光了衣服，还没了头发，我们互相看着同伴，几乎认不出彼此。接着我们被推进，唔，淋浴间，他们先打开热水淋我们，我们被烫伤了，跑出淋浴间，又被党卫军和看守赶回去，再次站在喷头下，他们又对我们喷洒冰水，我们又跑出去，这一切结束后我们才离开了淋浴间。[58]

研究纳粹大屠杀的历史学家保罗·朱利安·温德林（Paul Julian Weindling）曾写过："灭虱是心理上的苦刑，不亚于对身体的折磨。"他补充说，从种族角度理解斑疹伤寒，为消灭这种疾病的"人类载体"提供了额外的理论依据。[59]纳粹的残暴行为表达了德国人对犹太人和斑疹伤寒的双重反感，即对弱者不知因何能杀死强者的忌惮；对囚犯身上的虱子会设法逃脱其躯体并杀死囚禁者的担忧。奥斯威辛集中营的党卫兵警告受害者："一只虱子要你命。"[60]（身上生虱子的囚犯就会被处决。）集中营里根本不可能防得住虱子，所以显而易见，死亡总是近在眼前。

普里莫·莱维（Primo Levi）是奥斯威辛集中营的幸存者，后来成为著名的小说家。他写道："这里不仅有死亡，还有大量疯狂的琐事和细微的象征，全都意在表达和证实犹太人、吉卜赛人和斯拉夫人是野兽、饲料、垃圾。他们（经过精心实验后）选中的灭绝我们的方法具有毫不隐晦的象征意味。他们要对我们使用给有虫的船舱和房间消毒的毒气，并且真的使用了。"[61]

奥斯威辛毒气室的外观设计得很像灭虱设施，有的装有假喷头，室内的指示标牌写着"洗澡"（*zum baden*）和"消毒"（*zur Disinfektion*）。历史学家论证道，当时德国人发明了这个致命的哑谜游戏来蒙蔽受害者。把毒药泵入毒气室的人叫作"消毒员"，齐克隆 B 的外包装上标着警告语——"齐克隆，用来杀灭害虫"。[62]

大屠杀否认者辩称，不存在纳粹死亡集中营，氰化氢是被用来灭虱而不是实施种族灭绝的毒药。根据大屠杀否认组织"历史评论研究所"（Institute for Historical Review）的弗里德里希·保罗·贝格（Friedrich Paul Berg）的说法，"灭虱室存在的目的是拯救生命——除了狂热的灭绝主义者，这一点无可否认。但毫无疑问，数十万人，可能数百万人，包括数不清的人能够活下来，要感谢这些房间和基于齐克隆 B 的德国技术"。[63] 他们坚称，奥斯威辛和达豪等集中营的出现是为了向斑疹伤寒宣战。

这些说法荒谬之极。不过，这些说法也表明，人们对虱子和虱子传播疾病的恐惧可能被用来充当极端破坏行为的借口。1928 年，查尔斯·尼柯尔在获得诺贝尔奖的感言中把虱子和其宿主相提并论："人类皮肤上携带一种寄生虫——虱子。文明让人摆脱困境。如果人类倒退，允许自己沦为原始的野兽，虱子就会再次在人身上繁殖起来，像对待野兽一样对待人。"[64] 害虫侵袭的不仅是人的身体，也波及道德。

"二战"前夕，文明世界又找到一种对付虱子和斑疹伤寒的工具。滴滴涕是 19 世纪末人工合成的化学品，1939 年瑞士科学家保罗·赫尔曼·穆勒（Paul Hermann Müller）把它确定为杀虫剂。战争结束之际，盟军用它给士兵和平民灭虱，很奏效。它很快就会成为商业企业和军队的福星。

战后关于虱子之争

战争结束后，企业从中看到一个好处：滴滴涕被普遍用作杀虫剂。令现代人感到震惊的是，当时的商业广告大肆渲染这种化学物质的好处。一则滴滴涕广告建议，要想做个好妈妈，就要使用滴滴涕浸渍的壁纸（见图 16）。因为虫豸会在"脏"屋里繁殖，使用它也意味着婴儿会无忧无虑，秉性正直的家庭主妇需要这种产品。最后，还有绝对权威的机构为滴滴涕背书："由《家长杂志》（*Parents' Magazine*）检测并推荐。"

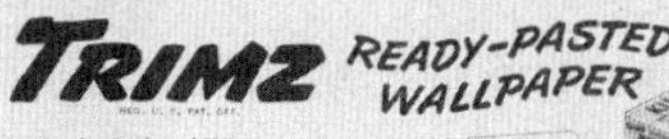

“保护你的孩子”

“拒绝带病昆虫！”

“特林兹滴滴涕，适用儿童房间的壁纸、天花板，杀死苍蝇、蚊子、蚂蚁”

图 16　特林兹（Trimz）滴滴涕壁纸广告，《妇女节》（*Women's Day*），1947 年 6 月。由费城科学史研究所提供

1962年，雷切尔·卡森（Rachel Carson）的《寂静的春天》（*Silent Spring*）出版。书中提及，滴滴涕并不像化学公司承诺的那么和善，它对环境危害巨大。她还说明，在许多其他地方，虱子正迅速对滴滴涕产生抗药性。美国氰胺公司（American Cyanamid Company）农业研究部的副主任回应称，卡森是“捍卫自然平衡说的极端主义者”，如果采纳她的建议，“我们会回到黑暗时代，虫豸和疾病将再次接管地球”。[65] 自他以后，类似这种对卡森的批评便不绝于耳，如美国保守派学者和政治评论家史蒂文·海沃德（Steven Hayward）在2014年所言：“自《资本论》（*Das Kapital*）问世以来，没有几本书对人类造成的伤害能比《寂静的春天》更大，可是她——和她那本可怕的书——继续受到左派人士的推崇。”[66] 虽然目前人们对滴滴涕的争议集中在它在防治蚊子和疟疾的作用上，但无论是否限定范围，这种杀虫剂的支持者和反对者所表现出的热情都表明，它在社会和政治层面上引发的强大共鸣。

在与虱子有关的争论中最能引发大众情绪的，是被虱子和虱卵感染的孩子是否应被允许留在学校的争论。直到最近，英美两国的学校都有一条“无虱卵”政策，一旦老师发现害虫，就把孩子赶出教室。根据大多数医疗和公共卫生权威的说法，头虱不像它的表亲体虱那样携带疾病。但头虱依旧背着体虱的许多污名，包括与外国人和肮脏的联系。一名美国卫生保健人员说了一些当局禁止她谈论的事，即最近大量来自墨西哥和拉丁美洲国家的移民儿童感染了虱子。“我跟孩子们说话的时候，虱子就顺着他们的头发爬了下来。”[67]尽管孩子们是包车和包机出行的，但美国福克斯新闻频道的托德·斯塔内斯（Todd Starnes）警告道：“我不想打乱大家的独立日计划，但这些孩子被送去营地，是在灭虱之前还是之后？如此一来，凡是从友好的天空飞过的乘客都可能面临公共卫生问题。”[68]

感染头虱（医学上称为虱病）的“公共卫生问题”与埃博拉病毒、艾滋病毒对人的威胁几乎不可同日而语，但部分家长经常做出近乎歇斯底里的反应。有时，学校护士会受到指责。“一而再再而三，”一封写给《美国儿科研究院通讯》（*American Academy of Pediatric News*）编辑的来信中说，“家长变得反复无常，极端到在这个问题上向学校的护士和工作人员发出死亡威胁。”[69]《纽约时报》观点版刊登的交流意见一时间众说纷纭。[70]哈佛大学昆虫学家理查德·波拉克指出，美国儿科研究院和全美学校护士协会（National Association of School Nurses）都不支持学校排斥染了头虱的孩子。人们指责波拉克和这些机构有利益关系，对虱子叮咬缺乏切身体会。（像此前多位研究虱子的专业人士一样，波拉克也经常用自己的身体喂虱子，这项对他的指控很容易被驳回。[71]）其他人争论道，虱子只能来自邋遢的家庭和孩子，这与古老的神学论点遥相呼应，虱子还能促使邋遢鬼打扫屋子。但是虱子分辨不了人的头发是干净的还是腌臜的，假如它挑剔这些，或许它偏爱干净的头发。另一个家长对这个问题的争论疑惑不解，最终意识到“对虱子的反应是一种文化现象”！[72]

这也是个阶层问题。有些人争论，“无虱卵”政策减少了孩子在学校学习的时间，尤其是他们被迫待在家里直到虱子或虱卵的痕迹消失，这还占用家长的工作时间，导致家庭收入减少。清除这些虫豸也靡费工夫，需要仔细梳理头发——尤其是活跃的虱子仓皇逃窜、虱卵牢牢地附着在头发上时，这桩差事格外繁重。遇到这种情况，虱子之战就演变成一场阶层斗争，在雇得起职业捉虱人——是的，这是一种行当——与承担不起根除虱子所需费用的阶层之间展开。

因此，这件事又变成老生常谈了，文化和阶层问题最后演变成金钱问题——虱子的另一特点是它是有利可图的。虱子所牵涉的资金数额巨大，竟至于在大型制药公司、环保主义者和自然疗法倡导者之间引发了争论。争论的核心是虱子对灭虱杀虫剂 Rid 的活性成分——除虫菊酯、对与杀虫剂 Nix 密切相关的化学物质——氯菊酯及有望从儿童头发中驱除虱子的其他产品的耐药性。有些产品如马拉硫磷和神经毒素六氯化苯具有严重的潜在副作用，包括引发癫痫乃至癌症。一些偏天然的除虱方法往往是用某种油或蛋黄酱把虱子闷死。名称抓人眼球的美国公司“头虱投死”（Head Lice to Dead Lice）制作了一部获奖的动画视频，人们只需支付 39.95 美元即可观看。视频中的主角名叫贾娜·麦克安娜（Jana McNanna），她因为染了虱子在学校受到排斥，直到妈妈给她身上涂抹橄榄油除虱后才获准重返学校和社区。该动画作品甚至附带一款类似于“滑道梯子棋”（Chutes and Ladders）的游戏，示范涂抹方法。

另一种昂贵的工具叫“虱子杀手”，现改名为空气过滤器（AirAllé），它会向虱子喷射热气，使之脱水而死。拉拉达科学中心（Larada Sciences）是美国的虱子研究中心（Lice Centers of America）。它已经把这种器械的特许经营权授予美国各地形形色色的除虱店，包括密歇根长发公主虱子精品店（Rapunzel's Lice Boutique）。这个店名证明，在美国，正确的包装几乎能把一切变得很酷。[73]其他除虱装备公司，包括国家虱子协会（National Pediculosis Society），都有权出售五花八门的虱子梳。连科学家也进入了除虱市场——美国普渡大学的教授团队申请资金以便对头虱进行基因组测序，半变态昆虫中头虱的基因组显然最简单。[74]一群英国科学家成立了评估除虱产品的昆虫研究与发展有限公司（Insect Research and Development Ltd.）。[75]一家名为“识别我们”（Identify Us）的美国公司为大众提供虱子等昆虫的相关信息，包括识别用户提交的样本，为负担不起虱子消杀费用的人提供无偿服务。[76]

有一种虱子可能正在人们并没有使用昂贵的或对其极有效的消杀手段的情况下悄无声息地灭亡。根据就职于昆虫研究与发展机构（Insect Research and Development）的伊恩·伯吉斯（Ian Burgess）的说法：“人们修剪阴毛导致阴虱种群数量严重减少……这个物种在遭受‘环境灾难’。”[77]致力于物种存活的环保主义者可能会高兴地得知，这个说法被广泛驳斥，因为世界上没有多少人沉迷于巴西蜡。人们认为巴西蜡是破坏阴虱栖息地的罪魁祸首，至少二三十岁的富裕人群是这样认为的。这项指控似乎呼应了杰出的昆虫学家和历史学家——J. S. 巴斯文带有文化偏见的观点，即长发浓须的嬉皮士因不良的梳洗习惯导致自己头虱和疥疮增多。[78]

从 20 世纪初至今，人们对虱子的普遍态度是厌恶的。这些生物总是与他者相关联，无论是德国士兵、囚徒，还是邋遢的邻居。虱病（邋遢）是一种很容易从隐喻性状态过渡到身体的现实性状态的病，随之而来的是人们的反应很快就会从生气的话语发展到愤怒的行动。在“一战”战壕里，士兵们祭祀性地焚烧虱子，反映了在这场结束一切战争的战争中，西方文明的虚假表象彻底破灭了。在这场战争中，年轻人，无论是被子弹击穿还是被臭虫咬破皮肤，都会沦为一摊血肉。奥地利作家弗朗茨·卡夫卡（Franz Kafka）预见了这种转化。他在其著作《变形记》(*The Metamorphosis*）一书中构思了主人公有一天醒来，发现自己变成了一只巨大的、某种爬行的、令人讨厌的昆虫的故事。[79]纳粹把犹太人与传播斑疹伤寒的虱子混为一谈，利用虱子隐喻肮脏的漫长历史为他们实施种族灭绝的行为找理由。“二战”以来，生虱子不再会因疾病或迫害而被判处死刑，但它却能继续引发人们的恐惧情绪，这远超其实际带来的危害。我们不再在孩子的房间喷洒滴滴涕，但是许多受到虱子困扰的孩子家长为了除虱什么都敢做，因为虱子不仅吸血，还吸金。

“别慌！”与虱子作战的机构和学校这样劝解家长，但是虱子既以鲜血也以人的畏怯为食。虱子钻进我们皮肤的深度，比其他寄生虫钻得都深。目前，臭虫引起美国社会的惊恐，但是与其说它诱发疾病，不如说它让人难堪。如今，跳蚤更容易威胁到我们的宠物，这是因为我们对宠物一般都很纵容而让这个威胁被掩盖了。

虱子是招致嫌恶和羞辱的令人痛苦的源头，但是我们不再把它视为对整个文明的威胁。就像我们要在第 6 章和第 7 章讨论的跳蚤，它们的形象可以说是既吓人又有趣。

06 人耳朵里的跳蚤

“先生，”18 世纪的英国文学巨擘塞缪尔·约翰逊曾经说，“虱子和跳蚤孰优孰劣，没有定论。”[1]

我们的确很难在这两种害虫之间择其优者——首先，它们都很微小——但是跳蚤让人一言难尽。一般来说，跳蚤是一种对我们来说更和善的寄生虫。在医学表明跳蚤携带鼠疫细菌之前，它们惹人发笑；它们是昆虫界的开心果。和虱子不同，没有人想过上帝会用跳蚤惩罚高贵者这件事，也没有人用跳蚤来比喻和排斥乞丐和外国人。跳蚤所引发的不是人们的讽刺窃笑，而是开怀大笑。它们看起来太无关紧要、太荒唐了，根本不值得较真。每个与跳蚤相关的群体——实验科学家、魔鬼附身者、女性、奴隶——都可以被轻描淡写地付之一笑。和许多喜剧一样，人们对跳蚤的笑意往往出自轻蔑和忐忑的意识，即下一个笑话可能就在现场的观众身上。

有时，人们用奚落跳蚤的方式来给顶着害虫污名的人群的暴力行为提供辩护。像虱子一样，跳蚤也被人与厌恶女性和种族主义联系起来。折磨乃至杀害某些人似乎“无非是捏死一只跳蚤”那样轻松。但这种有攻击性的话，潜台词不是要战胜弱者的意思，而是弱弱地威胁弱者——毕竟，控制它们是很有必要的。这种惧怕的情绪尤其体现在当人们要控制女性和奴隶的时候。

瑞典女王克里斯蒂娜（Queen Christina，1626—1689；1634—1654 年在位）是一个以变装闻名的统治者。她用 4 英寸[1]口径的大炮向对她指手画脚的男性顾问发射跳蚤，意在声明，她能够控制他们那微不足道的男子气概。另一个王室公主在观看跳蚤马戏团的表演时被跳蚤咬了，这证明了跳蚤有逃脱抓捕并噬咬抓捕者的能力——这种小害虫可能很危险。

跳蚤是一种特别的昆虫，是以动物和人类为捕食对象的最微小的昆虫之一。跳蚤有 1600 多个品种，包括印度鼠蚤（*Xenopsylla cheopis*，它是腺鼠疫和地方性斑疹伤寒的主要疾

[1] 1 英寸约等于 2.5 厘米。

病载体）和人蚤（*Pulex irritans*，由于杀虫剂和现代卫生兴起，如今日益稀少）。但是在知晓印度鼠蚤的致命特性之前，人类为它 1/16 到 1/8 英寸的微小身材和惊人的跳跃能力着迷。关于跳蚤能跳多远多高，科学家们意见不一。美国伊利诺伊大学昆虫学教授梅·贝伦鲍姆（May Berenbaum）估计，跳蚤能够跳出它自身长度 100 倍的距离——用外行话来说，相当于一个人立定跳远，跳出去1/4英里[1]的距离。她驳回了跳蚤一跳的距离相当于人跳过圣保罗大教堂的论点（其他生物学家用帝国大厦做类比）。[2]

不管跳跃能力如何，跳蚤的微小使它成为脆弱和无足轻重的象征。

亚里士多德教导我们，跳蚤跟虱子等昆虫一样，由无生命的物质自发生成。拉丁语“灰尘”（*pulvis*）与“跳蚤”（*pulex*）很像，强调这种昆虫本身的微不足道。英国博物学家托马斯·穆菲特关于臭虫和虱子有很多话要说。他认为，跳蚤由泥土和汗水生成，尤其产自人和山羊的尿液，并且常在人入睡后对人发动攻击。他判断跳蚤“完全不是祸患”，它们可以被几种草药根除，还可以“弄一只萤火虫到房屋中央”把它们赶走。[3]

和虱子一样，人们也经常用跳蚤来评论人类的虚伪做作，但是二者表达的意思有细微的差别。虱子缠身者往往显得堕落和令人讨厌，臭虫缠身者则显得肮脏，而被跳蚤叮咬的人（字

[1] 1 英里约等于 1609.3 米。

面和比喻意义上）大多只是显得荒诞。穆菲特解释说："虽然它们再三骚扰我们，但它们既不像壁虱（臭虫）那样臭，也不会让人像受虱子侵扰那样感到羞耻。"简而言之，它们似乎远没有其他昆虫那样可憎或危险；它们只是惹人烦恼。人们奚落对手的常见方式是把对方比作跳蚤。[4]

在寓言、戏剧和玩笑中，跳蚤让自负者和蠢人遭到报应，戳破他们的虚饰，或者只是暴露他们的无足轻重——他们像跳蚤一样渺小。"叫某人碰了个大钉子走了"（send someone away "with a flea in his ear"），这句俚语从法语 *la puce á l'oreille*（耳朵里的跳蚤）沿袭而来，可以追溯到 15 世纪，表示当事人生硬的回绝。同理，《新英语词典》（*A New English Dictionary*）解释道，"跳蚤咬一口"（flea-bite）是指"引起人轻微疼痛、让人不便或不适的事物"。[5]《驯悍记》（*The Taming of the Shrew*）[1] 中，彼特鲁乔（Petruchio）斥责裁缝："你个跳蚤，你个虱卵，你个冬蟋蟀。"（4.3.110）《亨利五世》（*Henry V*）[2] 中，奥尔良公爵对英格兰人及其领袖的英勇不屑一顾，冷笑道："你倒不如说那只跳蚤多勇敢，因为它竟敢在狮子的嘴唇上找早餐吃。"（3. 7. 1771–1772）

然而，跳蚤的确具有某种能力。它能刺入人体，而且你很难杀死它。（抛开普遍的说法，跳蚤结实的外骨骼使它难以被碾

[1] 莎士比亚的戏剧。
[2] 莎士比亚的戏剧。

碎，它的腾跃力让它躲得开袭击。）所以跳蚤既可以是堕落的比喻，也可以是堕落的工具。一个匿名诗人捕捉到跳蚤的噬咬力，竟然让它与庞然大物对抗：“我敢打赌 / 狮子、黑豹、老虎、熊 / 偶然邂逅，也无法摆脱这些 / 无情的半恶魔、被诅咒的跳蚤。”这首诗指明了跳蚤与魔鬼和巫术的关联，这是 16 世纪和 17 世纪欧洲猎杀女巫狂潮中一种有力的说辞。诗人接着写道：“我认为每只跳蚤都是魔法舞者无疑，/ 由地狱的巫师培养而成。”[6] 这种对跳蚤的认识也出现在其他文化中，例如，波希米亚吉卜赛人认为跳蚤是“撒旦的马”。[7]

所以，人类绝对有必要征服跳蚤。古代的伊索讲过一则寓言：

> 跳蚤咬人，咬了一下又一下，那人再也受不了了，于是四下搜寻，终于把它抓住。他把它捏在拇指和食指之间说，准确地说是喊道，他太生气了。“请问你是谁，你这个该死的小东西，竟然对本人如此放肆？”跳蚤害怕了，用微弱的声音呜咽着说：“哦，先生！求求你放我走吧，不要杀我！我只是个小东西，不能给你造成多大伤害。”但是那人笑着说：“我现在就要杀了你，立刻。坏东西都要被消灭掉，不管它对我造成多小的伤害。”这则故事的寓意是：“不要把怜悯浪费在恶棍身上。”[8]

战胜跳蚤似乎是不值一提的小事。这不仅表明跳蚤的弱小，也暴露了征服者无谓的逞能。杀死跳蚤或者反过来被跳蚤叮咬意味着什么呢？爱尔兰作家乔纳森·斯威夫特用这种昆虫来抨击诗人同行的狂妄：

> 于是，博物学家观察到，跳蚤
> 以小跳蚤为猎物；
> 小跳蚤还有更小的跳蚤可供噬咬，
> 由此无限延伸。
> 于是每位诗人，在同行中，
> 都可以被后辈诗人叮咬。[9]

但是斯威夫特心中所想的不只是竞争对手的荒谬。他提到托马斯·霍布斯的“一切人对一切人的战争”理论，指出：“霍布斯清楚地证明，每种生灵 / 天生都生活在战争状态。/ 庞大的盯着弱小的，/ 很少招惹旗鼓相当者。”换句话说，人类生活在持续的焦虑状态中，因为他们知道强者总有可能被弱者打倒。年轻的大卫规劝企图杀死他的扫罗国王时，这种恐惧在《圣经》中浮出水面：“以色列王出来是寻找一个蛇蚤，如同人在山上猎取一个鹧鸪一般。”（《撒母耳记上》26：20）读者知道“跳蚤大卫”终将成为大卫王。哪怕在《圣经》中，小角色也能战胜大人物。数百年来神职人员向听众宣讲这个教训。

如同虱子和臭虫一样，跳蚤在讽刺科学、政治、宗教和社会的文化作品中扮演重要角色。跳蚤似乎是最自相矛盾的一种昆虫：就身体尺寸而言，它应当无足轻重，但是它却能被人训练来跳跃和表演——就像它偶尔代表的被征服的女人和奴隶一样。和这些人一样，它有时会突然反戈一击，让压迫者患病。

跳蚤能够颠覆主人或奴隶、男人或女人、人类或昆虫，以及白人或黑人的社会等级。跳蚤故事可以是一种社会评论的形式，要么用来贬低被跳蚤叮咬的人，要么是把他们从奴役或从属状态中解救出来。罗马哲学家塞内卡（Seneca）曾说过这样一句话，被本杰明·富兰克林（Benjamin Franklin）引用过："与狗一起躺下的人，起来时满身跳蚤。"跳蚤既是人类状况的组成部分，也是评论其状况的一种手段。

哲学、科学和好玩的跳蚤

跳蚤在人群中引起的欢乐比起虱子的少了些嘲弄，多了些惶恐。人们面对跳蚤时更多的是发出窃笑而不是尖叫。也许因为跳蚤的故事虽然常常道义凛然，有时却得出了谈不上崇高的教训。16 世纪的法国散文家米歇尔·德·蒙田（Michel de Montaigne）说出了古往今来很多人的心声："人一定是疯了，他造不出一只跳蚤，却要造出几十尊神。"[10]

跳蚤催生人类愚行的指控可以追溯到剧作家阿里斯托芬（Aristophanes）创作的《云》（*The Clouds*）。他在其中指责苏格拉底疯了，因为这位哲学家对跳蚤感兴趣。据说一个弟子向苏格拉底请教跳蚤能跳多远、怎样测量距离的问题。苏格拉底给出了解决办法，他“融化了一些蜡，抓住跳蚤，把它的两只脚爪浸在蜡里，待蜡冷却后上面就出现了名副其实的波斯拖鞋。然后截取两双拖鞋印，以此测量出跳蚤的跳跃距离”。在古希腊人看来，一只穿着波斯拖鞋的跳蚤清楚地表明苏格拉底乖张荒诞的形象，他可能精神错乱——顺便对波斯人做了一笔带过的评论。[11]

对苏格拉底来说悲哀的是，这个故事在接下来的数百年间被人们复述了一遍又一遍。16 世纪文艺复兴时期的作家伊拉斯谟（Erasmus）在《愚人颂》（*In Praise of Folly*）中讽刺了形形色色的权威。他复述了阿里斯托芬关于苏格拉底和跳蚤的故事，对这位哲学家评论道：“有一段时间，正如你在阿里斯托芬的作品中所见，他对云团和思想高谈阔论，测量跳蚤能跳多远，赞美诸如苍蝇之类渺小的生物能发出响亮的嗡嗡声，从不介入与日常生活相关的事情。”[12] 身为古典主义者的伊拉斯谟还奉上一句拉丁谚语：“跳蚤咬了虚荣的人，他就会祈求上天来帮他。”[13]

跳蚤讽刺愚蠢的人把鸡毛蒜皮的事当作天下大事一般——如 17 世纪法国诗人让·德·拉封丹（Jean de La Fontaine，1621—1695）所言，有人想“消灭一只跳蚤，竟然迫使上天借给他雷电或大棒”。[14] 在可以追溯到中世纪的寓言和笑话集中，跳蚤象征愚蠢，愚蠢有时不仅危害人的身体，还危及人的灵魂。

一本 1609 年的小册子曾这样描述，古希腊哲学家和原子论支持者德谟克利特（Democritus，公元前 535—公元前 475

年）告诉另一位自然哲学家赫拉克利特（Heraclitus），他做了个梦，梦见跳蚤和大象在争论谁高贵谁卑贱。起初大象拒绝参与这场争论，因为跟小小的跳蚤计较，有损它的尊严。跳蚤做出回应，指责大象拿自己的荣誉给自己的懦弱做挡箭牌。在这个故事中，低等生物——跳蚤在生物大链条上的存在地位确实很低——它不仅侵犯了比它高级的动物的地位，还侵犯了对方的荣誉。跳蚤喊道："美德不在于体量（大象是庞然大物），而在于内在的品质。"因此，渺小之物可以声称自己比庞然大物具备优势。[15]

德谟克利特认为整场辩论异常有趣，赫拉克利特却不觉得好笑："看看伟大人物怎样变得更加伟大，/没有一位故步自封。"他哀叹：嗜血的跳蚤就像刚复活了的人，会啃咬给他喂饭吃的手：

> 这是我们时代的不良习俗。
> 谋求让当初助自己崛起的人毁灭。
> 肮脏罪恶在你背上做了记号，
> （像她自己一样）把你关闭在黑暗里。[16]

黑色的跳蚤是一种罪恶的化身，它以寄生虫的形象出现。它犹如恶魔，想必被叮咬的人不觉得它好笑。大象瞧不起卑鄙的跳蚤，但是当大象做最后陈词时，却对人类的境况进行了一番清教徒式的思考——"为了追求一种愉悦，得到了 20 种痛苦”——恰恰是跳蚤提出了更高明的论点。该作品的作者英国诗人彼得·伍德豪斯（Peter Woodhouse）总结道：“我写了这个愚蠢的玩意儿，/ 从中得到莫大的乐趣。”[17]

跳蚤岂止有趣，简直是奇趣横生。1856 年《哈泼斯杂志》（*Harper's Magazine*）讲述了一个民间传说，讲的是 13 世纪多明我会的创始人和教皇宗教裁判所（Papal Inquisition）所长圣多明我（St. Dominic）有一次读书时被一只跳蚤打扰，这个“精神上的魔鬼”在他阅读的书页上跳来跳去。圣人“为了惩罚它的放肆无礼……把它绑起来充当页码的标记”。跳蚤充当了“光标”，圣人思考一段话时它停留在原地，再跟随圣人的视线转到另一页。因此，这只跳蚤的“魔鬼意志始终无法得逞”。[18]

跳蚤可能是微小的魔鬼，甚至是被诅咒的人自己。戏剧《亨利五世》中福斯塔夫（Falstaff）死后，他的同伴回忆道，福斯塔夫“见巴道夫（Bardolph）的鼻子上粘了一只跳蚤，就说那是在地狱之火中燃烧的一个黑色灵魂”（11. 3. 870–873）。在 1756 年的漫画小说《约翰·邦克的一生》（*The Life of John Buncle*）中，对自然和道德哲学着迷的主人公生动地描述了一只跳蚤和一只虱子像角斗士般发生的搏击。他用特殊的显微镜把视野放大，将它们俩放在盒子两边，“它们两位僵持片刻，气势汹汹地瞪视着彼此，屡次作势出击。虱子终于冲了出去，跳蚤飞扑到它身上，由此发起了一场犹如两只野兽的搏斗”。

除了对彼此的刻骨仇恨，这些生灵的神奇之处在于它们身体的渺小。“但是想一想它们这种由不知名材料或原子组成的活跃物质，两个微乎其微的东西在一场搏斗中展示自身惊人的机制，这场面让人感到震惊。”原子般大小的害虫之战以虱子凯旋告终，“这场殊死搏斗的结果是，跳蚤断了气”。哪怕跟虱子比，跳蚤也是那么微不足道。[19]

令人惊叹的跳蚤

早在跳蚤从事演艺职业之前，它们的惊人能力就引起了人们的注意。几个世纪以前，托马斯·穆菲特描述了英国人马克（Mark）抓到一只跳蚤——它长着“小脑袋，嘴巴不是叉状，但是强劲有力，脖子很短”，他用一根细细的金链把它拴在“堪称完美的黄金四轮大马车上……这充分展示了艺术家精湛的工艺和跳蚤的力量”。[20]

马克是最早在微缩模型中展示跳蚤本领的人，此后众多铁匠和钟表匠纷纷效仿。他们把跳蚤绑在设计精巧的大小马车上，再由这些昆虫拉动马车，让观众感到新奇有趣。人们对微缩模型的迷恋至今仍在继续，迷恋跳蚤的原因也在其中。事实上，牛津学者罗伯特·伯顿（Robert Burton，1577—1640）看到一个钟表匠展示跳蚤套着挽具拉车的本领后评论道：“艺术和自然一样，都不会比最微小的东西更令人赞叹。”[21]

跳蚤在各种展览中扮演主角，展现甚至示范自然界的奇迹和人类对它的掌控力。英国皇家学会的创始成员和建筑师克里斯托弗·雷恩赠给查理二世一幅跳蚤插图，国王把它收在自己的古玩柜里。皇家学会档案中有一则记录，科学史学家基思·摩尔（Keith Moore）引用了这则记录，它似乎表明，所谓的首场跳蚤马戏团表演是1743年为学会成员举办的——也许反映了学会从其早年的负责人罗伯特·胡克那里承袭而来的对微小事物经久不衰的兴趣。马戏团经理是伦敦的一个叫索比斯基·博韦里克（Sobieski Boverick）的钟表匠，他展出了一辆由跳蚤拉动的机械马车。[22]

时间再早些，博物学家、英国皇家学会创始成员约翰·雷叙述道，17世纪中叶，他和朋友弗朗西斯·威尔卢格比（Francis Willughby）在意大利旅行期间，遇到过有人售卖脖子上套着钢制或银制项圈的跳蚤。威尔卢格比买了一只当宠物，养了3个月，用自己的血喂它，直到它受冻而死。想必他向朋友们展示了这只跳蚤，也许是为了看看它有什么本领。[23]

到18世纪，英国皇家学会研究昆虫这件事已经广为人知。跳蚤和科学家之间的关联有据可查，所以显微镜在当时被叫作跳蚤眼镜。可是，皇家学会对跳蚤的兴趣非但未能提高其声誉，反而遭到人们嘲弄的讥笑。在1785年出版的《跳蚤回忆录和历险记》（*Memoirs and Adventures of a Flea*）一书中，一只演艺跳蚤建议法国主人把自己送到“鹤苑（Crane-Court）”：“我在那里也许会让这个时代的表演大师们大吃一惊，在我有生之年被英国皇家学会列为最珍贵的收藏品。在我去世以后……［它］会让我的记忆永存，他们会把我解剖，制成标本，陈列在大英博物馆里。”[24]

这段话的重点不是展示跳蚤的气派，也不是彰显它积极上进的主人的伟大，而是要把英国皇家学会与这么无关宏旨的对象联系在一起，衬托科研人员的滑稽可笑。18 世纪有一首诗把科学、性爱与荒谬联系在一起。跳蚤叙述道："医生目瞪口呆地把我从他妻子丰满的大腿上捏起来，我的美暴露无遗，犹如他透过他的显微镜看到的一样。"[25] 英国作家亚历山大·沃尔科特（即彼得·品达）在《卢赛亚德》诗中忽视了性，但保留了荒谬和皇家学会。他在作品中描绘了皇家学会主席约瑟夫·班克斯爵士的痛苦。据说他对人们反驳他关于跳蚤是小龙虾的说法感到心烦意乱。[26]

那些与这些微小昆虫打交道的人为自己辩护，认为上帝或大自然在造物中的作用显露无遗，用穆菲特的话说："它们如此渺小、卑下，几近于虚无，有什么关系呢？它们的影响有多大？它们的完美有多么难以言说呢？"[27]

1680 年，荷兰显微镜学家安东尼·范·列文虎克为皇家学会撰写了一篇跳蚤论文，他雇佣一个艺术家为论文绘制插图，艺术家重申了上述人们的情感。艺术家在描画跳蚤的细微之处时倍感复杂艰难，他感叹道："天哪！这微小的生灵是何等复杂奇怪啊！"[28] 列文虎克的工作证明，跳蚤不是由泥土、汗水或尿液自发形成的，而是由卵变成若虫或蛹，再长成成虫的。但是列文虎克意识到，让"好奇者"发生兴趣的其实是跳蚤的腾跃技能，于是他拔下一只标本的腿放在显微镜下仔细观察，并得出结论："如果我们认真思考跳蚤的腿关节这种奇妙而复杂的构成，就不会再纳闷它怎么能跳得如我们所见的那样高，也不会再提出这个问题（经常有人向我问）：跳蚤是不是有翅膀，让它腾跃得那么远、那么高？”这位荷兰科学家知道，多数人会笑话他把时间耗费在“跳蚤这种微小而可鄙的生物上”，但他也知道“跳蚤这物种被赋予了无懈可击的完美构造，不亚于大型动物”。[29] 罗伯特·胡克预见了这种情感，他认为包括昆虫在内的万物都是上帝创造力的证明。在《显微制图》的序言中，他称颂了观察微小事物的奇妙之处：“我的小东西可以与自然界恢宏绚烂的作品相提并论。跳蚤、螨虫、蚊蚋可以与马、大象或狮子相提并论。”[30]

跳蚤刺激了观察者的眼睛，赋予人们更多联想。两幅著名的跳蚤图彼此相隔150余年，都捕捉到了人在近距离观察这种普普通通的昆虫时被激发的近乎超自然的敬畏之情。罗伯特·胡克和威廉·布莱克（William Blake，1757—1827）分别在1665年和1819年绘制的图画体现了跳蚤对人类想象力的持久影响。

胡克的跳蚤图（见图17）很出名，它从首次面世至今，爬行于诸多自然历史书籍。乍一看，它似乎——至少在现代人看来——是精确而富有经验性的极致观察。但是胡克对实验对象热情洋溢的歌颂表明，显微镜有能力把不足挂齿的事物升华为奇迹：“这种小小生物蕴含的力量和其身体构造的精美，使它即使与人类毫无关系，也值得一叙。说到它的力量，显微镜不能比肉眼发现更多玄机，而说到施展这种力量，它腿部和关节的

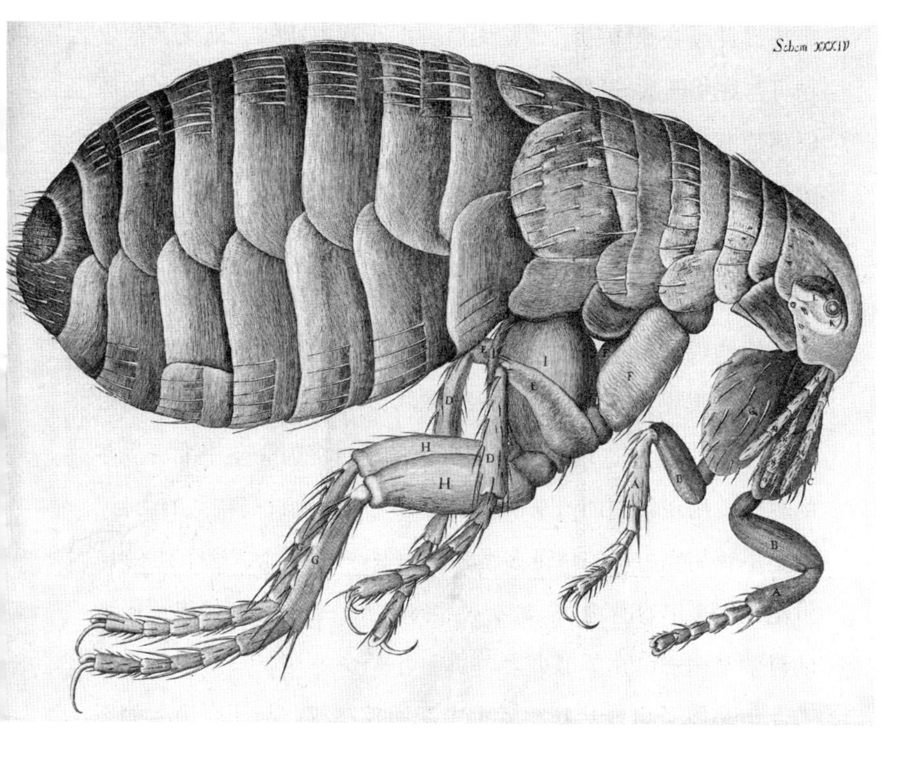

图 17　罗伯特·胡克，《跳蚤的显微图画》，版画，摘自《显微制图》，1665 年，韦尔科姆收藏馆提供

奇特设计则在显微镜下一览无遗。据我观察所知，尚无其他生物可与之相匹敌。”跳蚤的解剖结构让人明确它能凝聚力量的原因而使其备受瞩目，这一点非同小可：“它把六条腿缩在一起，跳跃时把它们全部弹出，瞬间释放全部力量。”[31]

胡克继续描述，科学与艺术的语言骤然相遇：“至于它的美，在显微镜下看得分明，它浑身披挂着奇特又闪亮的骑士盔甲，接缝规整，镶嵌大量锋利的饰针，形状酷似豪猪的棘刺或明亮的锥形钢剑［即匕首］；脑袋两边用又黑又圆又敏捷的眼睛装点。”[32] 因此，跳蚤变得尊贵，成了身穿闪亮盔甲准备战斗的骑士，用现代的词语来说，还具有“一跃跳过高楼”的力量。但是不管胡克眼中的跳蚤多么强健而敏捷（quick，这个词在 17 世纪也用来形容智力），如今它都被主人——身为自然界征服者的科学家——钉在了书页里。

但是跳蚤也能从观察者手中夺回控制权。与胡克笔下静态的跳蚤相反，威廉·布莱克则运用梦魇般的表现手法描绘出了同样抓人眼球的《跳蚤幽灵》(*The Ghost of a Flea*，见图 18)，它就像恍惚间出现在布莱克面前的一只吸血野兽。也许他的梦是从穆菲特的叙述（“强劲有力”的舌头，粗短脖子）中受到启发，也许他睡觉前读了《显微制图》。[33] 与布莱克同时代的大英博物馆版画和素描作品管理员约翰·托马斯·史密斯（John Thomas Smith）解释道：“布莱克说过那只跳蚤，是个活跃的小家伙，有一头象那么大；他对它神奇的力量做了计算，断定它能一跃从多佛（Dover）[1]跳到加来（Calais）[2]。”[34]但是，即使这个评价听着幽默，布莱克的版画作品中表达跳蚤的可怕也远胜其形象的滑稽。

这种生物对人的威胁和自身拥有的力量是毋庸置疑的。布莱克告诉艺术家约翰·瓦利（John Varley），在他的幻觉中，这个异种“栖居着天生嗜血的灵魂，所以天意注定让它囿于昆虫的大小和形状，否则，假如它具有马的大小和体形，会把这个国家相当比例的人口消灭掉”。[35]在评论家 G. K. 切斯特顿（G. K. Chesterton）看来，布莱克笔下的跳蚤具象化了，“跳蚤的行为……嗜血，以消耗他人的生命维生，有寄生虫的狂暴”。[36]刊登在 1827 年《文学编年史》（*Literary Chronicle*）上的布莱克的讣告把“人蚤”描述为“毫无疑问是最巧妙、最有力量的魔鬼的化身，一个邪恶而强大的恶魔，出自一位画家创造性的手笔”。[37]跳蚤作为魔鬼再次出现。它需要被控制，哪怕只是被艺术家的想象力控制，艺术家把它框在装了窗帘的窗户里，宇宙在外面搏动。

罗伯特·胡克是科学家，威廉·布莱克是神秘主义者，二人都表达过跳蚤的内涵和外延的丰富性。两幅跳蚤画像都包含个性和自我，虽然观察者可能感到好奇，这些凶猛的生灵是否可能拥有理智乃至灵魂。它们的眼睛在警觉地搜寻，也许在寻找下一个受害者。胡克的跳蚤似乎在积聚力量准备纵身飞跃，

[1] 英国多佛港，位于英国东南部。
[2] 加来市，位于法国北部的港口城市，与英国隔海相望。

布莱克的跳蚤则大步走过现场——它抓着一只碗，用来收集它用自己巨大的爪子抓破猎物身体而流出的鲜血，舔着嘴唇憧憬下一顿美餐。

这些图画绕开了实物与想象中的恐怖之间的边界。在这两幅图中，跳蚤的形象都被扭曲得超乎寻常，它沦为怪物，威胁着观看者。胡克的跳蚤在书中的篇幅占据了一个对开页，以数倍于活生生的跳蚤的尺寸而存在。布莱克的跳蚤是个精灵——幽灵——却是人们所能想象的最具象、最嗜血的幽灵，即使画幅本身很小，只有 24.1 厘米 × 16.2 厘米。画面上还有一只更小的跳蚤趴在地板上，就在人形跳蚤幽灵脚下——也许是对与它相似的胡克的跳蚤的巨大潜力的回应。

胡克和布莱克在他们栩栩如生的作品中利用了观看者的期待，强调艺术家自身感知世界的力量，无论幻象是自然的还是超自然的。作品中，跳蚤的大小成为掌控观众情绪的手段。胡克的跳蚤或许硕大无朋，但它是实验者制造出来的夸张形象，它能证明人类的力量而非人类的弱小。同样，布莱克令人害怕的跳蚤幽灵因为体型微小而变得近乎可笑，它只能暗示自己可能拥有的力量——假如它像马一般大而不是只有昆虫的大小。

跳蚤的命运从它们首次被人类主人用来展览开始就注定成为悲剧。站在它们的角度，它们与人类的互动以臣服和死亡告终。当马克用链子拴住跳蚤，胡克在显微镜下观察跳蚤时，这些“小演员”引起的人们的笑声和惊奇就部分源于残忍，残忍通常是我们宁愿忽视的一个喜剧元素。

图 18　威廉·布莱克，《跳蚤幽灵》，红木上的蛋彩金粉画，1819 年。

理查德·斯蒂尔（Richard Steele）在1709—1711年间发行了首份把社会讽刺和八卦消息相结合的杂志——《塔特勒》（*The Tatler*），笑声、残忍和科学的相互影响明明白白地呈现在它的页面中。杂志刊出一封据说来自尼古拉斯·金克拉克（Nicholas Gimcrack）遗孀的信，金克拉克是英国诗人、剧作家托马斯·沙德威尔（Thomas Shadwell）的讽刺剧《艺术大师》（*The Virtuoso*，1676）中的一个角色。剧中的另一个角色形容金克拉克是个"纨绔子弟，他研究了20年虱子、蜘蛛和昆虫的天性，长期为月球上的世界编撰地理书"。[38]这位虚构的金克拉克夫人称，丈夫买了显微镜并当选为皇家学会会员以后就变得古怪起来。这个可怜人在追逐蝴蝶时染上了致命的疾病，弥留之际对她这样说："人在气息奄奄之际赐予奴隶自由是罗马人的习俗。"这句话让她百思不得其解，直到他稍稍让自己平静下来，吩咐她把那只他用链子拴了几个月的跳蚤带过来，说他打算给它颁发奴隶解放证。[39]

显然，过去有些作家明白，跳蚤的生活往往是奴隶的生活。被征服的跳蚤象征着被征服的人，特别是妇女和被奴役的黑人，凡是失去自由和受他人摆布者都能与之共鸣。从词源学的角度看，to flea someone（奴役某人）等同于to flay someone（剥某人的皮），剥掉他的皮，折磨他。布莱克的跳蚤幽灵看起来已经准备就绪，要用钩爪和握在右手中的棘刺去剥皮——它是恶魔，恶魔为撒旦服务。于是，跳蚤再次蹑手蹑脚地爬进双重身份中，它既是堕落的主体，也是堕落的工具。

征服跳蚤：奴隶、性别和性

19 世纪早期，威廉·布莱克因为对性、唯心论和奴隶制抱持进步的、有时独树一帜的观点，显得与众不同。他为约翰·加布里埃尔·斯特德曼（John Gabriel Stedman）的著作《针对苏里南黑人反叛的五年探险记》（*The Narrative of a Five Year Expedition against the Revolted Negroes of Surinam*，1796）绘制的版画，表现出他对奴隶制复杂而矛盾的看法。这些画作直白而令人震惊，其中包括一幅近乎裸体的女奴遭受鞭打的素描作品。

布莱克的《跳蚤幽灵》与他早先为斯特德曼绘制的作品之间似乎存在清晰的关联。相关词语“flagellation”（鞭打）、“flay”（剥皮）和“flea”（跳蚤）都有指通过撕扯肌肉来折磨人的意味，而且都与奴隶制有关。英国废奴主义者格兰维尔·夏普（Granville Sharp）1776 年公开了一封来自非洲马里兰的游客来信，信中清楚地点明了这种联系：“对可怜的黑人和罪犯的惩罚超出了一切想象，他们完全受野蛮而残暴的主人的意志左右……一种常见的惩罚手段是用牛皮或其他野蛮的工具鞭打他们的后背，然后在他们的背上倒上热朗姆酒，再加上盐水或腌渍，在烈日的炙烤下用玉米皮摩擦其伤口。”[40]

支持和反对奴隶制的人士都把跳蚤与奴隶联系起来。曾担任多米尼加岛[1]首席法官的托马斯·阿特伍德（Thomas

---

[1] 位于北美洲，南临加勒比海，原为印第安人居住地。

Atwood）在 1791 年的一篇报道文章中表达了他对被奴役的“黑人”的印象。文章的主旨是黑人懒到不肯把“沙蚤”(jigger，即 chigoe，一种形似跳蚤的昆虫）从身上弄掉：“人们知道很多例子，黑人麻木地忍受着沙蚤带来的痛苦，宁愿忍受它们在皮肤下繁育，导致双脚肿胀并像蜂巢一般穿孔，也不愿费工夫把它们从身上取出来。”[41]

根据弗朗西斯科·德·奥维耶多（Francisco de Oviedo）对克里斯托弗·哥伦布（Christopher Columbus）第二次航行的描述，如果让 jigger——其实是一种微小的沙蚤——在脚趾内产卵，那里就会形成“一个扁豆大小的疱，有时像鹰嘴豆”。[42] 它内含雌沙蚤产下的卵，雌沙蚤会在人的脚趾上咬出伤口，让伤口保持开放以使自己生活在里面——如美国作者艾米·斯图尔特（Amy Stewart）在《恶虫》中所写——“如此一来，她发情时就能接待雄性访客”。雌沙蚤产下数百枚卵，这些卵附着在溃烂的伤口上，“呈现着实可怕的景象”。[43] 如果不加治疗，伤口处会发展成坏疽，不幸的患者可能会失去脚趾甚至整只脚。根据奥维耶多的叙述，哥伦布的水手们束手无策，只好割掉脚趾。这种病至今在热带气候地区仍时有发生，叫作潜蚤病（tungiasis）。哥伦布的水手们从新大陆带回另一种疾病：梅毒。在早期现代的英国，人们有时把这种病症叫作“法国跳蚤叮咬”，这个称谓清楚地反映了英国人对法国人、性病和跳蚤的态度。

博物学家托马斯·穆菲特读了关于跳蚤和奴隶的旅行文学

作品，包括误读了西班牙史学家皮特·马特·德安吉拉在《新世界》（*De orbe novo*，1530）一书中对西班牙人征服新大陆的叙述。穆菲特提道：“《航海十年》（*Decads of Navigation*）的作者马特写道，在西印度群岛国家佩里恩纳（Perienna），奴隶身上掉落的汗水会立刻变成跳蚤。”[44] 此处受到如此诅咒的是被奴役的印第安人，但是与被奴役的黑人一样，跳蚤充当了从尘土到奴隶汗水的连接体，在肮脏腐败的社会把二者联系起来。

19 世纪早期的英国艺术家奥古斯都·厄尔（Augustus Earle，1793—1838）有一幅画精准地反映了奴隶制和跳蚤之间的联系（见图 19）。画面上女奴从白人男子的脚上取出一只沙蚤。受害者脸庞扭曲，其他人则入迷地注视着这番操作。这显然是一个奇观；执行操作的女奴既丑陋又卑躬屈膝——她的身体缩成一张弓，但是专注的目光和持刀的手法清楚地表明她技艺精湛。受害者看起来既尴尬又可笑。他是个白人，承受着被奴隶摆弄的痛苦。

自古以来跳蚤就与性相互纠缠；跳蚤文学甚至比淫秽下流的虱子故事还要露骨。在这类故事中跳蚤扮演了更加活跃的角色，跳蚤有时因放肆大胆和与主人关系亲昵而受到赞赏。[45] 这些故事从有趣到淫秽不等，取决于你的视角和所处的文化氛围。跳蚤文学融合了厌女症、妖魔化和奴役等相关主题，想必这些都是为了制造笑声。

最著名的跳蚤诗歌专注于性征服。在英国诗人约翰·邓恩写于 1631 年的《跳蚤》（*The Flea*）一诗中，诗人企图引诱他

图 19　奥古斯都·厄尔，《取出沙蚤，巴西》（*Extracting a Chigger, Brazil*），纸上水彩画，1820—1824 年。奴隶制图片（Slavery Images）

的爱人，暗示跳蚤咬了他们二人：

注意观察这只跳蚤，就会看到
你对我的拒绝显得多么渺小；
它首先吮吸我的血液，然后轮到你，
于是我们的血液在它体内融为一体。
你知道这根本谈不上是一种罪孽，
也不是羞耻或失去少女的贞洁。
然而它没有求婚就尽情享受，
身体膨胀，对合而为一的血液过于迁就；
这一点啊，比我们的行为更胜一筹。[46]

这里，跳蚤由于把这对情人的血液卑鄙地在肚内交融而身体鼓胀。诗人要说服对方，失去童贞无关紧要，因为这对恋人的血液已经在跳蚤体内融合了。邓恩对跳蚤和女人的真实感受在一句不太知名的格言中表露无遗。他曾写道："女人就像吸我们血的跳蚤，哪怕我们最私密的地方也免不了为她们熟知，可是尽管彼此相交甚笃，她们却永远不被我们驯服，不受我们命令。"[47] 他把女人与跳蚤相提并论，这种昆虫成为女人智取和征服男人的象征。在《跳蚤》这首诗中，女人最终杀死了跳蚤——"竟然用无辜的鲜血把你的指甲染红，/ 这是一种多么残忍的出人意料的行动？"诗人认为，虱子的死是一种殉难，因为"这只跳蚤就是你和我，是我们的婚床和婚礼的殿堂"，但是敏锐的读者也许看到了少女在抵抗勾引者的侵犯。

在16世纪的诗歌《跳蚤赞》(*Elegia de Pulice*)中，跳蚤的厌女用途越发明显，时人误认为这首诗的作者是奥维德。约翰·邓恩显然知晓这首打油诗，原文由多米尼加神学家彼得鲁斯·加里萨杜斯(Petrus Gallissardus)用拉丁文写成，发表于1550年。这个例子沿袭了讽刺的“赞颂体”传统，伊拉斯谟《愚人颂》和海因斯的《虱子赞》也包括在内。作者问道：“小小的跳蚤，讨厌的害虫，对少女不友善，我怎么歌颂你好战的行径？”这首诗颂扬了跳蚤对女人的力量：

> 你得寸进尺，把隐藏的利刺蜇入少女的侧身，她被迫从沉睡中醒来。你在她的膝盖附近游荡，在这里，通往身体其他部位的道路向你开放。你随心所欲地探索，一切都对你没有隐藏，野蛮的家伙。哦！恶心！我说，少女侧卧时，你蹂躏她的大腿，让血污流淌。与此同时，你胆敢进入激情部位，品尝诞生于此地的销魂之乐。[48]

作者写道，跳蚤的行为也许恶心而血腥，但这并不能阻止他希望化身为跳蚤“在裙下游荡，爬到腿上，我很快会在自己选择的地方忙碌起来！”诗人夸口道，如果他恢复真容，少女对他不屑一顾，他会再次变形为跳蚤，“无论凭借恳求还是武力，我都要得到她。然后她宁愿抛下一切，也要让我做她的伴侣”。

《虱子赞》中的跳蚤男人发出骚扰的威胁，跳蚤叮咬和性骚扰是同样的举动，这两种情况都以跳蚤为手段把少女征服。但是不知何故，在施暴者放荡的想象中，少女最终会爱上施暴者。在英国诗人、剧作家克里斯托弗·马洛（Christopher Marlowe）的《浮士德博士的悲剧》（*Dr. Faustus*）中，拟人化的恶习“骄傲”宣告：

> 我就像奥维德笔下的跳蚤，能够潜入少妇身上的每个角落；有时我像假发端坐她的额头；接着我像项链挂在她的脖颈；然后像一把羽毛扇，我亲吻她的双唇；继而我把自己变成精致的罩衫［即绣花衬裙］，做一系列举动。但是，呸，这里味道可真冲！哪怕为了国王的赎金，我也不再多出一言，除非地上洒满香水，铺好阿拉斯布帘。[49]

充满厌女意味的跳蚤幻想总是包含羞耻和嫌恶的成分。托马斯·穆菲特在对跳蚤的描述中将女性的潮湿（根据亚里士多德所言，这是女性的普遍特征）与昆虫相关联：“跳蚤让男人烦恼，但是如淫乱的诗人（奥维德）所言，跳蚤尤其是青春少女的烦恼，她们手指灵巧，潮湿发黏，很难避免跳蚤。”[50]

受这一传统启发，1579 年，法国一群风流文人举办了一场诗歌比赛，在贵族小姐凯瑟琳·德·罗切斯（Mademoiselle Catherine des Roches）的胸脯上发现一只跳蚤这件事传播开来。（罗伯特·彭斯向我们表明，乳房上的寄生虫似乎很容易让人诗兴大发。）这场活动的煽动者、律师和才子埃蒂安·帕斯奎埃

（Étienne Pasquier）把这首诗收入他 1582 年出版的诗集《罗切斯夫人的跳蚤》（*La Puce de Madame Des-Roches*）中：

> 如果上帝允许，
> 我会让自己变成一只跳蚤。
> 我会立刻飞翔
> 去往你颈项的绝佳之所，
> 要么，甜蜜地偷偷地，
> 我会吸吮你的乳房，
> ……
> 要么，慢慢地，一步一步，
> 我会继续往下，
> 用恣意的口鼻
> 发起跳蚤的偶像崇拜，
> 轻咬什么我不告诉你，
> 我爱它远远胜过爱自己。[51]

这首诗意在引发人们的笑声，但是和许多跳蚤传说一样，它包含了暴力的意象和物化女性的主题。身为人文主义诗人、拒绝结婚的凯瑟琳·德·罗切斯以诗回应。在她的诗作中，这只跳蚤原本是“一名纯洁的少女，/ 高贵、智慧、俊俏、甜美”，潘神想要她为妻，为了躲避潘神，少女祈求神灵将她变为跳蚤。处女之神戴安娜满足了她的愿望：“她遮住你的脸庞 / 在黑色的面罩下，/ 从那时起，逃离这尊神，/ 小家伙，你寻找一个地方 / 给你安全的避风港。”[52] 想必安全的避风港就是凯瑟琳的胸脯，她用此诗反击了那些试图仿写跳蚤游历的艳诗。[53]

英国人熟知凯瑟琳·德·罗切斯的故事。约翰·邓恩的儿子写了首短诗，显然在评论这首诗和他父亲的诗作："有人用锁和钥匙做了条金链，/ 还有由跳蚤拉动的二十四个链环，/ 伯爵夫人用盒子给它保暖，/ 日日用白皙的胳膊把它喂养。”[54] 纽卡斯尔伯爵威廉·卡文迪什在查理一世统治时期创作了戏剧《杂耍》（*The Varietie*），剧中一个角色在描述女仆的本领时说："她拥有消灭蚊虫的罕见才能，还有对付跳蚤的独家秘药，所以你的姑娘们永远不必像遭到劫掠似的尖叫，在上床之前偷看她们的罩衫。”[55] 少女不会再受跳蚤侵犯，这里也在暗示，她们也会躲开不受欢迎的骚扰。

性、强奸和暴力在这些跳蚤传说中有目共睹，女性、性和跳蚤的联系跨越了国界。法语 *puce*（紫色跳蚤）和 *pucelle*（处女）在词源上贴近，英语叫 maiden（未婚女子）；法语 *pucelage*（跳蚤）贴近英语 maidenhead（童贞），法语 *dépuceler*（使失去贞洁）贴近英语 deflower（奸污）。早期现代时期英国的受教育阶层通晓法语，这种词汇上的关联广为人知。加拿大艺术史学家克里希·贝吉隆（Crissy Bergeron）表明，法语短语 *avoir la puce à oreille*（起疑心，预防有麻烦发生）到英语短语 to have a flea in one's ear（斥责某人、断然拒绝）都具有性的含义，意思是感到"恋爱的酥痒"——*oreille* 的意思是 shell（外耳，贝壳），贝壳被用作指代女性隐私部位的符号。[56] 欧洲各地都专门有一类情色绘画描绘女性在其胸部猎杀跳蚤的情形。

英国漫画家兼讽刺作家托马斯·罗兰森（Thomas Rowlandson，1756—1827）绘制了英文版的捕猎跳蚤图，图中老太太取代了性感的年轻女子，但跳蚤和性的关联依然存在（见图 20）。正文如下：

> 大胆的跳蚤青史留名，
> 你将与哥伦布齐身等列。
> 他探寻了美洲海岸
> 像他一样，你勇敢地探索了一片新大陆，
> 人类此前从未涉足彼处。

这个老处女显然希望把自己的贞洁献给跳蚤。在这幅漫画中，老太太的肖像暗示她可能是个女巫，尖下巴和尖鼻子，一只猫偎依在她身后。

18 世纪末，另一篇讽刺文本也把色欲和跳蚤、黑奴和跳蚤相关联。《跳蚤回忆录和历险记》通篇都是对政治和伦理主题的思考，由一只被利用的跳蚤含讥带讽地表达。它辩论道："昆虫比人类拥有更高尚的学问和智识，它们也许可以教导人。傲慢的人、堕落而蜕化的人，在被教导昆虫的价值和朴实的情感面前会脸红。"[57]

这个故事以奴隶叙事的形式讲述了一只母跳蚤的苦难。这

图 20　托马斯·罗兰森，《老太太捉跳蚤》（*An Old Maid in Search of a Flea*），1794 年 9 月 25 日。大英博物馆托管方（Courtesy of the Trustees of the Brifish Museym）提供

只跳蚤蹦蹦跳跳地跨越了社会阶层，这个故事与早先的跳蚤游历记相似。这只跳蚤出生不久就享用了女仆的臀部，后来女仆把它卖给了一个法国人，他是这只跳蚤日后见识的各色人等中的第一位。新主人在它脖子上套上绳子让它拉马车，他们以此环游全国，让爱看奇观异景的英国人啧啧称奇。最终，这只跳蚤逃脱了这种暴虐，一度放浪不羁地享受同类的陪伴——它是个“水性杨花的女性，受制于女性的各种弱点”。[58]

在这个故事中，跳蚤、性和征服所激起的联想一应俱全，由另一只扮演荡妇角色的跳蚤推波助澜。供这只跳蚤享乐的伴侣被描述为“小黑丈夫们”，的确，叙述者称：“这里没有供整个部落享用的黑人情郎，却有个小小的后宫；也没有一位女性，却有约 20 名殷勤男子供她个人差遣。”[59]这个故事暗示女性和黑人像跳蚤，必须被控制——或者被压扁粉碎。

在早期现代的英国文化中，跳蚤除了靠跳跃和拉车逗观众开心，还掌握诸多技能。它们经常引人捧腹，往往讥讽人类的傲慢和荒谬。从莎士比亚到威廉·布莱克，文学和艺术把它们表现为代表人类罪恶的小魔头。相比之下，从科学角度来看，跳蚤复杂的身体结构体现了上帝造物的水平——不过这并未阻止跳蚤在色情故事中扮演主角。但是，凭借观察跳蚤，无论是透过显微镜观察还是让它们出现在书籍插图中，人类仔细研究它们本身就代表征服的目的，跳蚤或许不再那么好玩。当跳蚤和奴隶被挤压在一处时，幽默中就融入了惊悚。

17 世纪的一首模仿英雄体的诗《论跳蚤叮咬》（*On the*

Biting of a Flea）表达了人类的脆弱和跳蚤在双方关系中的力量，即使这种关系很好笑：

吸血的暴君，你们永不离开吗？
你们为何成群结队附着在我的皮肤上？
一对一来试试，看你们能赢得什么。
你们这些怯懦的埃塞俄比亚害虫！[60]

最终，在纸页之外，跳蚤不断跨过国界，越过大洲，并笑到了最后。

07 跳蚤成为杀手笑星：

它们是文字和语言的武器

也许法国大革命是跳蚤引起的。法国皇后玛丽·安托瓦内特（Marie Antoinette）喜欢紫红色礼服，她奢华的着装风格激怒了当时法国的下层阶级，激怒程度不亚于她那句不足凭信的话："没有面包吃，为什么不去吃蛋糕呢。"[1] 1775年，路易十六恭维她晚礼服选得好时，她说："这是跳蚤（*puce*）的颜色。"她和宫里的时髦人物都穿起这种颜色，"宫里的女士

[1] 与"何不食肉糜"同义。

们都身穿跳蚤色礼服，年老的跳蚤、年轻的跳蚤、跳蚤肚子（*ventres de puce*）、跳蚤背（*dos de puce*）等。（而且）由于深色的衣服不易弄脏，所以比浅色的便宜，于是身穿跳蚤色礼服的时尚在（巴黎）资产阶级中盛行起来”。[1] 1792 年，皇后在狱中等待末日降临时，再次穿起深紫色长袍。历史学家卡罗琳·沃克·拜纳姆认为，选择这种颜色可能是出于实用，因为塔楼内很脏，但也可能是对自己身陷囹圄的写照。[2] 跳蚤在监狱叙事中无处不在，它们的活动范围很难被人限制。恰如 1859 年一个风趣的人在《哈泼斯杂志》上所言，他回答了人能否驯化跳蚤的问题，跳蚤为了自由会“挣扎跳跃”，“直至最后一息”。[3]

19 世纪的人们延续了早先养成的相关认知，不论在支持还是反对奴隶制的文本中，跳蚤都与奴隶制紧密相关。在一篇奴隶讲述的文本中，奴隶讲述了自己挨了 500 鞭的事情，“当时我的后背，从脖子到大腿，全都烂成了肉泥……我身上连着几个星期爬满害虫。对我自己和靠近我的人来说，我就是一块移动的臭肉”。[4] 但是，与跳蚤发生纠葛的不光是非裔美国人。为妇女争取选举权的美国女权活动家苏珊·B. 安东尼（Susan B. Anthony）和露西·斯通（Lucy Stone）也被蔑称为寄生虫和跳蚤。[5] 讽刺的是，“妇女有参政权”论者在会议上进行自由和公开的对话，竟引发几个边缘人物的破坏性发言，美国思想家、文学家拉尔夫·沃尔多·爱默生（Ralph Waldo Emerson）斥责后者为“大会上的跳蚤”。[6] 跳蚤无论出现在哪里，似乎都会扰乱现场。

也许跳蚤对自由的追求是它们在娱乐业中扮演重要角色的原因。为了挣脱囚禁，它们在跳蚤马戏团表演各种滑稽动作：搏斗、演奏乐器、跳华尔兹。1915 年，一个跳蚤观察家在跳蚤风靡之际写道："跳蚤没有受过训练，这种表演只能归因于它们想要逃跑的欲望。"[7] 观众一定在某种程度上清楚，跳蚤不是出于渴望掌声才娱乐他们，但这种表演动机的含糊不清令他们鼓掌。

跳蚤在我们的幻想中不可抹去，因为它们仿佛既聪明伶俐又和我们如影随形。看起来，我们应该能够掌控它们，但是即便我们再努力，它们依旧不受任何影响。即使我们自认为占了上风，它们也会掉转头叮咬我们或者我们的宠物——我们的薄弱地方。即使在现代，面对区区人类或贵族那不可一世的主张，跳蚤也是不可征服的自然界力量的象征。

这些微小的生物能被用来戳破他人的傲慢、自负和偏见，这种做法延续到 20 世纪并进入 21 世纪。美国讽刺杂志《洋葱新闻》（*The Onion*）刊登的一篇文章的标题为"美国狗主人害怕非洲跳蚤的到来"，文章正告道：

> 兽医医学中心（Center for Veterinary Medicine）周一宣布，非洲杀手跳蚤的致命突变株即将到来，恐慌情绪在美国狗主人间蔓延。"没有一只狗会安全无虞，"兽医医学中心主任斯蒂芬·桑德洛夫（Stephen Sundlof）说，"当美国各地的犬科动物天真地捡起棍子追逐自己的尾巴时，杀手跳

蚤正以每天两千米的速度向北迁徙。它们已经入侵得克萨斯州和加利福尼亚州的边境城镇。在宠物付出代价之前，我们必须立即采取行动。”[8]

很显然，这些具有讽刺意味的变异跳蚤是墨西哥移民的搞笑替身，白种人担心他们以某种方式威胁到自己，恰如想象中的硕大跳蚤威胁自家的犬科动物一样。

在所有叮咬人类的昆虫中，人们对跳蚤的切身体验最为丰富（也许蚊子除外，不过那是另一个故事了）。跳蚤可以休眠，一年后再出来吸食受害者的血液。所以，人们乔迁新居，旅行者从漫长的假期归来，可能发现某件出乎意料之事在等着自己。有些人哀悼心爱的宠物死去了，随即可能会知晓与宠物菲多或菲比同寝共食的一些弊端：跳蚤一旦失去动物宿主，就会退而求其次——转移到宠物主人的身上。

跳蚤令人防不胜防使它们成为现代文明危机四伏的完美比喻。电影院是各色人等汇聚的地方，曾经那里被叫作 flea pit（跳蚤窝）。不太体面的酒店是 fleabag（跳蚤袋，意为廉价低级旅馆）。虽然现在跳蚤市场已经旧貌换新颜，成了人们寻找便宜货或无价古董的地方，当初那里却只是叫卖二手衣服和破旧家具的地方。世界上首个“跳蚤市场”——巴黎的跳蚤市场，是当年拿破仑三世要用宽阔的林荫大道改造这座城市，把低级小贩赶到郊外后出现的。

跳蚤在 20 世纪继续充当评论社会变化的理想工具。1946

年《纽约客》上有一幅漫画描绘了一场阶级起义，训练有素的跳蚤罢工抗议老板——跳蚤马戏团领班、“教授”罗伊·赫克勒（Roy Heckler）。这幅漫画意在讥讽美国国家劳动关系委员会（State Labor Relations Board）颁布的一项法令。卡通跳蚤们举着要求成立工会的牌子：“我们要工会——赫克勒的跳蚤们。”[9] 旁边的文字补充了跳蚤们的要求：“关闭商店，提高工资以满足不断上涨的生活成本，1.5 倍加班费，当然还有养老金。”跳蚤们的老板赫克勒教授“通情达理，认识到这件事功德无量，允许跳蚤们举行选举”，看它们是否愿意加入位于时代广场的休伯特博物馆（Hubert's Museum）[1] 雇用的弹球游戏服务员、射击馆辅助人员和地板工人组成的工会。[10]

当然，跳蚤未必只是个比喻，它们也携带疫病。1894 年，瑞士科学家亚历山大·耶尔森（Alexandre Yersin）与巴斯德研究所联合分离出了鼠疫杆菌。大约同一时间，日本研究人员北里柴三郎（Kitasato Shibasaburō）也发现了它。1898 年，同样来自巴斯德研究所的法国科学家保罗-路易·西蒙德（Paul-Louis Simond）证明，是跳蚤把这种疾病从老鼠身上传染到人身上的。英国人查尔斯·罗斯柴尔德（Charles Rothschild，1877—1923）——罗斯柴尔德家族[2] 的成员——肯定了这种联系，确认鼠蚤是传播瘟疫的一种昆虫。[11]

---

[1] 美国一家以表演人体畸形为主业的猎奇性娱乐场所。
[2] 英国金融财富世家。

跳蚤在叮咬了受感染的老鼠后不幸得了腺鼠疫。鼠疫杆菌在跳蚤的腹部形成血块，导致它在叮咬人类时，受感染的血液回流，接着人类做了抓挠痒处的错事，把致命的液体导入自己的身体。在 6 世纪和 14 世纪欧洲瘟疫暴发期间［分别叫作查士丁尼瘟疫（Justinian's Plague）和黑死病（Black Death）］，三分之一到一半的西欧人死于这种疾病。近代的瘟疫暴发没有引起西方媒体太多关注，或许因为受害者大多是亚洲人——这再次表明，即使在其他地区是灭顶之灾的事也很少引起西方社会的注意，除非疾病以某种方式传播到他们自己眼前。

鼠疫的威力使跳蚤在 20 世纪成为杀人的潜在武器。日本人设计出一套方法，在中国东北地区向中国人投放鼠疫蚤。朝鲜战争（Korean War）期间，朝鲜指控美国对其使用受到鼠疫细菌感染的跳蚤。而 20 世纪 50 年代美军确实在名称搞笑的“大瘙痒行动”（Operation Big Itch）中测试过“跳蚤炸弹”。由此，不论在热战还是冷战中，跳蚤都浮出了水面。[12]

1345 年金帐汗国札尼别汗带兵包围黑海沿岸的热那亚[1]城市卡法（Caffa），把感染瘟疫的尸体抛到城墙内，鼠疫就此蔓延开来。为了躲避瘟疫，人们乘船抵达西西里岛，随即把这种疾病带到欧洲腹地。鼠疫造成约 3000 万人死亡——欧洲近半人口受到侵扰，没有人怀疑是老鼠（近年来科学研究表明是沙鼠）身上的跳蚤携带鼠疫细菌。[13] 高明的现代医学使跳蚤具有化为

[1] 位于意大利西北部地区，是意大利重要的商港和工业区。

武器的可能，但这种做法几乎招致普遍反感：跳蚤也许渺小，但它能狠狠地咬我们。

美国幽默作家斯特里克兰·吉莉安（Strickland Gillian）写了一首可谓有史以来最短的英文诗，题目为“跳蚤”（Fleas）或“论微生物之古老”（Lines on the Antiquity of Microbes）。诗中写道：“亚当/有它们。”他就此给寄生昆虫在创世中的角色这个争论了数百年之久的问题下了结论。这件事情终于得到解决：这些小混蛋们从神学时代起就一直困扰着我们。近年来，人们在一块琥珀中发现了跳蚤尸体，给这个论断添加了科学权威性。无论我们做什么，无论我们去哪里，跳蚤要么在我们身边跳来跳去，要么附着在我们身上。

演艺跳蚤

我们在第6章中看到的跳蚤、恶魔、搏斗和笑声之间的关系一直延续到19世纪。一则美国内战期间的故事捕捉到了跳蚤的幽默和恐怖。一群联邦军士兵被“名为跳蚤的了无诗意的昆虫……人类渺小的敌人”包围。他们“奇痒难耐”，单凭一只手不足以“缓减身体的躁动”。故事的叙述者不顾一切地躲避跳蚤的侵扰，光着身子骑马驰入黑夜，试图把折磨他的小东西抛在身后。但他的同伴仍然“魔鬼般凶猛”地抓挠，尝试用酒精淹没痛苦，来回打滚，翻腾得“比《理查三世》（*Richard the Third*）帐篷场景中的农村悲剧演员还要剧烈”。跳蚤能够激起内心矛盾的欢笑，未受叮咬的士兵对他们的痛苦做出了不出意料的反应：“我虽然同情这些可怜的家伙，但还是忍不住哈哈大笑。”14

另一则南北战争前南方的故事表现了跳蚤的幽默意味。奴隶男孩当着客人的面向女主人透露，婴儿一直哭闹尖叫，因为“掉蚤（跳蚤），掉蚤，太太！掉蚤叮了可怜的孩子”，“一阵阵响亮的笑声”爆发出来。15 客人在笑话跳蚤、奴隶还是尴尬的女士，从叙述中很难判断。也许男孩在用跳蚤嘲弄主人，这再次证明弱者对强者的力量。如果我们听不懂这个笑话，或许是因为现代人对它的情感过于陌生。

同时代的逃亡士兵和奴隶或许不会认为这个插曲很有趣。比彻·斯托夫人（Harriet Beecher Stowe）[1] 的兄弟亨利·沃德·比彻牧师（Reverend Henry Ward Beecher，1813—1887）至少在用跳蚤打比方这件事上好像缺乏幽默感。比彻牧师写道：“倘若一个人不得不追究对自己不利的言论，影射、虚言、讽刺和怀疑，那么他的生活将是一场永无休止的猎蚤运动。”16 但是，他挑剔的言辞，敦促人们不要对无足轻重的琐事（跳蚤）日思夜想，却丝毫未能阻止跳蚤到 19 世纪成为娱乐巨星——无论它是不是魔鬼。

跳蚤马戏团自 19 世纪问世伊始就让人着迷，至今仍吸引着我们。演艺跳蚤遍布欧洲大陆、英国和美国。首个公共马戏团似

---

[1] 美国作家，代表作《汤姆叔叔的小屋》。

乎是意大利著名马戏团经理路易·贝托洛托（Louis Bertolotto）的成果。19 世纪初他带领马戏团在伦敦和纽约演出节目。[17] 到 19 世纪 30 年代，美国的跳蚤捕手在臭名远扬的曼哈顿五点区（Five Points）捕捉跳蚤，为跳蚤马戏团提供人蚤，这是唯一一种体形大得可以训练表演的品种。毫无疑问，贝托洛托先生的观众（他声称其中包括皇室成员）发现，节目中这些小玩意执行人类命令的英勇行为妙趣横生。它们跳舞，它们充当滑铁卢战役中小拿破仑和小威灵顿的战马，牵引着马车。马车本身由另一只拿着鞭子的跳蚤驾驶，继续前进。贝托洛托坚持认为，他的跳蚤受过教育，具有鲜明的个性特征，愿意接受训练。[18] 其实他是用链子把跳蚤拴住，粘在舞台上，再加热舞台让跳蚤移动。一个观察者注意到："我进去以后，看到这里是跳蚤，那里是跳蚤，到处都是跳蚤。至少有 60 只跳蚤遭到监禁并被判处终身苦役。幸运的是它们都被锁在链子上，以某种方式被拴起来，所以不论是逃跑还是参加随后的来客盛宴都是不可能的。"[19] 即使在 19 世纪，这种桎梏也让软心肠的人起了恻隐之心。1822 年，为了回应英国首部动物权利法案《理查德·马丁法案》（Richard Martin's Act），贝托洛托刊登广告为他的节目辩护："贝托洛托迄今采纳的改进建议杜绝了残忍地对待跳蚤的种种指控，支持《理查德·马丁法案》的最严格的观察者在这里也找不到触动他恻隐之心的机会。"[20]

从跳蚤马戏团得到莫大乐趣的一个人是查尔斯·狄更斯（Charles Dickens）。他年轻时参观过贝托洛托的跳蚤马戏团。他在 1837—1838 年间发表的著作《泥雾镇档案》(*Mudfog Papers*)讽刺了英国科学促进会(British Association for the Advancement of Science)和贫困救济委员会(Commission for Poor Relief)的工作。

泥雾镇万物促进会(Mudfog Association for the Advancement of Everything)的成员讨论了“勤劳的跳蚤”问题。一个观看过演出的成员义不容辞地报告，他一直关注着这些有趣动物的相关道德和社会状况。他在那里见到许多跳蚤，它们无疑忙于各种各样的追求和业余爱好，但他必须补充说明，那种忙碌方式让每个看到那场景的理智健全的人，无不感到悲伤和愤怒。他形容“一只跳蚤沦落到驮兽的境地，牵拉着小型马车，里面坐着威灵顿公爵阁下的微缩雕像；另一只跳蚤拉着他的劲敌拿破仑·波拿巴的黄金马车，在重负之下蹒跚而行”。[21]

这部戏仿作品中的跳蚤代表了被迫在徒劳无益的行业中劳作的穷人。相反，书中的叙述者建议，应该由政府建立“幼儿学校”，“在其中严格落实品德教育和道德规范制度”。假如跳蚤“为了受雇用，从事音乐、舞蹈等一切类型的剧场娱乐工作，在没有许可证的情况下”继续演出，“应当视之为无业游民，并予以相应处理”。当狄更斯评论流浪跳蚤的命运“使之与和它相似的人类处于同一水平”时，他对济贫制度的讽刺昭然若揭。[22]

狄更斯在创作《泥雾镇档案》的同时也出版了《雾都孤儿》(*Oliver Twist*)。这两部作品都应该放在 1834 年英国通过的《济贫法修正案》(Poor Law Amendment Act)的背景下阅读。

这部新法试图根据马尔萨斯主义（Malthusian）和功利主义派的思想来改革大不列颠糟糕的法律。这些流派从根本上认为，穷人要为自己的状况负责，主张穷人的工作场所应该对他们加以控制。所以，当狄更斯笔下的角色建议，把跳蚤的“劳动置于国家的控制和监管之下”“为普通济贫院的三种最佳设计提供慷慨的奖金”时，他希望把勤劳的跳蚤送到济贫院，那里的工作一则能让它们摆脱在跳蚤马戏团里承担的繁殖任务，二则迫使它们从事“诚实的劳动”为社会谋利。在这两种场景中，跳蚤似乎都了无收获：它们化身为社会中穷困潦倒的破落户，受权贵奴役。

狄更斯不是对跳蚤潜在的讽刺性加以利用的唯一作家。娱乐业很快延续了跳蚤的色情传统。著于 19 世纪末的英国色情小说《一只跳蚤的自传》(*Autobiography of a Flea*)，讲述了一个女人自甘沉沦的故事。书中，善于观察的跳蚤在“从事与少妇丰腴白皙的美腿相关的专业事务”时邂逅了 14 岁的姑娘贝拉。贝拉先后被男孩、牧师和僧侣引诱——她全程配合。这个既厌女又反教权的故事给了 1976 年某部色情电影灵感，跳蚤的传说延伸进了新媒体和新世纪。[23]

《一只跳蚤的自传》是一部“它叙事”(it-narrative)，又称“流通小说”（novel of circulation）文学体裁的小说。这些故事由某件物品——或许是一只昆虫、一枚硬币或一辆马车讲述，是 18 世纪和 19 世纪商业发展和全球贸易的写照。就像在《跳蚤回忆录和历险记》中，主人公能够前往大个头去不了的地方，因此可以近在咫尺地观察当代的社会地位和立场态度日新月异的变化。这些小旅行者从一个人身上跳到另一个人身上，跟随主人进入仆人的门厅、宫廷、众多卧榻，甚至跨越国界。这些内容由格拉布街的“雇佣文人”为新兴的读书大众所写，不以文学价值或哲思冥想为宗旨，虽然许多故事涉及当代的政客和贵族。在某种意义上，这些书籍扮演了现代追踪名人的电视节目和杂志的角色，人们追踪富人和名人大佬们的怪异举动，最终目的是通过讥讽让他们离读者更近。故事中的物品从一地流通到另一地，恰如由它们提供内容的廉价书籍和小册子。

19 世纪由知名文学家创作的通俗文学也用跳蚤为主题，包括跳蚤的恶魔联想和跳蚤与政治的联系。歌德重新讲述了浮士德的传说，魔鬼梅菲斯特（Mephistopheles）歌唱国王：“他养了一只又黑又大的跳蚤，/ 爱它到不可理喻的地步，/ 仿佛自己的儿子一样。”一个在现场消遣的年轻人哭喊道：“听听！听听！一只跳蚤！你们听出这个笑话的弦外之音了吗？我管跳蚤叫贵宾。”国王让跳蚤当上大臣，这个笑话继续演进，连王后和朝臣都不得把它弄伤或者碾碎。[24]

这个政治主题也出现在E. T. A .霍夫曼（E. T. A. Hoffman）[1]的奇幻故事《跳蚤师傅》（*Master Flea*）中。1822 年，这部作品以德文出版，1826 年以英文出版。书名所指的主人公是跳蚤王，他统治着一个君主立宪国。跳蚤王的敌人是列文虎克和 17

[1] 德国作家。

世纪荷兰博物学家简·施旺麦丹（Jan Swammerdam）。他们假装是跳蚤驯养师，其实是科学家，在奴役跳蚤后把它放在巨大的显微镜下展出。《跳蚤师傅》体现了浪漫主义时期反实验主义的力量，拒绝接受自17世纪科学革命以来影响着知识分子思想的对科学的崇拜。[25]跳蚤师傅向另一个角色解释道："你得明白，它们（它的跳蚤子民）的勃勃生机来自不可驯服的对自由的热爱。"

《跳蚤师傅》是作者对19世纪初欧洲政治的讽刺，所以跳蚤被描绘成经历过君主立宪制的奴隶不足为奇。整个欧洲在这个时期发生了接连不断的自由主义和民族主义剧变，以1848年革命为高潮。故事中的跳蚤驯养师代表了抵制席卷欧洲的共和浪潮的暴虐统治者，跳蚤师傅最终逃离了他们。

不幸的是，这只跳蚤在抛弃了人民后被奴役了，因为"它对女性抱有逾越礼仪边界的热情"。它爱上了人类姑娘："我忘记了人民，忘记了自己，只是快乐地生活着，在她无比美丽的颈项和胸脯上蹦蹦跳跳，用亲吻让美人发痒。"[26]因此，这个故事也表明，跳蚤表达色情内容的传统在19世纪被鲜活地继承了。

跳蚤传说在丹麦童话大师汉斯·克里斯蒂安·安徒生（Hans Christian Andersen）的寓言里达到巅峰。1873年，安徒生发表英文版《跳蚤和教授》（*The Flea and the Professor*）。寓言中描述了马戏团艺人的妻子离开了他。他唯一的回忆——"妻子的遗物"，是一只演艺跳蚤，它拥有技能的部分原因是它吸食了人类的血液。艺人和跳蚤表演各种把戏，其中一个把戏是用微型大炮把跳蚤射出去。这两个遭到抛弃的雄性——人和跳蚤——“悄悄发誓永不分离，终身不婚。跳蚤始终做个单身汉，教授始终是鳏夫。他们半斤八两，彼此彼此”。跳蚤和艺人（此时艺人被称为教授）旅行到“野人国”，那里的居民“吃基督徒”。教授知道这一点，却并不害怕，因为“他不太像个基督徒，跳蚤也算不上是人”。文中没有指明此地是非洲，但当地人把“大象眼睛和油炸长颈鹿腿”当作美味大餐。该国的统治者是一个从父亲手中篡得王位的 8 岁女孩，在跳蚤从微型大炮里被射出后“疯狂地爱上了它”（也许她熟知克里斯蒂娜女王和大炮的故事）。她把跳蚤“绑在大红珊瑚吊坠上，戴在耳垂上”。她警告跳蚤：“现在你是个男人，跟我共同统治国家，但是你必须对我言听计从，否则我就杀了你，吃掉教授。”后来教授和跳蚤乘坐热气球逃跑，回到祖国。他们乘坐气球飞行成功，赢得了财富和尊重：“他们现在是富人了——哦，体面人——跳蚤和教授。”[27]

这个故事可能会让弗洛伊德学派的精神病学家忙上一阵，但是对我们来说，这个故事的主要意义在于它多次提到了我们追踪的主题。安徒生笔下的主人公其实是跳蚤——它即使不比人优越，至少也和人平起平坐，直到它被年轻的君主奴役，这个君主可能是个非洲人。她警告它说，除非服从她，否则她就吃掉它的人类伙伴。在这个故事中，野人像跳蚤一样食人成性，只不过偏爱吃基督徒。显然，魔鬼会赞成他们选中的菜肴。这个故事中弥漫着性隐喻：跳蚤是马戏团艺人妻子的遗物，公主爱上了跳蚤，跳蚤在比喻意义上夺走了她的童贞——挂在她耳朵上又大又红的吊坠（第 6 章讨论过，法语 *pucelage* 指跳蚤和法语短语 *avoir la puce à oreille* 起疑心，具有性的含义，关于这一点，安徒生可能知道）。这个前马戏团艺人自称教授，在空气动力学领域学识渊博，能够监制热气球，让他和跳蚤得以逃离“野人国”并返回家园。

近代的跳蚤驯养员不会对“教授”的科研能力感到惊讶。事实上，早在 1834 年，路易·贝托洛托就出版了《跳蚤的历史及其注释和观察》（*The History of the Flea with Notes and Observations*）的小册子。他在书中称，经实验证明，跳蚤的寿命约为两年。他还在准科学领域的解剖学讨论中描述了跳蚤的繁殖行为。[28] 虽然现代跳蚤马戏团的老板不接受贝托洛托先生的说法，即跳蚤具有意识和个性，但他们倒是从经验出发仔细研究了这些“演员”的行为。21 世纪的马戏团制作人沃尔特·诺恩（Walt Noon）论述道，跳蚤的确具有某些个体特征。诺恩还请科学家大卫·沃森（David Watson）解释跳蚤怎样跳跃，沃森在自己的网站“飞行的乌龟”（the Flying Turtle）上照办了。其中有这样一句幽默的评论：“假如没有节肢弹性蛋白，跳蚤根本跳不起来。它们不得不尝试用后腿站立，然后用搭便车的方式爬到狗身上，可能这些都不太管用。或者它们由志愿者托管？”[29]

诺恩把跳蚤马戏团当作事业，出售附带指导创办马戏团方法的影碟，还有介绍这门艺术的历史和训练跳蚤表演的各种方法。[30]节目的亮点是跳蚤宾虚和跳蚤梅萨拉伴着鼓点，发起战车比赛（见图 21）。令人高兴的是，跳蚤宾虚赢得了胜利。[31]查尔顿·赫斯顿（Charlton Heston）[1]会很乐意看到与他扮演的角色同名的跳蚤完成这一壮举。它表明微小的生命持久地吸引我们并拥有使我们谦卑的力量。微小之物能够执行惊人的任务——拉车和赛车——这个念头把人类的自负置于高倍放大镜下，不亚于跳蚤驯养员向观众卖力展示他的“演艺明星”。

跳蚤马戏团在 21 世纪的复兴让一门历经半世纪几近失传的艺术重见天日。直到 1957 年，时代广场上还演过一场现场跳蚤秀，最早由瑞士移民威廉·赫克勒（William Heckler）操办，后来由他的两个儿子小威廉（William Jr.）和勒罗伊（Leroy）负责。如同此前的跳蚤马戏团一样，人们用它来评论和讽刺劳资关系。电影《逍遥骑士》（*Easy Rider*）中，跳蚤马戏团充当一幕场景的背景，给影片营造了花里胡哨的氛围。后来，随着时代广场日益沦为色情商店和 X 级电影院的领地，跳蚤马戏团关门歇业。

早期现代的电影也宣扬跳蚤马戏团的魔力。1926 年上映的短片《我们的帮派》（*Our Gang*）讲述了跳蚤马戏团老板弄丢了明星跳蚤加菲尔德，它跳到一个非裔美国小男孩豢养的宠物狗身上。跳蚤率领同伴侵扰了警察，接着又侵扰了新郎新娘和婚礼宾客时，爆笑场面随即接踵而来。[32] 20 世纪 20 年代的有

[1] 美国演员、明星。《宾虚传》是其主演代表作之一。

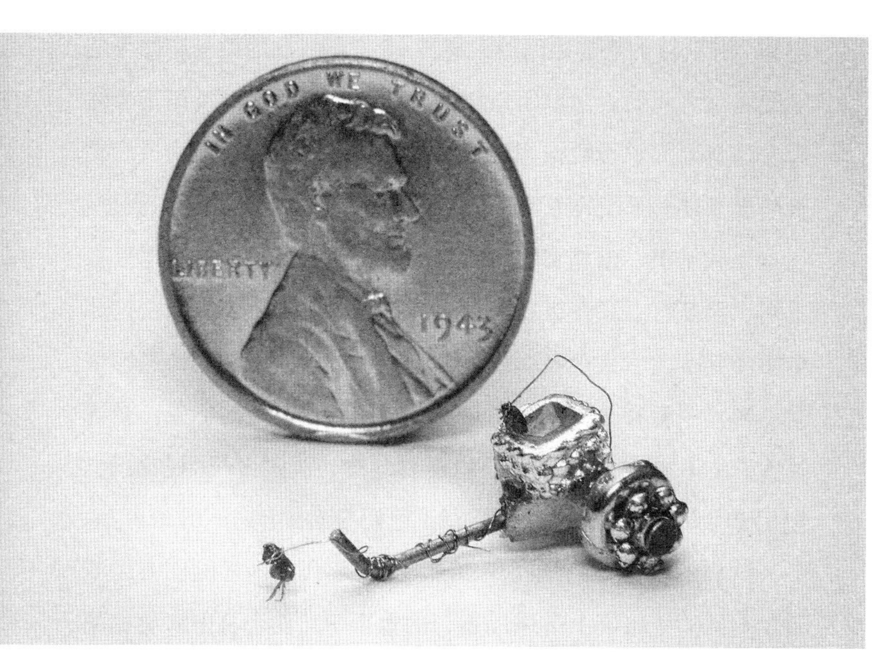

图 21　跳蚤宾虚和跳蚤梅萨拉在比赛中使用的装饰华丽的战车。由沃尔特·诺恩提供

趣和今日公认的有趣之间的距离与18世纪好玩的跳蚤和如今肮脏的昆虫之间的观念差距一样远。我们只是不明白婚礼宾客竭力去除身上的跳蚤时恼怒地扭动身体，为何能够引人发笑。跳蚤凸显了过去时代的奇异感，也凸显了旧日社会的担忧和假想。在这个例子里，婚礼宾客被脏孩子，尤其是黑人孩子弄得狼狈不堪，象征着上层阶级在面对下层阶级的攻击时的脆弱。这部电影唤起了西方人曾经对奴隶和乞丐有关种族和阶级的恐惧情绪。影片中警察寻找跳蚤时又抓又挠和衣冠不整的形象，是普通大众对权威的攻击。孩子们还尝试给马戏团再找到些跳蚤，把无家可归者的胡须点燃，强调了他们与赤贫者之间的距离。

这样的社会评论延续到20世纪30年代美国喜剧二人组劳雷尔与哈迪（Laurel and Hardy）的电影中。两个喜剧演员在配有跳蚤的马戏团里用劳动换取报酬，跳蚤最后顺理成章地在名副其实的廉价家庭旅馆里侵扰了他们共用的床铺。[33] 在1945年的一部电影中，美国喜剧演员弗雷德·艾伦（Fred Allen）饰演一个名叫弗雷德·弗洛格尔（Fred Floogle）的跳蚤马戏团驯养师。历经诸多波折之后，他的身份从无足轻重的艺人跃升为百万富翁，他女儿嫁给了灭虱员。他让跳蚤演员艾伯特和咪咪退了休，此前，它们一直在表演走钢丝、高台跳水，咪咪还表演脱衣舞。为了向它们的事业致敬，他给了它们一笔养老金。[34]

到1952年，电影中跳蚤从喜剧形象转为悲剧形象。在喜剧《舞台春秋》（*Limelight*）中，美国喜剧演员查理·卓别林（Charlie Chaplin）扮演油尽灯枯的“流浪汉喜剧演员”，他在帮助一名芭蕾舞女演员从癔症性瘫痪中恢复知觉后死去。连续拍摄的长镜头展示了卓别林与“受过教育”的跳蚤菲利斯和亨利同台表演节目，他甩着鞭子强迫它们表演，还威胁要把它们捏扁。他问道，既然跳蚤随处可见，他何苦要费心去驯服狮子呢——至少在菲利斯跳进他裤子之前？演出结束，他弯腰致意，镜头扫向观众，却只见空荡荡的剧院和他职业生涯的谢幕。原来跳蚤只存在于他的想象中。原来在他职业生涯早期，他曾经用手指在空中追踪翻跟斗的跳蚤，显然，至少在他初次表演这种魔术时，观众允许演员引导他们的想象力并会对表演做出反应。他明白，大脑可以愚弄眼睛，至少在怀疑派撵上表演者之前。

可能由于真空吸尘器和滴滴涕的普及，除了几部卡通片，跳蚤马戏团在 20 世纪 50 年代后的 40 年间在流行文化中销声匿迹。人们受人蚤侵袭成为陈年旧事，但是跳蚤马戏团并未湮灭无闻。在美国电影《侏罗纪公园》（*Jurassic Park*）中，恐龙公园的开发商约翰·哈蒙德（John Hammond）向客人（他们不断地遭到杀害）解释说，他首次涉足演艺行业是在一家电子跳蚤马戏团，那里：

> 真是妙极了。我们有架小秋千，一个旋转平台——旋转木马。它们都在动，当然是装了引擎，但是人们发誓说他们能看到跳蚤。“我看到跳蚤了，妈妈！你没看见跳蚤吗？”跳蚤小丑，跳蚤走钢丝，跳蚤游行……但是在这个地方，我，我想给（让）他们（看）点真东西，不是幻想

的东西，是他们看得见摸（感觉）得到的东西。[35]

但是，在追求真材实料而非假冒伪劣，追求真正的庞然大物而非微小的赝品的过程中，他释放了一种危险信号，这种危险将笼罩整个系列电影。他如果领会了跳蚤马戏团的教训，就会懂得，敬畏是由观众自认为看到的东西引发的——而不是由能够吃掉自己的有形之物带来的。

如今，许多网站在教人创办自己的马戏团，对那些身体不敏捷灵巧或对昆虫无法免疫的人来说，网站建议雇人来做这件事。但是，找到在舞台上围着人转的跳蚤越来越难，它们才是最佳表演者。一个马戏团领班不得不派人去马略卡（Majorca）[1]给他寻找演员。在娱乐方面，我们或许拥有了互联网，却正在失去跳蚤。连我们的猫狗宠物也在失去让它们愉快地追逐和抓挠的伙伴，虽然动物权利组织在寻求把它们的皮毛作为无农药区加以保护。大多数现代跳蚤马戏团使用的不是真正的跳蚤。一个跳蚤马戏团的演员吉姆·弗兰克（Jim Frank）解释说："那是我设计的框架，幻觉框架。人们根据自己的技能水平调整节目。有些人使用传动装置、发条装置、小发动机，不过要是我在外面，一粒灰尘就能充当跳蚤。你吹一口气，它就会动，人们就能看到跳蚤。我们有很多办法可以让孩子们产生幻视。"[36]

也许我们愿意被跳蚤愚弄，体验敬畏感，那是兴奋的一部

[1] 西班牙的岛屿，位于地中海西部。

分。跳蚤马戏团经理亚当·格特萨科夫（Adam Gertsacov）在“极致迷你跳蚤马戏团”（Acme Miniature Flea Circus）给观众营造了演艺跳蚤的幻觉。他解释说：“像其他杂耍和马戏表演一样，跳蚤马戏团是现代人与那个不受电子产品影响的较为质朴的时代的直接链接，那个时代充盈着为我们周围神奇的世界感到惊诧的简单能力。我认为，感受惊奇的能力是区分人与兽的一个要素。”[37]

但是有些跳蚤节目主持人如沃尔特·诺恩等坚称自己的跳蚤是真家伙。哥伦比亚雕塑家和装置艺术家玛丽亚·费尔南达·卡尔多索（Maria Fernanda Cardoso）在世界各地进行跳蚤马戏团的演出，包括巴黎的蓬皮杜中心（Pompidou Center）和旧金山的探索博物馆（Exploratorium）。如同此前众多的跳蚤马戏团艺人一样，卡尔多索也给跳蚤们起了名字。它们中有逃脱艺术家哈利·弗莱迪尼（Harry Fleadini），表演举重的萨姆孙（Samson）和黛利拉（ Delilah），还有走钢丝的蒂尼（Teeny）和泰妮（Tiny）。它们的名字和本领表达了对人性的诉求。但它们也是动物，必须用贿赂（血液）、驯服甚至鞭打等手段让它们违背天性出演节目。[39]它们的顺从告诉我们，天性可以被控制，至少在它们给我们带来瘟疫之前。

跳蚤是人类有力和无力的证明。所以，最初的跳蚤驯养人贝托洛托先生在19世纪指出：“女权运动的支持者会高兴地得知，我的表演团队全部由雌性成员组成，因为我发现雄性全无价值，它们过于顽固，根本不愿意干活。”[40]

跳蚤的科学

跳蚤身上的一些属性——充满力量、身材渺小、有很强的表演特技的本领——弥合了精英文化与流行文化之间的鸿沟。生物学家和动物学家努力想要搞清跳蚤对传播疾病的影响，跳蚤马戏团的经理想继续利用它们的演艺才能。值此之际，英国银行业巨头和业余昆虫学家查尔斯·罗斯柴尔德迷上了跳蚤。据他女儿米丽娅姆（Miriam）说，他对马戏团的“演艺”跳蚤情有独钟，“它们惊人的力量让他叹赏不已。他认为这项成就相当于人拖拽两头成年大象绕过板球场”。根据现代生理学家对生物的体型及其力量对比的测算研究，米丽娅姆重新计算了这个估值，她认为跳蚤的拉力能力相当于人拖着两头绵羊绕过板球场。[41]

1949 年，《雷普利的信不信由你》（*Ripley's Believe It or Not*）节目说，查尔斯·罗斯柴尔德掏了一万英镑买下灰熊身上的一只跳蚤。[42] 姑且不论这件事是真是假，大富豪收集世间微小生灵的画面让人大为震惊。事实是，查尔斯和哥哥沃尔特（Walter）以及查尔斯的女儿米丽娅姆都为跳蚤着了迷。1901 年，查尔斯在前往苏丹的采集探险中发现了东方鼠蚤，将它命名为印鼠客蚤（*Xenopsylla cheopis*），是向埃及法老奇阿普斯（Cheops）[1]致敬。查尔斯与英国昆虫学家卡尔·乔丹（Karl Jordan）终生合

[1] 埃及第四王朝法老胡夫，古希腊人称其为齐阿普斯。

作，共发现了跳蚤新品种和亚种500种。乔丹在罗斯柴尔德家族位于赫特福德郡（Hertfordshire）的宅邸特林园（Tring Park）里料理这些收藏品。1913年，这些收藏品被捐赠给伦敦自然历史博物馆，成为该馆庞大的蚤目昆虫收藏的核心藏品，馆里拥有925种、26万只不同类型的跳蚤标本。[43]

查尔斯·罗斯柴尔德不是等闲之辈。他实现了从兢兢业业的业余博物学家到专业昆虫学家的转变。他讨厌金融业，喜欢捕捉虫豸，但他尽心尽力地在罗斯柴尔德银行履行职责，只在银行的高墙之外展开对跳蚤的追梦之旅。几次疾病发作让他离开英国去养病，包括1901年前往埃及和苏丹的旅行。[44] 他身为博物学家的事业之路展现了那个时代帝国主义和资本主义文化的诸多面貌。他用巨额财富为帝国服务。身为昆虫企业家，他收集了昭告英国主宰世界、自然界的收藏品。

在英国和欧洲大陆收集稀奇古怪的物品是罗斯柴尔德家族的特点。家族中的一个表亲专门收集骷髅面具，另一个专门收藏顶针，还有一个比较循规蹈矩，专注于收集邮票。历史学家把19世纪和20世纪的收藏热视为资本主义获取财富增长的案例——财富产生物质。收藏需要自由的市场和道路、邮政服务，必要时甚至需要派警力去某些地方掠夺。作为国际银行世家，罗斯柴尔德家族处在得天独厚的位置，能够利用现代世界所提供的机会获取外国的商品和生物。

查尔斯哥哥沃尔特和查尔斯一样对自然历史感兴趣。沃尔特在特林园累积了数量可观的动物藏品，包括225万只蛾蝶、

1 只大猩猩（可能是《雷普利的信不信由你》节目中提到的那只）、144 只巨型龟和 4 匹斑马，他在庄园游览时由斑马拉车。[45] 兄弟俩和卡尔·乔丹共同发表了数百篇论述发现新物种的论文。

米丽娅姆·罗斯柴尔德指出，动物学界对他们家族很反感。她或许是开玩笑般引用父亲的话："跳蚤正在让反犹情绪日益高涨，因为少数的几位研究者认为我太热衷于竞争。"[46] 与银行业务的成功一样，给跳蚤分类的成功也会引起竞争对手的嫌恶和普通公众的嘲笑。

罗斯柴尔德家族对跳蚤的兴趣可能反映了他们缄口不言的领悟，即犹太人像跳蚤一样，他们往往被西方社会认为具有寄生虫的特征。米丽娅姆在与英国昆虫学家特里萨·克雷（Theresa Clay）合著、1952 年出版的《跳蚤、吸虫与布谷鸟》（*Fleas, Flukes and Cuckoos*）一书中描述了部分生物学家的观点，他们"看到寄生虫是某种食肉动物。它可以凭借其微小的体型在宿主身上或体内存活，一点点蚕食猎物，而不是杀死猎物并囫囵吞下……（生物学家）埃尔登（Elton）将食肉生物和寄生生物的生存方式与资本家和普通民众的生活做类比"。事实上，她继续写道："把昆虫和蜱虫视为历史的创造者、人类命运的构建者和人类真正的敌人并不稀奇。人们能够耳闻目睹希特勒和戈培尔（Goebbels）[1]，却不可能察觉鼠疫杆菌在传播病毒。"[47]

---

[1] 被称为"纳粹喉舌"，曾任职纳粹德国时期的国民教育与宣传部部长。

在讨论寄生虫跳蚤时提到希特勒和戈培尔，再次让人想起我们在第5章中讨论过的纳粹用昆虫妖魔化犹太人。希特勒在《我的奋斗》(*Mein Kampf*)一书中宣告："犹太人只是且永远是其他民族体内的寄生虫。犹太人这个民族的寄生性让恪守本分的全人类蒙受苦难。"[48]这个比喻在纳粹党的宣传册《作为世界寄生虫的犹太人》(*The Jews as World Parasite*)中大肆渲染，其中宣传犹太人"到处扩散，在各个宿主民族中充当破坏性的寄生细菌。只有当骗人的商业和与之相适应的宗教狼狈为奸时，这种破坏力才会变得巨大无比"。[49]

希特勒和他的宣传者利用了马尔萨斯的辩证思考，认为雅利安世界正在抗击国际犹太复国主义和犹太资本主义。"犹太人是吸血鬼，他们摧毁宿主的健康"，这种指控起源于19世纪。用害虫来比喻他们，犹太人通常被比喻成虱子和老鼠，有关他们的叙事也很容易插入跳蚤的身影。所以，也许罗斯柴尔德家族收集和研究跳蚤，是在打破这种刻板印象。在摧毁文明的不是吸血的昆虫，而是希特勒和戈培尔。米丽娅姆·罗斯柴尔德论辩称，寄生虫没有摧毁宿主，相反，它们有时造成"单边受益或互惠效应"。有些博物学家相信，"在这里，两种生物的互相适应性已经演变得超越了寄生关系，消除有害影响，逐渐由互惠取而代之"。[50]

部分科学家承认，查尔斯·罗斯柴尔德发现了鼠蚤，这于人类有益。杰出的流行病学家L. 法比安·赫斯特(L. Fabian Hirst)1924年宣布："(印鼠客蚤的)发现进一步证明，科学在为人类造福方面的立场在本质上是统一的，因为它是罗斯柴尔德和乔丹对蚤目系统的纯动物学研究水到渠成的结果。”[51]

但是查尔斯绝不可能自谓卓越，他对自己的成就很谦虚。因为 20 世纪初人们期待优秀的英伦绅士和博物学家的形象是与反犹形象背道而驰的。他描述的发现印鼠客蚤的经过让他们的探险听起来宛如一场斯文的猎狐活动。他写信给朋友：

> 我一生从未享受过这么美好的时光……我和（探险家）沃拉斯顿（Wollaston）在喀土穆以北约 100 英里的尼罗河畔扎营，在周围地区采集……我们捕获了哺乳动物和鸟类有 600 只，500 只跳蚤和相当多的鞘翅目和鳞翅目……其中 5 只（跳蚤）属于一个依我看会出名的门类，这个门类可能携带印度的鼠疫细菌。

而且，他对此番历险进行总结，发现这些跳蚤是“一件好事”。[52]

查尔斯·罗斯柴尔德对自己在埃及和苏丹找到的跳蚤情真意切，却对途中邂逅的群体不以为然。他在叙述采集顺利的同一封信中写道：“堕落的阿拉伯人是些怪人，坦率地说，我不喜欢他们。他们竟把未婚女子……缝起来，保证她们守身如玉。他们还用蜂蜜腌制鳄鱼的阴茎，将它作为春药食用。”[53]约 50 年后，卡尔·乔丹把他的跳蚤记录交给开罗的美军昆虫学部，他的助理不得不删掉其中对阿拉伯人和穆斯林的负面评价内容。

讽刺的是，查尔斯·罗斯柴尔德本人，身为犹太人，也会遭遇一些种族歧视态度。不过，这也透露了当时社会整体的文化态度。在欧洲的帝国主义时代，英格兰人鄙视他们统治的人民并不罕见。正如我们所见，他们对爱尔兰人、苏格兰人以及新世界和非洲的部落人民也有同样的感觉。他们对印度人民的态度阻碍了他们接受鼠蚤能传播瘟疫的科学证据，哪怕直到1902年罗斯柴尔德明确了这一点以后。相反，英国瘟疫委员会（British Plague Commission）称，印度人赤脚踩过地上的泥土和牛粪，才感染了这种疾病。不过，到了1908年，委员会在咨询查尔斯·罗斯柴尔德和乔丹之后不得不承认，跳蚤是导致这种疾病的罪魁祸首，是一种昆虫而不是当地人危害到英帝国对印度的统治，这种昆虫甚至可能危害全世界。[54]

美国人同样怀疑是跳蚤传播了鼠疫杆菌。这种疾病在1899年到达夏威夷，1900年到达旧金山。如同面对虱子和斑疹伤寒一样，西方人对移民的恐惧压倒了一切科学声明。1900年，由于害怕瘟疫和老鼠，火奴鲁鲁[1]的华裔区被烧毁。[55]

查尔斯·罗斯柴尔德1901年发现的鼠蚤如今叫作“东方鼠蚤”或“热带鼠蚤”。这两个名称都强调了疫情的外部源头，参与构成了语言学家和文化理论家爱德华·萨义德（Edward Said）所说的“东方主义”，即把东方（一种文化和地理结构）视为终极他者的行为，即与文明对立的外来、落后且往往危险

[1] 美国夏威夷州首府。

的东西。这种强调东西方社会文化差异的言论就此成为殖民主义和帝国主义的理由，直到 21 世纪成为战争的理由。从这个角度看，鼠蚤是西方人想象的对东方的一种文化标记，那里因污秽而非跳蚤引起了瘟疫。

但是压迫者也生活在对被压迫者的畏惧中，被压迫者可能会利用跳蚤威胁他们的统治地位。第三次鼠疫疫情起源于热带地区，并且传播远至澳大利亚和美国旧金山，这让这些国家的权威机构高度焦虑，催生了大量探讨鼠疫性质和传播路径的书籍、小册子和传言。这些讨论大多竭力摆出科学客观的姿态，却间或暴露隐含偏见的迹象。所以，在 1920 年为美国军事医疗官员编写的手册中，弗朗西斯・M. 蒙森博士（Dr. Francis M. Munson）觉得有必要对跳蚤加以解释："热带地区普遍存在某些条件，如房屋脏乱和民众生活习惯邋遢等，这有利于这些昆虫繁殖。"[56]

20 世纪早期，昆虫学家为提醒人们注意鼠蚤才是造成危险疾病真正的威胁而感到忐忑。尽管如此，他们仍然希望公众（尤其是政客）了解这些研究结果，这样能够提高他们的职业地位，甚至还能给他们涨工资。1913 年，英国动物学家哈罗德・拉塞尔（Harold Russell）写道："众所周知，仅仅是提到跳蚤就是个让人开心的话题，而且在一些人身上，通过主观暗示，他们就会感到皮肤强烈的刺激感。"一旦确认鼠蚤对传播鼠疫的作用，他接着写道："谦卑而荒唐的分类学家……就成了人类的恩人。"[57]然而，正如1948年国际昆虫学大会（International

Congress of Entomology）的某次会议上揭露的内容，科学家可能受到诱惑，脱离对昆虫的“纯”研究，把该领域拱手让给只关心经济和实际应用的研究人员。卡尔·乔丹尤其担心跳蚤研究变得过于实用，偏离采集样本和使之系统化的纯粹乐趣。[58]

许多人认为跳蚤科学的整个主题都十分搞笑——跳蚤滑稽可笑的漫长传统当然影响了人们对它的研究——但是跳蚤研究对机器人科学等领域也具有意义。跳蚤作为科学进步的一把钥匙，挽回了查尔斯·罗斯柴尔德等博物学家的声誉。米丽娅姆·罗斯柴尔德在大英博物馆打开一本探讨罗斯柴尔德家族的跳蚤收藏品的图书，辩解道：“过去，在自然史升级为生物学，生物学上升到一个学术职业的地位之前，人们普遍认为昆虫学家是怪人。查尔斯·罗斯柴尔德不是个怪人，但他确实是个特立独行的人。”[59]

米丽娅姆延续了家族对昆虫学的兴趣，她把父亲的跳蚤藏品分门别类，做成 6 本画册。她还思考得出，昆虫这种脚步高抬的跳跃机制是由一种名叫节肢弹性蛋白的东西推动的，一块位于跳蚤后腿上方酷似松紧带的蛋白。她的这个洞见经受住了时间的考验，但她对跳蚤在空中自我发射的解释在昆虫学界引发了激烈的争论。最近她的观点被高速摄像机推翻。她声称一切玄机都藏在跳蚤的膝盖里，美国科学家休·班纳特-克拉克（Hugh Bennet-Clark）则指出，跳蚤的脚趾推动它跳跃，其他解释都是“愚见”。[60]

米丽娅姆·罗斯柴尔德对科学做出了贡献，“愚见”也许是他人不恰当甚至是性别歧视的评价。她本人的博物学家生涯体现了研究跳蚤的价值。1954 年，英国政府请她帮助解决英国兔子在澳大利亚内陆地区大量繁殖，造成草场巨大破坏的问题。她发现，在英国，跳蚤阻碍兔子繁殖；到了澳大利亚，跳蚤因为“不喜欢炎热”，纷纷从在内陆地区酷热环境中的兔子身上离开。她意识到产自西班牙的跳蚤能够耐受高温。从陆路运输西班牙跳蚤的尝试在印度边境遭到拦截，接着，澳大利亚某动物饲养员给兔子喷洒滴滴涕，这又把部分到达澳大利亚的跳蚤消灭了。她回到西班牙，重新收集了一批跳蚤送到澳大利亚，兔子灾害终于得到控制。[61]

罗斯柴尔德女士明智地使用跳蚤来拯救澳大利亚内陆地区。她的策略是被称为经济昆虫学领域中的一个例子，这门学科是研究如何利用昆虫来控制对社会、国家和商业产生威胁的因素。昆虫学家想要把物种体系化，比如蚤目，以使大自然秩序井然，让昆虫研究变得理性而实用，这个目标对罗伯特·胡克或卡尔·林奈来说不陌生——虽然卡尔·乔丹等昆虫学家可能会为它偏离了“纯”研究而忧心忡忡。

作为对她工作的奖励，米丽娅姆·罗斯柴尔德当选了英国皇家学会会员。如同此前众多的杰出女性一样，罗斯柴尔德也被视为怪人，人们经常用这个词来形容做事不落俗套的女性。2005 年，英国《经济学人》(*The Economist*) 杂志刊载了她的讣告，称“她认为跳蚤很美。她曾说过，透过显微镜凝视它们的染色切片，给她一种恍如吸了大麻的欣快感”(一位科学家同行说，米丽娅姆的温室里有“我这辈子见过的最壮硕的大麻”)。此外，虽然“她终生坚信无神论，但是她承认，当她发现跳蚤长着阴茎时，曾经忍不住想要信仰造物主”。[62]

米丽娅姆·罗斯柴尔德一部著作的封面用跳蚤的阴茎做装饰。为跳蚤的性行为着迷的不只有她一人，许多科学家钻研过跳蚤的交配这个复杂的课题。这涉及两根棒体，一根插入雌性，另一根携带精子。作家布伦丹·莱汉（Brendan Lehane）在探讨跳蚤交配的文章中写道：“在孕育生命这件事上，我们必须对雄性跳蚤给予肯定并为之惊叹。它是动物王国中性行为的奇迹。”[63] 如科学家 D. A. 汉弗莱斯（D. A. Humphries）所言：“雄跳蚤拥有昆虫世界中最为复杂的交配器官。”[64] 米丽娅姆·罗斯柴尔德评论道：“但凡工程师客观地看过这种不切实际的奇特器官，都会下重注赌它一定会操作失败。令人惊讶的事实是，它竟然做到了。”[65]

跳蚤已经这样繁衍了很久。在琥珀中凝固的跳蚤可以追溯到距今 1.45 亿—6500 万年前的白垩纪。动物学家小乔治·普伊纳（George Poiner Jr.）论证道，早在那时，跳蚤就携带某种鼠疫杆菌，这种杆菌可能是恐龙灭绝的部分原因——跳蚤或许微不足道，但它们能够降低小行星的等级。[66] 其实，跳蚤在当年是“庞然大物”——2013 年中国发现了长度为 2 厘米的跳蚤化石，现在的跳蚤体长只有约 2 毫米。这意味着它们当年附着在体型巨大的动物身上，消耗它们大量血液。[67] 据我们所知，恐龙甚至无法抓挠。

米丽娅姆·罗斯柴尔德的跳蚤历险记启发了剧作家克劳迪亚·史蒂文斯（Claudia Stevens）。她创作了首部以女昆虫学家和会说话的跳蚤为主角的舞台剧。角色米丽娅姆举起跳蚤，大声宣告："看看这只高贵的跳蚤，它是吃苦耐劳、技艺娴熟的神奇人蚤……马戏团演员、优秀运动员。（喧闹的音乐）王牌跳虫！跟我说说话。（把跳蚤放在耳边）你在说什么？"跳蚤说对自己的表演很不满意："最让我无法忍受的是我在跳蚤管弦乐队的表演。他们把我绑起来，在我的双腿之间放了把微型大提琴，然后在我身下放音乐盒。我的另外几条腿挥舞起来，看起来我好像在拉大提琴。"虽然受到羞辱，但跳蚤告诉米丽娅姆，它这个物种已经存活数千年——全靠信任和爱，还有必须向生活妥协。[68]

政治和军事跳蚤

对跳蚤的能力赞赏有加的不只有米丽娅姆·罗斯柴尔德。2015 年，美国儿童保护基金会（Children's Defense Fund）女主席马里恩·赖特·埃德尔曼（Marion Wright Edelman）宣称："面对不公，你必须做一只跳蚤。当足够多的跳蚤运用战略、全力以赴地叮咬，即使是高大威猛的狗也会浑身不适，它们甚至能够改变庞大的国家。"[69]

把狗看作跳蚤捍卫正义而叮咬的对象，对动物权利活动家来说是个充满哲思的问题。我们的世界是消灭跳蚤保护狗的，这是根据不同动物对我们的价值做出的道德排序。如果一切生灵都具有知觉力，都能感受到痛苦，我们有什么理由杀死一种动物去帮助另一种动物呢？诺姆·菲尔普斯（Norm Phelps）是美国动物权利活动家，也是思想深邃的哲学家，深受18世纪哲学家杰里米·边沁（Jeremy Bentham）的教导的影响。他论辩称，所有生物都能够感受到愉悦和痛苦，从而体验快乐和悲伤。菲尔普斯继续写道：“我认为昆虫的基本利益与一切具有感知力的生灵的完全一致：得到快乐，避免痛苦，延续生命，避免死亡。”人类盘算该消灭什么，尤其是在昆虫对其他生物造成危险时，这是把“苏菲的选择”运用到动物世界中。我们的课题是，从人类到跳蚤，所有生物都有不可避免的悲伤。[70]

消灭跳蚤的道德性争论作为神学问题在伦理上变得更加复杂。一个宇宙设计论的支持者争辩道，倘若我们遵循保护所有动物的理念，就没有任何依据来决定消灭一个物种是否比消灭另一个更好。[71] 印度教中的耆那教派出于对造物的尊重而拒绝杀死昆虫，更不用说对轮回的信仰了。

可是，在此生的轮回中，多数人站在大型动物一边。所以，美国的猫狗宠物主人会因为让宠物染上过多跳蚤而锒铛入狱。[72] 有些出售猫狗驱虫产品的卖家竟然声称，猫狗宠物会因被跳蚤叮咬失血而死。[73]

狗和跳蚤之间的斗争已经成为冲突词汇中一个强有力的隐喻。美国记者罗伯特·泰伯（Robert Taber）在1965年越南战争期间撰写了《跳蚤之战》（*War of the Flea*）。他在这部研究游击战的经典著作中这样打比方：“游击队打起仗来像跳蚤，它的军事敌人则像狗一样受限：敌人很小，无处不在。它们行动敏捷，神出鬼没，多得防不胜防。如果战争持续的时间足够长（这是理论基础），狗会因疲惫和贫血而死，甚至找不到什么方法能让它合上下巴或不再用爪子搔挠身体。”[74]泰伯继续写道：“跳蚤叮咬，跳开，再次叮咬，敏捷地避开能把它踩死的脚掌。它并不寻求一击致命，而是让敌人流血，蚕食对方，使之长期受折磨和侵扰，让对方难以休息，最后摧毁对方的精神和士气。”[75]

“二战”结束之际，日本人计划用跳蚤打击美国设在太平洋的机场，甚至为潜艇配备了生物武器，用来攻击美国“圣地亚哥号”（San Diego）。所幸载有跳蚤武器的潜艇在前往集结地的途中被美军击沉，参谋总长梅津美治郎（Umezu Yoshijiro）于1945年3月26日撤销了潜艇攻击令，并谎称“细菌战倘若打响，将从日美战争的层面发展到人类与细菌无休止的战斗层面。日本将沦为世界的笑柄”。[76]

1945年，加拿大人领导这项工作，使用肉毒毒素和炭疽作为武器。但是西方领袖决定，他们只报复首先使用这种武器的国家。然而，（特别是）随着冷战开始，美苏之间的紧张关系加剧，军事和特工机构对这些发动全面战争的新方法萌发了浓厚的兴趣。可能在包括道格拉斯·麦克阿瑟（Douglas MacArthur）在内的美国政府和军队最高成员的指挥下，美国人把事实上的豁免权扩大到日本负责细菌战的731部负责人石井四郎（Ishii Shirō）头上。1947年，石井四郎把实验记录交给美国，传言他参观了美国在马里兰州德特里克堡（Fort

Detrick）的化学战中心。[77] 美国军方是否真的参考了日本的作战方案至今仍是个谜，但是 1952 年 3 月，朝鲜指控美国人在其领土上投放了感染鼠疫跳蚤的田鼠，以及其他携带霍乱和炭疽的昆虫。[78] 总部设在纽约的左翼组织"国际民主法律工作者协会"（International Association of Democratic Lawyers）声称调查了这些指控，在发布的报告中得出结论，美国人在朝鲜传播了苍蝇等昆虫。这些"恐怖手段"以军队、难民和平民为靶子，犯下了"极其严重而可怕的罪行"。此外，"美国军队犯下了 1948 年《日内瓦公约》（Geneva Convention）所定义的种族灭绝罪"。[79]

在纳粹大屠杀后的年月，种族灭绝的指控不可以被等闲视之，这是终极可怕罪行。这些指控遭到美英科学家驳斥，一个在联合国主持下的红十字委员会宣布，这些指控无法被证实。[80] 西方许多左翼报纸都认为帝国主义者在使用这种战术。欧洲组织"世界和平理事会"（World Peace Council）授权成立了另一个委员会——朝鲜和中国生物战事实调查国际科学委员会（International Scientific Commission for Investigating the Facts Concerning Biological Warfare in Korea and China）。该委员会由剑桥生物化学家李约瑟（Joseph Needham）领导，这位左翼知识分子战争期间住在中国，曾经报道过日本人用鼠疫细菌对付中国人。[81] 人们认为他可能是在中国问题上首屈一指的英国权威人物。他后来出版了 14 卷本的有关中国科学技术史的权威巨著。

跳蚤的袭击很少能够摧毁这么重要的人物。李约瑟 1952 年到访中国，通过和中朝两国科学家的交流，做出相关细菌战的报告，他的报告以证实指控作结，即美国用苍蝇和其他细菌载体——跳蚤——在朝鲜传播疾病，以朝鲜军队和平民为目标，这是“一种极其严重而可怕的罪行”。[82]

事实上，1952 年，美国的确在德特里克堡研究细菌战。1954 年，美国军方在犹他州的沙漠里发起“大瘙痒行动”，研究从飞机上投放跳蚤的最佳方式。早先的一次尝试惨遭失败，跳蚤在飞机上逃脱，叮咬了飞行员、副驾驶和一名军事观察员，所幸这些跳蚤没有感染鼠疫。后续的实验成功投放跳蚤到地面上并感染笼子里的豚鼠，实验人员认为这算取得了成功。但是军方最终认为跳蚤难以控制，昆虫战的焦点转移到了携带黄热病的蚊子身上。[83]

到 1972 年，人们对细菌战深恶痛绝，以至于禁止实施细菌战的名称冗长的条约《禁止发展、生产、储存细菌（生物）及毒素武器和销毁此种武器公约》[Convention on the Prohibition of the Development, Production and Stockpiling of Bacteriological (Biologic) and Toxin Weapons and on Their Destruction，以下简称 BTWC] 在 182 个国家近乎一致的支持下顺利签署。条约序言宣布，签约国“决心为了全人类的利益，彻底排除使用细菌（生物）剂和毒素作为武器的可能性”，并“深信这种行为为人类良知所不容，各国应竭尽全力将这种危险降至最低”。[84]

跳蚤作为死亡信使似乎遭到了禁止，尽管国际社会对研究抵抗细菌战的防御手段网开一面。该公约得到广泛支持与1996年《全面禁止核试验条约》(Comprehensive Nuclear-Test-Ban Treaty)未能得到众多核大国的正式签署形成了鲜明的对比。显然，许多国家和民众对细菌战和毒素战格外忧虑。国际红十字会在描述1972年的条约时捕捉到了这种担忧："滥用科学或科学成果制造武器，毒害人类和传播疾病，总是在公众心中引起恐慌和憎恶。"因此，BTWC"是朝着彻底消除这些可恶的武器迈出的重要一步"。[85]

为什么人们认为细菌战比其他杀戮手段可怕得多？毫无疑问，部分原因在于这种武器会失去控制，它会对使用者反戈一击，也可能让使用者蒙羞。由于抗生素研制成功，我们不再害怕腺鼠疫，但是其他昆虫和动物载体依旧是人类恐惧的源头。兔热病由蜱虫叮咬传播，危险性较小但更常见的莱姆病也是由鹿蜱虫叮咬引起的。当然，疟疾由蚊子传播，黄热病也是。寨卡病毒也是由蚊子传播，当这个疾病在发达国家站稳脚跟时似乎格外可怕。换句话说，我们理应能够主宰的微小事物可能消灭我们，也可能使我们生病，这又是渺小生物对庞大生物的报复——人类在面对自己几乎看不见的力量时十分脆弱。

当细菌战，尤其是昆虫战由国家部署时所引发的民众的恐惧情绪会格外强烈。过去，仆人能够在床上投放臭虫以报复主人，罪犯可以向看客弹射虱子，但是国家可能利用疾病大开杀戒。英国人用感染病毒的毛毯传播天花时，印第安人就懂得了这一点。美国历史学家丹尼尔·巴伦布莱特(Daniel

Barenblatt）研究了日本在中国使用生物武器的情况，得出结论："这种微生物成了帝国统治的工具。它与日本的盟友和意识形态的兄弟纳粹德国的种族灭绝行径一样惨无人道。"[86]

提到跳蚤攻击，多数人脑海中并不会浮现日本的昆虫陶瓷炸弹，而是浮现我们在家里用来杀灭肆虐的跳蚤的有毒喷剂。喷剂不仅承诺保护宠物，还承诺保护我们自己。但凡有人遭受过跳蚤叮咬之苦，都会想方设法保护自己的皮肤免受跳蚤（如同臭虫或虱子）的侵袭和败坏。所以我们用内含神经毒素的跳蚤炸弹来清洁房屋，而我们是无法容忍这些毒素的。

同样，我们希望保护心爱的宠物免受跳蚤的祸害。跳蚤项圈和跳蚤浴盆成了价值数十亿美元的产业，但是这些产品各自有严重的副作用。有些跳蚤项圈被冠以可怕的名称，"杀虫威"和"残杀威"等，它们所含的化学物质尤其会危害到儿童。根据美国自然资源保护委员会（Natural Resources Defense Council）的报告，"这些化学物质会引起人的各种中毒症状"，包括"恶心、呕吐、腹泻、喘息和流泪"，它可能杀死宠物甚至人类。[87]我们的宠物非但没有摆脱跳蚤的攻击，反而可能在无意间成为疾病的载体。那将是卑微的跳蚤对人类的又一次胜利。

诚然，跳蚤或许不会像虱子或臭虫一样引起人类的反感。我们对跳蚤的看法是对昆虫和自身的认知问题。它们是我们喜剧或悲剧生活的小小评论员。它们虽然能够携带疾病并对我们的生活造成可怕的破坏，但依然貌似无害或者只是惹人厌烦。有人用跳蚤达成罪恶的目的——发动帝国主义战争。但它们也可以充当奋力反抗强权和狂妄人士的化身。近日，红辣椒乐队（Red Hot Chili Peppers）[1]的贝斯手称唐纳德·特朗普是个“愚蠢的真人秀笨蛋，喜欢哗众取宠的吹牛大王”。这名贝斯手在乐坛的绰号是“跳蚤”。[88]

电视剧《伦敦生活》（*Fleabag*）[2] 2019年赢得艾美奖（Emmy Awarcls）等多项大奖，编剧兼明星菲比·沃勒－布里奇（Phoebe Waller-Bridge）给主角、性冒险家选择了邋遢鬼（Fleabag）这个名字，因为她“想让人物形象呼之欲出。所以，给她取名‘邋遢鬼’，给剧集取名‘邋遢鬼’，邋遢的潜台词跃然纸上”。[89]很显然，不论是在过去还是在21世纪，我们都能靠跳蚤来提供丑闻、性比喻和下流的娱乐。说到跳蚤，用“明日黄花”和“光天化日”这两个成语来形容它都不适合。

跳蚤从文学作品中幽默的性冒险家发展到现代科学报道中性技巧高超的典范表明，这种微小的昆虫持久而普遍地引起人们的兴趣。人类在知晓跳蚤传播鼠疫后，它的传播能力就不仅令人震惊，而且让人感到危机重重。跳蚤成了自然界黑暗面的预兆，它们会回过身来倒打人类一耙。人们利用跳蚤的名气降低它的地位，使之回归到能够被人驯服和教导的“杂耍艺人”的角色，就变得日益必要。于是，跳蚤马戏团重新活跃起来，让人们笑得前仰后合，而不是担惊受怕。近期一幅漫画准确地

---

[1] 美国洛杉矶的摇滚乐队。
[2] Fleabag 直译是邋遢鬼。

描绘了跳蚤继续让人喜忧参半的心理（见图 22）。

跳蚤看似无足轻重，却并不妨碍科学家观察它们，艺术家描绘它们，马戏团老板利用它们赚钱。最重要的英国现代跳蚤传说记录者、历史学家布伦丹·莱汉写道："奇怪的是，在人类难以捉摸的内心深处，的确埋藏着对跳蚤的喜爱。"[90] 不知何故，虽然我们现在知道跳蚤可能很危险，但是不管我们有没有笑出眼泪，这种昆虫都保留了身为无脊椎喜剧演员的身份。

在我们抓痒之前，我们只能微笑。

HAGEN©2007
You see, Fleas don't have many career choices
open to them: I can either join the Circus
or spend my life as a parasite...

“你看，跳蚤没有多少职业选择。
我要不加入马戏团，要不作为寄生虫度过一生……”

图 22　拉尔夫·哈根（Ralph Hagen）。卡通斯托克（Cartoon Stock）提供

08 鼠类啃食数百年

1797年，英国道德家和福音传教士汉娜·莫尔（Hannah More）描述了一个不太受欢迎的社会成员，一个名叫布莱克·吉尔斯（Black Giles）的小偷和捕鼠者：

> 吉尔斯自称从事许多行当，有时从事捕鼠；但他沉溺于搞猫腻，从未在一个行业里待很久。每逢有人叫他去农庄工作，他习惯于消灭几只年迈的老鼠，然后小心地留下几只活着的小老鼠，使之足以继续交配繁殖。他说：“如

果我是个傻瓜，把房屋和谷仓里的老鼠一下子消灭干净，我的生意还怎么继续做下去？”如果某座谷仓里老鼠太多，他就弄几只出来，拿去充实附近没有老鼠的粮仓。若不是一天晚上他不走运，在把笼子里的小老鼠塞到威尔逊牧师的谷仓门下时被抓了现行，他可能会一直这么干到现在。[1]

吉尔斯具备了他假装要捕猎的老鼠的全部品性：狡猾诡诈，偷偷摸摸，打破界限。早期现代欧美文化中的老鼠叙事的隐含主题表明老鼠是十分危险的，老鼠式的人也具有毁灭或侵害人类和自然的力量。《麦克白》（*Macbeth*）中第一个女巫承诺："就像一只没有尾巴的老鼠，走着瞧，走着瞧，走着瞧。"[2]走着瞧的结果是"诅咒"（Maleficia），即对财产或人身造成伤害或致其死亡。《李尔王》（*King Lear*）中装疯卖傻的埃德加声称，当他被"恶魔"附体时，"在这整整七年时光，耗子是汤姆唯一的食粮"。[3]这种饮食显然不正常。钦定版《圣经》的《利未记》中讲道："地上爬物，与你们不洁净的，乃是这些：鼬鼠，鼫鼠，蜥蜴与其类。"（11：29）詹姆斯国王治下的英格兰民众认为大小老鼠是同一物种。这项禁令告诉信徒，吃这些动物不仅令人厌恶，而且是异教徒行径。[4]

老鼠和捕鼠人的危险品性在传说和民间故事中屡见不鲜。当16世纪和17世纪初猎杀女巫狂潮席卷欧洲时，老鼠也跟虱子、跳蚤一样与魔鬼联系在了一起，这是毫不稀奇的。宗教领袖斩钉截铁地宣称，天主教徒、新教徒和再洗礼派教徒崇拜撒旦，他们的恶魔亲友以老鼠的样貌现身。中世纪时，穿花衣的吹笛手（Pied Piper）消灭了德国哈默林镇（Hamelin）的老鼠，城市的领袖拒绝付钱给他后，他又杀害了镇上的孩子。这个故事在中世纪迅速传遍整个欧洲，17 世纪初在英格兰流传开来。[5]

无论老鼠与超自然现象、巫术、民间传说（如吹笛手的传说）、宗教、政治或社会动荡是否有关，它们都代表一种失控的力量。它们只能被两种力量控制，要么是比人类强大的力量——撒旦或上帝，女巫或天使；要么是好像不如人类强大的力量——捕鼠器。老鼠是终极的他者；它们象征自然界反常的部分，它们能够反手攻击自然界本身，甚至达到自相残杀的地步。

现在我们知道，人类历史上的灾难性事件——腺鼠疫是感染了跳蚤的老鼠送给人类的“礼物”，但这个知识直到 19 世纪末才被人类知晓。[6] 在务实的意义上，现代早期老鼠作为与人类争夺粮食资源的主要对手而受到人类的鄙视，美国历史学家玛丽・菲塞尔（Mary Fissell）强调了在那个时期人与鼠的这种关系，人并不厌恶老鼠肮脏的习惯。“也许这是一种奢侈”，只在当时那个时代才成为可能。早期人们认为老鼠等生物是害虫，因为它们“窃取人类的粮食，通常是制作好的供人食用的食物，害虫吃掉人类已经投入大量时间和精力的东西”。[7] 英国 17 世纪的博物学家爱德华・托普塞尔（Edward Topsell）也是少数对大小老鼠加以区分的作家之一，他抱怨大鼠“比小鼠更可恶，因为它们以偷窃为生，而且对食物来者不拒，什么都吃，所以当它们在体型上胜出时，就吃得更多，也对我们造成更大的危害”。[8]

老鼠在企图盗取人类的食物时鬼鬼祟祟，极难捕捉。[9]老鼠狡猾多端是老生常谈——或许这是个真理，现代的实验室研究已经证实。英国经验科学之父弗朗西斯·培根（Prancis Bacon）表达过一种普遍观念：“老鼠很聪明，在房屋倒塌前它一定会离开。”传说老鼠还会抛弃下沉的船只，由此产生了这句被经常用在人身上的格言。于是，在整个早期现代时期，许多政客和朝臣都被比喻为把自己的利益放在首位的可憎的老鼠。这个比方跨过大洋来到美国。早期北美地区的佛蒙特共和国（Vermont Republican）曾宣称：“水手有句格言，船只失事前老鼠会抛弃它。近来已经有些老鼠从联邦这艘船上逃之夭夭。”[10]

18 世纪，大约在英国人察觉到臭虫到来前后，褐鼠（Mus norvegicus）取代了黑鼠（*Rattus Rattus*）的地位，英国人对老鼠的憎恶加剧了。18 世纪的盎格鲁–爱尔兰作家奥利弗·戈德史密斯在描述了本地黑鼠和入侵的褐鼠间的血战后解释道：“褐鼠（和黑鼠）一样具有伤害我们的脾性，破坏力却比黑鼠大得多……好像一切能吃的东西都逃不脱它的魔爪。”幸运的是，这些老鼠“自相残杀，同归于尽”，从而限制了它们“惊人的繁殖力”，阻止它们摧毁人类的步伐。[11]戈德史密斯这种言论的源头是 19 世纪法国重要的博物学家布冯伯爵（Comte de Buffon）乔治–路易·勒克莱尔（Georges-Louis Leclerc）。他对老鼠同类相食的描述令人骇然：“如果数量太多的老鼠挤在一处，会造成饥荒，强壮的就杀死弱小的，强者把弱者的脑袋打开，先吃掉其大脑，再吃掉身体其余部分。第二天，战争以同样的方式再次爆发，并且持续下去，直到大部分老鼠被消灭。”[12]

英国人担心自己受到自然界的攻击。老鼠似乎在暗中破坏政治、社会和自然界传统的等级秩序。有些博物学家认为，褐鼠是18世纪30年代从挪威乘船抵达英国的，但这个物种也叫汉诺威鼠，与1714年夺取英国王位的不受待见的汉诺威王朝有关。新君被视为欺压英国国民的外国人，同样，与之同名的啮齿动物把不列颠群岛吃得倾家荡产。1750年到1770年间，褐鼠到达美国，它们和殖民者同伴一道乘坐英国船只出了海。[13]

在这之前，哪怕对人类威胁不大的黑鼠也与破坏政治和宗教现状的人士相关联。中世纪时期爱说双关语的英国人威廉·科林伯恩（William Collingbourne）抨击理查三世痛恨的3个顾问——威廉·凯茨比（William Catesby）、理查德·拉特克利夫（Richard Ratcliffe）和弗朗西斯·洛弗尔（Francis Lovell，纹章标志是狼狗）是“我们的小猫凯特、小鼠拉特和小狗洛弗尔”。这句话可不是恭维的意思。

防治老鼠的唯一办法是雇用捕鼠人，但这些鼠类克星本身也往往被认为十分危险。他们与猎物具有共同的特点。像老鼠一样，他们破坏等级制度。他们在各地游荡，即使讲英语也是局外人。他们非但不躲避，好像还欣然接纳老鼠。这些对他们的描绘反映了他们与敌人的亲密关系。在这幅19世纪的图画中（见图23），捕鼠人显然是个流浪汉，他让活蹦乱跳的老鼠簇拥

图23　让·莱昂·杰罗姆·费里斯（Jean Leon Gerome Ferris，1863—1930），《捕鼠人》，约1878年。费城宾夕法尼亚美术学院（Pennsylvania Academy of the Fine Arts，Philadelphia）提供，约翰·S. 菲利普斯收藏馆（John S. Phillips Collection）

在自己身边，提醒顾客留意他做的买卖。他似乎在警觉地环顾四周，也许是预见到自己的职业惹人反感，哪怕他的行为帮助了顾客。

老鼠在欧洲的田野和城镇泛滥成灾，人们为防治老鼠所付出的努力在社会、宗教、政治和文学中十分醒目。如同其他害虫，老鼠成群结队地越过边界，仿佛喜欢和人类共同生活，啃食庄稼，入侵房屋，咬伤孩子。老鼠是人类最熟悉的哺乳动物，仅次于被驯养的动物——驯养动物经常用来捕猎和消灭老鼠。当英国农场和乡镇的居民搬到城市时，老鼠也跟着搬迁，从草垛换到了下水道和地下室。

神奇的老鼠

在早期现代的英国，老鼠的名声格外差。英国剧作家约翰·戴（John Day）1608 年创作了一部戏剧，内容是丈夫认为妻子与人通奸，决定把她这只“雌鼠”弄死。此外，朋友劝他用“老鼠克星”——一种砒霜杀死她，因为“这只雌鼠是恶魔”。[14] 结局是皆大欢喜的——因为这是一部喜剧——但“老鼠”在人心中的象征性共识是一目了然的。

老鼠好色的本性使它成为魔鬼和魔鬼在世间的爪牙、女巫的天然盟友。饱学之士和凡夫俗子都相信，女巫与化身为动物的恶魔存在性关系，包括老鼠。在戏剧《埃德蒙顿的女巫》（*The Witch of Edmonton*，1621）中，所谓的女巫是个名叫伊丽莎白·索耶（Elizabeth Sawyer）的老太婆，她为了报复邻居，把自己的灵魂卖给了魔鬼。她宣称：

> 我听老太婆们
> 说起过化身为鼠类的亲友，
> 小鼠、大鼠、白鼬、黄鼠狼，我不知道，
> 有人说，它们露面现身，吸她们的血。

这些吸食妇女鲜血的生物正在插入女巫的身体，实质上是在与她们发生性关系。跟她们一样，埃德蒙顿的女巫也将选择邪恶：

> 摈弃一切善念，祈祷时心怀憎恨；
> 钻研诅咒，怨念，
> 亵渎的话语，嫌恶的咒骂，
> 一切恶言恶语；这样我便可以着手
> 报复这个吝啬鬼，这只黑色的恶狗。[15]

戏剧《埃德蒙顿的女巫》根据真实事件改编，即伊丽莎白·索耶因巫术于1621年被捕并遭到处决，这部作品写于1621年，1658年才出版。索耶在庭审的供词中承认，魔鬼来到她身边。魔鬼是否化身为老鼠展开具体行动，供词中没有提及，但另一个受到指控的女巫提供了更加确切的供词。菲利帕·弗

劳尔斯（Philippa Flowers）受审时说：

> 有个精灵变成白鼠吸吻她，这只白鼠占有她的左乳已经持续了三四年。她承认自己和精灵达成了约定，当它初次降临到她身上时，如果她容许它吸吻她，它就答应给她好处，那就是让托马斯·辛普森（Thomas Simpson）爱上她，于是她把灵魂交给了精灵。[16]

菲利帕对托马斯·辛普森情有独钟，他“敢说是她蛊惑了他，因为他没有办法离开她”，而魔鬼贪恋她，变幻为白鼠来到她身边。不过，菲利帕并不是家里唯一把灵魂交给魔鬼的人。当魔鬼幻化为老鼠、狗或癞蛤蟆等“美丽”的形象来到她们身边时，她的姐姐玛格丽特（Margaret）和母亲琼（Joan）也认同要崇拜魔鬼，他们的契约“以可憎的亲吻和丑恶的血祭敲定”。[17]她们的另一个朋友琼·威利莫特（Joan Willimot）也有个老鼠密友。这些女人被统称为贝尔沃女巫（Witches of Belvoir）。

恶魔老鼠和家人赋予女性权力，哪怕只是在邻居和雇主的认识中如此。琼·弗劳尔斯相貌丑陋，满口恶言，邻居们早在审判开始前就相信她是个女巫：“是的，一些邻居大胆断定她和熟悉的鬼魂交往，用咒骂和报复威胁把他们吓坏了。”而弗劳尔斯一家遭到巫术指控的主要原因是第六代拉特兰伯爵（Sixth Earl of Rutland）弗朗西斯·曼纳斯爵士（Sir Francis Manners）

夫妇认为，弗劳尔斯一家致使他们的男性子嗣死亡和他们的妻子不孕。[18]

历史学家认为人们迫害女巫出于许多原因，包括当时人们认为女性——尤其是老年女性——对性贪婪，掌权者还担心女性可能会推翻传统的父权制。有些女性在农村经济中被边缘化，她们是生活拮据的寡妇或老处女，可能在用售卖“爱情药水”、治愈药剂或者当接生婆来换取微薄的收入。[19] 巫术指控往往反映了这样一种观念，即女巫行为是妇女在违抗母职角色，在养育“恶魔小鬼”而非呵护自己的孩子。[20] 但这些诠释不能说明老鼠、黄鼠狼、狗或猫为何与巫术之间产生关系。这些动物都喜欢并且能冲破界限吃人类的食物。它们从本该滋养人和牲畜的粮食中汲取营养，好比女巫允许亲友吮吸自己的血液和身体，使妇女养育后代的哺乳行为沦为恶魔的活动。老鼠犹以无止境的欲望和超强的生殖能力闻名。老鼠和黄鼠狼都是人们公认的害虫，城门鱼殃，以它们为猎物的动物（猫和狗）也可能被看作是污秽不洁的。[21]

早期现代英国人的一种信仰反映了啮齿动物对穷人的威胁以及啮齿动物与性的关系。据托普塞尔说：“一般来说，所有老鼠，不光是白鼠，都迫切地渴求交配。它们交配时用尾巴拥抱对方，迫不及待地要填满彼此的身体。吃盐让它们多子多孙……舔盐让年轻老鼠不经交配就能怀孕。”[22] 盐对受孕的助力是人们古已有之的信仰，这可能与精液和尿液是咸味的有关。[23]

此外，啮齿动物的繁殖能力与小鼠的长尾巴（大鼠的尾巴还要更长）相关联，其中显然具有阴茎的含义。英国童谣《三只瞎老鼠》（*Three Blind Mice*）虽然有些拐弯抹角，但反映了这种认识。这首歌谣首次面世是在托马斯·拉文斯克洛夫特（Thomas Ravenscroft）1609 年出版的歌曲集里："三只瞎老鼠，三只瞎老鼠，尤利安夫人，尤利安夫人，磨坊主和快乐的老伴，她摸着肚子，你们舔舐刀子。"（Three blinde Mice, three blinde Mice, Dame Iulian, Dame Iulian, the Miller and his merry olde Wife, shee scrapte her tripe [and] licke thou the knife.）[24] 在中世纪和早期现代的英国，磨坊主常常是淫荡的形象，如英国诗人乔叟（Chaucer）写的著名的《磨坊主的故事》（*Miller's Tale*）所描绘的那样，人们也经常谴责磨坊主偷小麦或征收的钱款过高。[25] 如此一来，他们就活像老鼠。我们在巫术指控中看到，人们认为老妪性欲旺盛。这几句歌词中，快乐的老伴摸着肚子，即动物身上与臀部相关的部位，也是女巫经常被指责被魔鬼亲吻的身体部位。接着话题转换，我们发现老鼠因为舔了她的刀子变瞎了，这里再次暗示了阴茎。想必 17 世纪的观众对这首歌的性暗示是心领神会的。

另一首歌谣《著名的捕鼠人游历法国后返回伦敦》（*The famous Ratketcher, with his travels into France, and of his return to London*）也在利用老鼠的威力。捕鼠人是"行业内最可靠的刀锋"，他"肩扛一根棍 / 挂着足足四十只肥硕的害虫"。捕鼠人用来消灭老鼠的利刃和棍棒一应俱全，但是"他的生活受到诅咒，/ 他下定决心不用刀子"。他不用刀，而是用砒霜和鸦片

（非洲人教他使用的一种药物）以及在印度学到的其他草药配方杀死害虫。这个捕鼠大师有点陌生和危险，尤其是对女性而言。在伦敦，他渴慕一名少女，就用一种“不会杀死老鼠”的食物引诱她，这诱饵显然是他的阴茎：

她轻咬诱饵，
味道很美妙，
她舔舐良久，这烈性毒药
令她腰际鼓胀。[26]

鼓胀的腰（waist），单词被写成了“垃圾”（waste）——好色的捕鼠人让女人怀孕了。他逃到乡下逃避责任，与流氓和吉卜赛人狂欢作乐，他酒量惊人，“是他教老鼠，还是老鼠教他 / 喝得烂醉如泥（to be drunk as rats），/ 这是一道值得怀疑的谜题”。不幸的是，冒险经历让他的“袋子”和“旗帜”（即阴囊和阴茎）疼痛不已。在去往法国途中，他向另一名捕鼠人请教这个导致他“火烧火燎”的问题，恰如“女巫常见的情形，/ 必须请求他人襄助”，这个法国人（法国人是治疗法国病即梅毒的专家）给他一种药剂。他返回家乡，发现“一个丑丫头……害虫啃坏了她的鼻子”。这个患有梅毒的女人是否为他的疾病负责就语焉不详了，但是在歌谣的后半部分，捕鼠人继续花天酒地，除非跟他睡觉，否则他拒绝对任何女性施以援手。

塞缪尔·佩皮斯收藏了这首《著名的捕鼠人》歌谣，它可能最早创作于17世纪初。我们可以想象这个以下流著称的知名日记作者看着歌词放声大笑的模样。佩皮斯是英国皇家学会成员，学会成员对与老鼠相关的滑稽元素不买账。17世纪，罗伯特·波义耳是皇家学会的重要成员，他的地位仅次于艾萨克·牛顿。他叙述了“一位绅士”的经历，他“是个强壮坚毅的人，从军多年”，却“莫名地害怕老鼠，看到它们就受不了”。这位先生患此病已久，遍访各地求医问药，“他突然临时来到一个地方，角落里有只大老鼠……愤怒地扑向他……把他吓了一跳，让他从痛苦（即疾病）中解脱出来”。[27] 惊吓可以治病的观点好像并不比相信巫术更科学，但波义耳认为这方法是可行的，因为他认识的一位先生用亲身经验做证。波义耳觉得，通过可靠的观察者可以“见证”真相。[28] 因此，至少老鼠能够间接地帮助人们实现医学治疗。

波义耳认为有必要解剖动物，包括大小老鼠，以了解大自然和上帝对自然界的安排。法国哲学家勒内·笛卡尔坚信动物是自动装置，犹如机器，不能体验情感；波义耳则不以为然，他认可动物能够感受痛苦。[29] 1668年至1694年间，法国寓言家让·德·拉封丹出版了自己编撰的《伊索寓言》，他对笛卡尔的观点提出异议。虽然他的作品当时没有翻译成英语，但多数受过教育的英国人都能阅读法文。在《两只老鼠、狐狸和鸡蛋》（*The Two Rats, the Fox, and the Egg*）中，拉封丹论述道，虽然动物可能不具有与人类相同的理性，但它们也会思考，也有感觉。为了证明这一点，他讲述了两只老鼠发现一枚鸡蛋，为了保护自己的食物不被狐狸侵占的故事。“一只老鼠躺倒在地，用爪子抱着鸡蛋，另一只老鼠拖着它的尾巴，尽管磕磕碰碰，脚步一高一低，但它们还是把鸡蛋拖回了家。”他由此得出结论：“在讲完这个故事之后，但愿还会有人来反驳我，说动物是没有一点思想的生物。”[30]

拉封丹对动物理性的认可是以存在大链条为依据的：“我们必须给野兽一个比植物高的地位，尽管植物会呼吸。”[31]这位寓言家对这个论点态度严肃，反映了数百年来法国、德国和意大利的法律历史。他们把老鼠视为足以听懂人话的动物，能够在被指控毁坏田地时遵命出现在教会法庭，在接到命令时离开田地。自 1906 年历史学家 E. P. 埃文斯（E. P. Evans）首次书写动物审判的内容以来，历史学家和人类学家就为动物审判的意义争论不休。埃文斯认为它们是“魔幻的骗局”，“继续这种滑稽表演和悖理举动是为了维护教会的尊严……因为连毛虫和尺蠖都受他们支配和控制，这加强了他们的影响力，扩大了他们的权力范围”。[32]最近的作家对这种斩钉截铁——带有偏见的解释提出质疑，强调审判对于在群众中建立秩序和掌控感的作用，群众试着了解由饥饿的害虫造成的灾难。如同把动物拟人化的常见情形，它们与人类的相似性不只是在比喻意义上，而是实实在在的——至少在打比方的人看来。

英国和欧洲大陆的人们认为，动物的知觉力和理性是自然秩序的组成部分。英国的家庭指南书籍《害虫杀手》（*The Vermin Killer*，1680）则更进一步，认为老鼠天生利他。作者建议那些想除虫的人用陶罐烧热水，再把两三只活老鼠丢进去，“房屋内的其他老鼠听到罐中老鼠的叫声，都会立即跑过去……仿佛它们打算用武力解救罐内老鼠”。他还建议在黄铜或镀铜的罐里放油渣，置于房间中央，“老鼠会全体出动，犹如老鼠大军在集结”。书中没有解释为什么一定要用黄铜锅或镀铜罐——也许参照了女巫使用的大罐子——而无论用罐子还是利用同情心，只要把老鼠聚集起来，就可以把它们一举消灭。[33]

《害虫杀手》直接指出了另一种与女巫有关系的灭鼠方法：“取下鼠头，剥去皮，把头骨带到老鼠频繁光顾的地方，它们会即刻逃之夭夭，好像被施了魔法似的不见踪影，一去不复返。”[34] 玛丽·菲塞尔对这个方法的评论是：“展示这个小颅骨让人想起同时期人类对叛国犯的处决，当年伦敦人经常能看到插在尖塔上示众的死囚头颅，起到杀鸡儆猴的作用。”[35] 当老鼠被施了魔法后，它们就变成女巫，它们是上帝的敌人，理应被处死。

《害虫杀手》提到集结和军队，也暗含老鼠入侵的政治意义。1680 年《害虫杀手》首次出版时，英国人害怕约克公爵（日后的詹姆斯二世）登上王位。英国人对 1649 年查理一世被处死的画面记忆犹新。政治、宗教和老鼠重焕生机。

鼠王：啮齿动物的宗教与政治

在中世纪的欧洲，几乎万物都有圣徒崇拜，老鼠分享了宗教的慷慨。7 世纪的佛兰德修女，内维尔的圣格特鲁德（St.

Gertrude of Neville，629—659）被视为老鼠的守护圣人，绘画作品中经常把她与老鼠画在一起——据说她保护它们的灵魂通过炼狱之旅，也可能是保护庄稼免受糟蹋。专注于老鼠的另一个宗教人士是10世纪的日耳曼美因茨主教哈托（Hatto of Mayence），人们对他没有好评。在一次饥荒期间，他没有和挨饿的农民分享粮食，而是把他们聚集在谷仓里活活烧死，根据奥利弗·克伦威尔的老师、神学家托马斯·比尔德（Thomas Beard）的描述：

> 但是上帝关心和尊重贫穷的可怜人，掌握了他们的诉求后，上帝放弃了这个骄傲的主教，对他犯下的罪行发起正义的报复：上帝派老鼠大军去围攻他，他浑身都被老鼠噬咬攻击。这个被诅咒的可怜虫察觉到情况不妙，钻入矗立在莱茵河中央的一座塔内，离宾城（Bing）不远。他以为鼠群追不上他，可是他错了。它们浩浩荡荡游过莱茵河，怒气冲冲地进入塔内，须臾之间把他吃得精光。为了纪念这一切，这座塔从此叫作鼠塔。这就是那个该死的主教的下场。他把贫穷基督徒的灵魂比作野蛮卑贱的生物，结果自己沦为它们的猎物。[36]

17世纪中叶，在英国内战期间，加尔文派不失时机地利用圣徒和高级教士的生活来诋毁天主教会。哈托主教是个便利的靶子，他是一个罪恶的高级教士，理应被老鼠消灭。发动了宗教改革的牧师马丁·路德（Martin Luther）把天主教会的最高等级描述为“教皇，是在顶端的鼠王”。比尔德还用鼠类抨击天主教的弥撒，质问：“如果老鼠吃了主人，他是否因此就革凡登圣，变成了圣鼠？”[37]加尔文派作家甚至谴责想必和蔼善良的圣格特鲁德，讥笑她“被迷信的人崇拜，因为（他们说）她保护他们免受老鼠的伤害”。[38]

在17世纪的宗教战争中，各方势力把神学上的敌人和老鼠扯上关系屡见不鲜。圣公会诗人和保皇派约翰·登汉姆爵士（Sir John Denham，1615—1669）在英国内战期间丢了产业和职位。他写了一首长诗，讽刺英国的加尔文派试图在爱尔兰建立教堂。诗歌的主角是老鼠拉塔蒙坦（Rattamountain），“一只大名鼎鼎的老鼠……能够展示各种正道和歪门邪道，/战争与和平的艺术都知晓，/坑害朋友，认贼作父”。拉塔蒙坦决定开战后，用鼠群战胜哈托主教的事迹鼓舞士气：“难道我们没有吞噬梅因茨，/他们的主教（纵使他位高权重）？”他确信老鼠将取得胜利，因为它们繁殖力很强，雌性会诞下源源不断的“士兵”，而且大小老鼠将联合起来对付爱尔兰猫。在他们新组建的长老制议会中，大鼠担任参议员，小鼠担任众议员，由拉塔蒙坦担任国王。剧场统统关闭（就像克伦威尔在英国的举措），代之以集会场所。[39]

登汉姆笔下的老鼠都与老鼠本身、性格特点酷似老鼠的人的诸多负面特性相关：诡计多端、具有不可思议的旺盛生殖力，能破坏自然界和社会传统的平衡。英国内战的双方，保皇派的骑士党和议会派的圆颅党[1]都受宗教激情驱使，犯下了让人联想到老鼠的暴行。一个议会支持者指责查理一世的牛津监狱看守威廉·史密斯（William Smith）威胁圆颅党囚犯，除非他们签署对保皇党忠诚的誓言，“否则他就让我们拉的屎像老鼠一样小”。[40]想必那是监狱伙食产生的某种特定的排泄结果，但这句威胁也应和了敌人是老鼠的观点。去人性化再次意味着把对方贬低为害虫。

奥利弗·克伦威尔甚至在议会支持者埃德蒙·哈维（Edmund Harvey）的身上看到了老鼠的特点：“人们谴责他欺诈交易……遭到克伦威尔抛弃……我从来没听人说过他诚实勇敢，说到底他是一只不起眼的老鼠，对别人是个拉帮结派的鲁姆珀（Rumper）[2]，是国王陛下苛刻的裁判。”[41]哈维的立场几度摇摆，最终支持议会反对国王，后来却因渎职罪被判刑，丢了克伦威尔授予他的职位。复辟时期，他也没有得到补偿，在监狱里了却残生。

若是查理一世知道哈维的命运，可能会对这只“老鼠”应得的下场感到满意。《国王的圣像》（*Eikon Basilike*）据说是这位国王撰写的精神自传，就在1649年他上了断头台10天后出版。查理在书中写道：“我看到复仇女神追逐并赶上了那些人（就像据说老鼠在德国对主教做的事），他们凭借人多势众和屈

[1] 英国国会在17世纪中期的知名党派。
[2] 残余议会的成员。

服顺从筑起了坚不可摧的防护墙，自以为逃脱了追捕。法律惩罚不了的人——上帝会惩罚，让他们自作自受，自取灭亡。”[42]因此，至少在最高权力的宝座成为弹射座椅前，竟然连国王也知晓哈托主教和他死于老鼠噬咬的结局。弑君者是老鼠，是背弃君主的鼠类。根据这部精神自传，他们“犯了滔天的怠慢之罪，在他们一如既往充任君主的朋友和必要的帮手之际”。[43]他们或许是老鼠，恰如老鼠众所周知的习性——抛弃正在沉没的船只或燃烧的房屋。

到 1660 年，大火似乎已经被扑灭。查理二世的复辟开启了一段和平时期，这期间仿佛包容宗教差异。国王是个务实派，他避免在宗教问题上发生公开冲突。但是许多臣民不赞成他温和的态度。英国人塞雷诺斯·克雷西（Serenus Cressy）皈依了天主教，日后成为本笃会僧侣。他指责英国圣公会牧师爱德华·斯蒂林弗利特（Edward Stillingfleet）酷似老鼠，“精明地预见或疑心这艘船（国家）面临某种危险”，就弃它而去，“于是回到不断地密谋反对它的教派，保障自己的安全”，特别是对处决查理一世负有责任的激进的新教教徒。[44]不出所料，斯蒂林弗利特做出回应，把克雷西与耶稣会士扯在一起——在英国，耶稣会士在任何时候都不受人待见——“像老鼠抛弃沉没的船只？听到我们彻底摆脱了他们，整个国家都会欢天喜地。”[45]

光荣革命后，老鼠再次扬起了政治的鼻头，信奉天主教的詹姆斯二世被赶下台，由他的女儿玛丽（Mary）和女婿奥兰治的威廉（William of Orange）接替他担任英国的联合君主。寓言《鼬鼠和大小耗子》(*The Weesil, Rats, and Mice*) 写于 1698 年，作者却署名伊索。故事中狡诈而渴望权力的鼬鼠王决定扩大势力，消灭可能挑战他的小耗子。他向“年迈的大耗子”请教：

征求他的建议，
把小耗子全部吃掉，
这计划可否尝试。
哎，这只大耗子说，陛下您
也许会称心如意。
小耗子憎恨君主制，
讥笑君权国家。

鼬鼠王率领鼬鼠部下和大耗子一起吃光了小耗子。但是这笔交易对大耗子很不划算，现在鼬鼠要吃大耗子：

国王必须大鱼大肉伺候。
此时大耗子都要下锅入肚
有蒸有煮有烘烤；
但愿它们没有忘记当初
怎样跟小耗子套近乎。
有些人常被暴君凌辱，
他们的亲属、臣民和奴隶落入虎口，

坏事做尽，
只为支撑野蛮的暴君宝座。
暴君饱饮他人的鲜血，
它们终将屈服于愤怒。
没有什么能阻止暴君的统治，
除非砍头，要么就是现代化的退位。[46]

因此，暴君在试图践踏臣民后要么被斩首——登上断头台——要么退位，由此落得应得的下场。这正是查理一世和詹姆斯二世的命运。

老鼠继续在政治话题上充当角色，它更多地被用来比喻无能或腐败的政府，而不是发起宗教争论。这一点在民众对新王朝的反应上格外明显。1714 年，讲德语的汉诺威选帝侯乔治一世登上王位，汉诺威王朝自此拉开序幕。倒霉的是，国王登基的时间恰好与国内褐鼠即挪威鼠迅速取代黑鼠并泛滥成灾的时间重合，于是君主制的批评者把王室称为汉诺威鼠。

亨利·菲尔丁（Henry Fielding）戏仿 1744 年匿名出版的专业科学论文《试论汉诺威鼠的自然史》（*An Attempt towards a Natural History of the Hanover Rat*），用褐鼠的出现抨击第二任汉诺威国王乔治二世（1727—1760 年在位）。[47] 叙述者开门见山地提出，这类老鼠在论文发表前约 30 年首次出现——1714 年——乔治一世登基的时间。并且解释说，这种老鼠来自德国，最喜欢的食物是黑麦粗面包。它起初“精瘦”，贪婪的食欲很快让它长得如大象一般大。事实上，它吃得越多，“就越贪婪”，尤其喜欢吞噬“中等阶级”和乡村绅士的私人财产。[48] 在 18 世纪中叶英国的复杂政局中，这些团体普遍反对首任英国首相罗伯特 · 沃波尔（Robert Walpole），1721 年至 1742 年间英国政坛由他左右。

根据菲尔丁的讽刺作品，汉诺威鼠把弄到的一切囤积起来，“即使英国鼠在挨饿，也不允许他人染指”。[49] 汉诺威鼠在掠夺食物时得到了英国帮凶或“供养人”的协助，他们狼狈为奸，“立即着手破坏泰晤士河附近某座大厦，据说该大厦矗立在非常牢固的地基上，整座建筑牢不可破，以前一直充当英国鼠在遇到特殊危险时的安全港湾”。[50]

这座大厦显然是指议会大厦，英国大臣在里面帮助汉诺威鼠贪婪地吞噬英国的资源。这个搞科研的先生论述道，英国的捕鼠人仿佛都失踪了，以前他们会毒死“从粮仓、库房或商店偷了东西，还胆敢从洞里向外张望的老鼠。可是现在，汉诺威鼠密集到如此地步。我们可以实事求是地说，农民耕田播种，勤劳的国民辛苦操劳，都是在喂养这些硕鼠”。[51]

汉诺威人及其英国盟友的不招人待见在菲尔丁更出名的著作《汤姆 · 琼斯》（*Tom Jones*）中表露无遗，这部作品作者于 1749 年用真名出版。书中，汤姆 · 琼斯好心的恩人、地主奥尔沃西（Squire Allworthy）讲了一段话：

> 见鬼去吧！如果我们都是傻瓜，除了一窝圆颅鼠和汉

诺威鼠，这个世界会陷入不幸的局面。见鬼去！我希望我们愚弄他们的时代即将到来，每个人都将享有自己的劳动果实……我希望看到这一天，姐姐，在汉诺威鼠吃光我们的玉米，只剩下萝卜留给我们之前。[52]

汉诺威王朝的君主们也让18世纪另一位英国文学界重要人物联想到老鼠在蚕食王国的资源。乔纳森·斯威夫特匿名出版了《布商信札》（*Drapier's Letters*，1724），在《给哈丁先生的信》（*A Letter to Mr. Harding*）一篇中，他谴责了威廉·伍德（William Wood）用腐败手段获得铸造铜币在爱尔兰使用的专利权。“臣服于狮子并不会丧失荣誉，”信中写道，“但是谁能心平气和地想象身而为人却被老鼠生吞活剥的景象呢？”[53]

两年后即1726年，《格列佛游记》出版，作者笔下的主人公莱缪尔·格列佛竟然与老鼠搏斗，想必是作者把他降低到了鼠类的地位。小说中，格列佛旅行到布罗卜丁奈格王国，被农夫抓获；农夫的女儿葛兰达克利赤（Glumdalclitch）把他当成玩具，给布罗卜丁奈格人展示娱乐。他在羁押期间与两只老鼠干仗：

我处在这种情况下，两只老鼠蹑手蹑脚地爬上窗帘，在床上嗅来嗅去。其中一只几乎爬到我脸上，把我吓了一跳。我站起来，拔出衣架（他的剑）自卫。这些可怕的畜生胆敢从两边攻击我，其中一只用前爪勾住我的衣领，但是我很幸运，不等它伤害到我，我就划破了它的肚子。它倒在我脚下；另一只老鼠看到同伴的下场，转身就逃，我在它后背上留下了硕大的伤口，鲜血从它身上流下来。[54]

老鼠就是一个人会遭遇各种倒霉事的象征性代表，它代表这人已经沦落到和老鼠一样的阶层，和老鼠一样渺小。格列佛被带入皇宫后，他与老鼠的共性越发明显。女王委托“自己的储物柜制造商设计个盒子”给这位旅行者当卧室。这个盒子“约 1.5 平方米见方，约 3.7 厘米高，还装了几扇玻璃窗，一扇门，有两个衣橱，跟他在伦敦的卧室完全一样。木板做成的天花板装在两个铰链上，可向上翻起，王后的家具提供商早已准备停当的一张床便从那里放进了房间”。[55] 天花板上装了锁，防止老鼠钻进来，可能也防止囚犯逃走，因为盒子装了锁，葛兰达克利赤每天晚上都会把它锁上。换句话说，它本质上与捕鼠人用来展示俘虏的老鼠以证明其能力的笼子是一模一样的（见图 24）。

斯威夫特讲述自己在爱尔兰的流亡经历，在担任都柏林圣帕特里克大教堂（St. Patrick’s Cathedral）堂主时，他觉得自己像只老鼠。他写信给朋友博林布鲁克子爵（Viscount Bolingbroke）亨利·圣约翰（Henry St. John）：“现在到了我与世界诀别的时候……而不是一怒之下死在这里，像洞里一只中了毒的老鼠。”[56] 斯威夫特注定如洞中老鼠般死在爱尔兰，原因之一是他憎恶当时的政治领袖。和菲尔丁一样，他也不喜欢罗伯特·沃

图 24　18 世纪晚期的简陋鼠笼，约 1780 年。M. 卡朋蒂埃古玩店（M. Charpentier Antiques）提供

波尔，虽然他出于宗教原因支持汉诺威人。在《格列佛游记》中，布罗卜丁奈格国王告诉格列佛：

> 你对你的祖国做了一番绝妙的颂扬。你清楚地证明了，无知、懈怠和邪恶与否是衡量一个立法者是否合格的最好标准。那些将兴趣和能力表现在对法律任意曲解、混淆和回避的人，才能对法律做出最好的解释、诠译和应用。在你们的制度中，我可以看到某些原本可能还过得去的制度，但现在有一半却已被废除，只剩下一些痕迹，其余的则完全被腐化所玷污湮没。[57]

因此，国王发现“你们这一种族是麇集于地球表面的、大自然所曾承受过的最可恶的微小害虫”。就连虚构地方的虚构国王也明白把人们叫作害虫的力量。

18世纪后期，老鼠成了英国政治讽刺作品中愈发流行的形象。一幅作者不明的漫画（见图25）把1770年至1782年间在位的英国首相腓特烈·诺斯勋爵（Lord Frederick North）描绘成捕鼠人，他抱着会让格列佛感到宾至如归的盒子。

杂志中的名字解释道，这位政治捕鼠人看起来好像是虚构的，实则真实存在，“是本国一位举足轻重的人物”。事实上，谈到老鼠，他能用一种内含“职务灵药或养老金精油”的东西“满足最贪婪的人，驯服最狂野的人，让最吵闹的人安静下来”。他老谋深算，定期把老鼠放出去，凭借平息由此导致的骚乱提

图 25 《政治捕鼠人》（*The Political Rat Catcher*），摘自《牛津杂志》（*Oxford Magazine* 8，1772）：225—226。大英博物馆托管方提供

高自己的声誉。如若有人想要拜会这位杰出人物，“议会开会期间，随便哪天都一定能见到他”。[58]

诺斯勋爵并不是唯一一个被喻为老鼠的政客。约翰·罗宾逊（John Robinson）是诺斯勋爵领导下的议会成员和财政部部长，但是在1782年美国革命期间诺斯勋爵被赶下台时，罗宾逊并没有追随他加入反对派。人们把罗宾逊的追随者叫作“罗宾逊的老鼠”。如图26中所画的那样，他一边用捕鼠夹捕鼠，一边心满意足地看着它们，夹子上标着他用来获取政治支持的各种诱饵：答应给海军军官晋升军衔，让第二个人在议会中获得席位，给第三位支持者1000英镑的养老金。墙上钉着破碎的大宪章，威廉三世的画像蒙着蜘蛛网。这位政治捕鼠人显然很乐意为自己的政治前途抛弃先前的政党——他是一只寻求新首相小威廉·皮特（William Pitt the Younger）保护的老鼠。插图下方的诗歌写道：

早上，当叛徒看到
夹子捕获了一只老鼠，
他兴高采烈地去拍麻子主人的马屁，
发誓要保住他的咸猪肉。[59]

包括斯威夫特和这些漫画家在内的讽刺作者都很清楚与捕鼠职业相关的负面刻板印象。捕鼠人是英国社会阶层中最下等的行当。早在17世纪，英国剧作家约翰·戴就刻画过一个自

图 26 《政治捕鼠器或叛徒杰克的新专利陷阱》(*The Political Rat Catcher, or Jack Renegado's New Patent Traps*), 1784 年。美国国会图书馆版画和摄影部

称“家世显赫”的讽刺角色：“我的曾祖父是捕鼠人，我的祖父是刽子手，我的父亲是推销员，我本人是密探。”[60] 通俗点说，捕鼠人是为了自己或当局的利益出卖或杀害他人的人。像刽子手和告发邻居的人一样，他们是被边缘化的人物，有时等同于流氓和小偷。[61] 如我们在歌谣《著名的捕鼠人》中所见，捕鼠人“与流氓谈笑风生，与吉卜赛人相谈甚欢”。他还“经常和黑人一起饱餐，/ 畅饮罂粟汁直至醉酣”。这里捕鼠人的形象及其所附着的种族主义内涵十分明确：由于与黑人和吉卜赛人交往，捕鼠人被置于英国社会中最受唾弃的地位。捕鼠人还是个醉鬼：“是他教老鼠，还是老鼠教他 / 喝得烂醉如泥，/ 这是一道值得怀疑的谜题。”这个比方可以理解为相当于近代的“drunk as a skunk”（像臭鼬一样烂醉如泥），但这也暗示捕鼠人和老鼠一样肮脏沉沦，几乎成为其中一员。[62]

欧洲人对捕鼠人的负面刻板印象一直持续到19世纪。1835年后诱鼠活动流行起来，议会的一项法案禁止人们投饵诱捕大型动物。恰恰是鼠类的攻击性让老鼠变成了类似艺人的角色。我们知道，跳蚤马戏团征服了跳蚤，并且把它们描绘成英勇的，起码是和善的角色。而老鼠却被用来满足观众的杀戮欲，它们被丢入老鼠坑，让狗屠杀，观众会为狗能杀死多少只老鼠，速度有多快而打赌。

对这种嗜血活动的经典报道出自英国记者和社会评论家亨利·梅休的手笔，他还采访过女王陛下的臭虫毁灭者蒂芬先生。在《伦敦劳工与伦敦贫民》（*London Labour and the London Poor*）

一书中，这个早期社会学家不惜笔墨地描写捕鼠人，包括一个下水道工，“他在淤泥中搜寻老鼠，卖给老鼠坑”。这男人家里“孩子成群”，像个名副其实的老鼠窝，而这个下水道工“眼睛现出窥视的神情，像老鼠一样鬼鬼祟祟”。[63]

梅休也认识到捕鼠正在变得专业化，与18世纪灭虫员职业的兴起相仿。职业捕鼠人渴望跻身崛起的中产阶级行列，并否认他们以前的坏形象。梅休深入采访了英国的捕鼠人杰克·布莱克（Jack Black），后者自称“女王的捕鼠人”，着装也与之相称（见图27）。

杰克·布莱克的绶带用老鼠装饰（纹样用妻子的铜锅铸造——为此她很不高兴），上面写着“V-R”，表示维多利亚女王（Victoria Regina）。他大约在1800年还是个孩子的时候就开启了职业生涯，在摄政公园（Regent's Park）[1]周围抓捕老鼠，当年公园还是草地和田野，他有3次差点被老鼠咬死。不过，他在19世纪30年代开始为老鼠坑供应老鼠时，已经学会如何对付它们了。“我发现，”他告诉梅休，“我对老鼠相当在行，我能随心所欲地摆弄它们。”布莱克意识到，他可以杀鼠和卖鼠，让自己生意兴隆，于是他专门定做了服装，开始推着小车兜售老鼠药，并且用表演为自己招揽生意。他“把老鼠装在衬衫里，紧贴胸脯，要么装在外套和裤子的口袋里，要么放在肩膀上……我常常变着花样摆弄老鼠，让它们爬上我的胳膊，抚

[1] 英国伦敦第二大公园，位于英国伦敦西区。16世纪时是皇家狩猎森林。

图 27 《女王的捕鼠人杰克·布莱克》（*Jack Black, Rat Catcher to the Queen*），摘自亨利·梅休的《伦敦劳工与伦敦贫民》第 3 卷（London: W. Clowers and Sons, 1861），11。可在珀尔修斯数字图书馆（Perseus Digital Library）查阅

摸它们的后背，和它们一起游戏”。[64]这些被驯服的老鼠浑然不觉厄运即将降临，作为主人“心爱”的宠物，它们满心期待更加幸福的命运。

杰克·布莱克活像从查尔斯·狄更斯笔下走出来的人物，他们都在积极谋求提高社会地位。狄更斯知道亨利·梅休的作品，威廉·梅克比斯·萨克雷（William Makepeace Thackeray）[1]也知道。《名利场》（*Vanity Fair*）中有个人物从杀鼠中学到了血统和繁育的意义："哦，说到这一点，”吉姆（Jim）认为，“没有什么比血统更重要，就这么档子事儿。真该死！我可不是什么激进派。我懂得什么是好种，什么是孬种。瞧那些划赛艇的，比拳击的，哪怕以狗拿耗子为例——赢得比赛的是哪些人、哪些狗呢？还不都是名门子弟和良种狗！”[65]

杰克·布莱克会培育捕鼠犬。他有只捕鼠犬叫比利（Billy），他声称比利在伦敦捕鼠犬中独占鳌头，也是伦敦优秀捕鼠犬的祖先。的确，他把比利诞下的一个崽子卖给了奥地利大使，另一个崽子卖给了一个银行家的妻子，大概是被当作宠物。[66]但是杰克·布莱克以及他的狗和老鼠的观众往往是下层阶级民众。他是演艺界的一分子，就好比跳蚤剧团的经理会为了娱乐或启迪观众把精彩的演出搬上舞台。他把手伸进老鼠篮中，让它们在他身上爬来爬去，这是“让人们不约而同、不由自主地啊啊惊叹的技艺”。[67]

---

[1] 英国作家，代表作有《名利场》。

如我们所见，维多利亚时代的伦敦是马戏团、畸形表演和奇人异兽公开展览的大本营，杰克·布莱克在这种特殊氛围中如鱼得水。他是能够表演超人技艺的怪物，他对老鼠的了解不亚于对自己的了解。[68]

杰克·布莱克好像的确是人兽混合体。他似乎体现了查尔斯·福瑟吉尔（Charles Fothergill）在《论自然历史的哲学、研究和用途》（*An Essay on the Philosophy, Study and Use of Natural History*，1813）中对老鼠的描述。福瑟吉尔复述了早期自然历史研究和民间传说中老鼠所具有的特征。“雄鼠不知餍足地渴求自己后代的血液……一个拥有超常力量的雄性，在战胜并吞噬了除少数雌性以外的全部竞争者后，身为血腥而令人生畏的唯一暴君统治着广大领土。”他认为它们是外部侵略者，几乎无法被消灭。[69]

同样，杰克·布莱克自认为“对鼠类相当在行”，他主宰鼠类就像雄性统治者主宰群鼠。他像老鼠一样精明狡猾，喜欢捉弄不熟悉他才能的人。他很野蛮，至少谈到老鼠时如此。他告诉梅休，老鼠肉“像兔子肉一样鲜嫩，很好吃”。[70]至少在杰克·布莱克看来，可食用的老鼠不再是害虫，吃它们是文明而非野蛮的标志，虽然维多利亚时期没有一本烹饪手册中包含鼠肉这种食材的菜谱。布莱克鼓励老鼠繁殖，还杂交老鼠，培育“世间已知最好的杂色鼠。我有超过1100只，都是杂色鼠，品种不一，颜色各异，最早用挪威鼠和白鼠繁育，再与其他品种杂交得来”。[71]他把这些特种鼠作为宠物出售：他的老鼠越过了食肉动物与人类玩具的界限。

与杰克·布莱克培育的多品种杂交老鼠一样，他自身也是一个超越者，他试图超越他出身的阶级。他的捕鼠事业大获成功，得以买下一家酒馆。他女儿在吧台后当值，打扮得斯文体面："捕鼠人的女儿，身穿天鹅绒和蕾丝，平纹细布裙，头发垂在身后。"这位家长补充道。72

可惜，酒馆的生意并不兴旺，杰克·布莱克被迫重操旧业。他为全伦敦三教九流的居民捕捉老鼠，恰如整个历史上的真实情况。"伦敦到处都是老鼠，无论富人区还是贫民区。我在波特兰坊（Portland-place）[1] 44 号抓过老鼠，在一位牧师家里。"他还给汉普斯特德（Hampstead）[2]一位"医学先生"帮过忙，这位先生的孩子被老鼠严重咬伤，"小睡衣上沾满了鲜血，好像他们的喉咙被咬开了"。布莱克消灭老鼠后，"每当我路过那栋房屋，小宝贝们看到我，就对他们妈妈喊：'啊，老鼠先生来了，妈妈！'"73

老鼠先生，名副其实。亨利·梅休记录了杰克·布莱克的生活和事迹，描绘了一幅社会及信仰的图画，他称之为"不为人知的穷人国度"。梅休试图描绘生活在伦敦隐秘角落中形形色色的人物，"提供关于一个庞大群体的资讯，公众对他们的了解比对地球上最遥远的部落的了解还要少"。74 梅休在多大程度上

[1] 伦敦的一条街道，有很多外交机构。
[2] 汉普斯特德是伦敦老牌富人区。

构建了他道听途说的故事，他是否同情自己所刻画的人物，都有待商榷。[75] 无疑，杰克·布莱克意外地获得了梅休的好感，布莱克“与我料想的样子截然不同，他脸上有一种和善的表情，这种品质与人们对捕鼠人先入为主的印象不完全吻合”。[76]

通常，人们对捕鼠人及其捕捉的害虫有先入为主的负面印象，即使老鼠表现出的狡猾令人佩服。16 世纪和 17 世纪，老鼠是女巫的亲友，她们把自己交给魔鬼并加入了魔鬼王国，就像莱斯特郡（Leicestershire）女巫或《麦克白》中的女巫，或者因为她们确实来自异域国度。如我们在第 4 部分中看到的，苏格兰和爱尔兰都是“他者”的居住地。同样，当西方的歌谣和寓言讲述老鼠与人的故事时，有的发生在可怜的哈托主教所在的德国，有的在拉塔蒙坦国王所在的爱尔兰，或者发生在捕鼠人与吉卜赛人和非洲人厮混游荡的异国他乡，甚至发生在格列佛涉足的布罗卜丁奈格。当外国褐鼠入侵英格兰时，它们是由外来的汉诺威人引入这个国家的，汉诺威人却赏识新臣民中酷似老鼠的人物，他们破坏本国传统的制度。君主或是得到政治捕鼠人（社会局外人的典范）的辅佐，或是遭到他们反对。真正的捕鼠人职业持续到 19 世纪，他们为老鼠坑供应老鼠，满足了嗜血的伦敦人的需求。像此前的外国捕鼠人一样，他们自成一体，与主流社会格格不入。亨利·梅休采访了英国第一批老鼠坑老板吉米·肖（Jimmy Shaw），这个开朗的老板说：“给我供应老鼠的那些穷人，可以说是乡巴佬、穷劳工，他们是我接触过的最愚昧的人。真的，你不会相信竟然有人活得那么糊涂。先生，说到拉丁语和希腊语，他们说英语怎么像是在说拉丁语——说真的，我自己也很难听懂他们说的话。”[77]

英国社会的结构可能在各个层面被老鼠和酷似老鼠的人啃噬。

09 两种老鼠文化，1800—2020年

在布莱姆·斯托克（Bram Stoker）[1]1897年的小说《德古拉》（*Dracula*）中，一个嗜好喝苍蝇血的疯子描述了自己与德古拉伯爵的相遇：

> 这时他开始轻声细语："老鼠，老鼠，老鼠！几百只，几千只，几百万只，每只都是一个生命。狗吃它们，猫也吃。都是生命！遍地都是鲜血，蕴含着岁月的生命。不只

[1] 开创现代吸血鬼题材小说的爱尔兰作家。

> 是嗡嗡叫的苍蝇！”……他示意我到窗边去。我起身向外望去，他举起双手，仿佛在无言地大声呼喊。一团黑乎乎的东西在草地上散开，现出火焰的形状；他让这团东西左右移动，我看出那是成千上万只老鼠，它们眼睛通红——像他的眼睛一样，只是小一些。他抬起一只手，它们都停下来。我想他好像在说：“如果你们俯身膜拜我，我会赐你们长生不老，嗯，还会让你们更好命！”[1]

这个可怜人确实膜拜德古拉伯爵，而且他的命运并不好。屈从于老鼠主人的他代表了在20世纪之前上千年间与老鼠纠缠的人。

老鼠在欧洲的田野和城镇泛滥成灾，防治老鼠的努力渗透到社会、宗教、政治和文学中。就像我们在本书前几章研究过的害虫一样，老鼠是越界者，是自然界的异类。它们好像喜欢与人类共同生活，它们啃食庄稼，入侵房屋，咬伤孩子。老鼠是人类最熟悉的哺乳动物，仅次于驯养动物——有些驯养动物被用来捕杀老鼠。当大不列颠的农场和乡镇的居民搬到城市里时，老鼠也跟着搬迁，干草垛换成了下水道和地下室。德古拉伯爵率领爪牙从特兰西瓦尼亚（Transylvania）的乡下搬到伦敦，乡下老鼠摇身一变成为城里老鼠，并且繁殖迅速，它们吮吸吞食，制造混乱。

比起其他害虫，人们更能在老鼠的身上看到自己，老鼠一直是人类生活中不可避免存在的角色。哪里有人类，哪里就有以人类产生的垃圾为食的老鼠。但是至少在过去两个世纪，老鼠帮助了科学实验者和宠物店老板。老鼠聪明、适应性强、繁殖力强，是理解现代世界的恐惧和情感的关键。

我们已经看到，臭虫、跳蚤和虱子所投射出的形象让社会强势群体能诋毁、迫害乃至灭绝他们所认知的“他者”。老鼠也与我们讨厌的一切对象有关，但它们能唤起我们对自身和我们容纳善恶能力的复杂思考。作为宠物，老鼠证明了我们有爱的天性；作为有害动物，它能凝结个人和社会的所有道德沦丧于一身。

老鼠与文明的进程紧密相连，它在文明社会的空间中蓬勃发展——家庭、城市、实验室——但迅速象征秩序的崩溃：人满为患的餐馆、遭到轰炸的城市、丢弃给游民和疯子的城市荒地，还有自我攻击的人类的思想。但是，有些人觉得老鼠，至少小白鼠很可爱，把它们当作宠物。小白鼠聪明伶俐，凭此它们成为文学故事中的最佳角色，尤其是在儿童或年轻人的读物中。如同跳蚤和虱子，它们可以用来戳穿本该成熟的成年人狂妄和渺小的真面目。

老鼠若隐若现的存在表明了我们对这种动物强烈的好奇心，它们好像经常模仿人类的行为。俗话证明了它们对人类意识的影响。沿袭数百年的俗语声称老鼠会抛弃沉船和着火的房子。詹姆斯·卡格尼（James Cagney）[1]称另一名歹徒为“你这只肮脏的老鼠”，尽管是虚构的。保守派评论家把唐纳德·特朗

[1] 美国著名影视男演员。

普的前律师迈克尔·科恩（Michael Cohen）称为老鼠，因他出卖老板和朋友。[2]美国《华盛顿邮报》自由派专栏作家达纳·米尔班克（Dana Milbank）给特朗普贴上“Rattus Potus”（字面意思是美国总统鼠）的标签，“它对其他老鼠（除了直系亲属）极具攻击性，且通常没有明显的原因”；给米奇·麦康奈尔（Mitch McConnell）[1]贴上“Rattus ginormous”（字面意思是特大鼠）的标签，即“生着珠子似的眼睛的强大物种”的一员。[3]老鼠潜入人类的意识，象征人类经验中狡猾而恶心的事物。

但是，与人类一样，老鼠也被认为是聪明的群居动物，跟它们打交道的实验人员证明了这一点。美国精神生物学家和遗传学家科特·P. 里希特（Curt P. Richter，1894—1988）在“二战”期间发明了一种灭鼠药，叫作“巴尔的摩的吹笛手”（Pied Piper of Baltimore）。他热情洋溢地说：“我们都学会了高度重视野老鼠——它们有咄咄逼人的战斗精神、高智商和警觉性。”[4]家鼠可能失去了些许战斗精神，但是科学家论证道，它们可能会团结合作，甚至无私利他，凝聚智慧以互帮互助。[5]

恰恰是老鼠的攻击性让它们变成了类似艺人的角色。我们看到，跳蚤马戏团征服了跳蚤，但是也把它们描绘成像英雄的，至少是和善的角色。而老鼠却被用来满足观众的杀戮欲。

很少有老鼠能从老鼠坑的炼狱中逃脱。但是它们的智商并不低，让这些生灵有办法从人类为其设置的陷阱中逃脱。灭鼠

[1] 美国国会议员。

员一致认为，我们不可能把老鼠赶尽杀绝，最主要的原因是老鼠的繁殖速度胜过杀鼠剂的发作速度——随着时间的推移，老鼠也会对杀鼠剂产生免疫力。鲍比·科里甘（Bobby Corrigan）是美国首屈一指的研究老鼠和灭鼠领域的专家。他证实："老鼠是令人难以置信的哺乳动物，它们绝顶聪明，人类一直煞费苦心地尝试消灭它们，但结果却恰好相反。"6老鼠在所罗门群岛[1]的核试验中传奇般地幸存下来，强化了人类的这种信念或恐惧：在人类自取灭亡很久之后，老鼠仍将长久地在地球上栖居。

人类很脆弱，老鼠却不是。夜晚，人类入睡后就更加无力，老鼠却是夜间活动的动物，它们啃咬床上的婴幼儿。它们也是动物界的杰夫瑞·达莫（Jeffrey Dahmer）[2]，当机会出现时，它们弱肉强食、自相残杀。它们俨然是邪恶的代表，在过去数百年的时间里，人们常常把它们视为恶魔。7

罗伯特·勃朗宁（Robert Browning）在《哈默林的花衣吹笛人》（*The Pied Piper of Hamelin*）一书中，把闹剧的发生地不伦瑞克（Brunswick）与汉诺威联系起来，被吹笛手诱入威悉河（Weser River）的是汉诺威鼠（褐鼠）。捕鼠人是没有性别的外国人，"生着锐利的蓝眼睛，每只眼睛都像一根针，/ 稀疏的浅色头发，皮肤黝黑 / 脸颊上不生髭须，下巴上也没有胡子，/…… ; / 猜不出他的亲友乡邻"，他答应以一千荷兰盾的报酬消灭老鼠，

---

[1] 南太平洋的一个岛国，属英联邦。

[2] 美国连环杀手，犯下多起命案。

市长和市政委员会同意付给他。当市长拖延付款给“流浪的家伙 / 穿着红黄相间的吉卜赛外套！”时，吹笛手用魔笛把镇上的孩子们引到穿越柯培伯格山（Koppelberg Hill）的入口处。离奇的是，孩子们远远地离开了哈默林，最终来到特兰西瓦尼亚，成了英国人后来认为着奇装异服的外国人的祖先。我们可以合理地设想这些外国人是吉卜赛人，他们是英国维多利亚时代最“另类”的群体。

在勃朗宁的诗中，吹笛手告诉市长，他为印度的尼萨姆（Nizam of India）除掉了“一窝魔鬼般可怕的吸血蝙蝠”（l. 92）。谁知道他对付德古拉会不会同样有效，还是他甚至可能跟德古拉狼狈为奸，尝试把吸血的老鼠带到英国——它们都与吉卜赛人紧密相关。8

在早期现代的英国，老鼠意味着危险，而到了 19 世纪末，这些动物已经被驯化并被培育成人类的宠物。捕鼠人把它们卖给上流社会的女士养在家里。科学家开始用它们做实验。但老鼠穷凶极恶的隐含意义不会断绝。

对老鼠的恐惧

20 世纪，人们对老鼠既恨又怕。这种感觉在乔治·奥威尔（George Orwell）[1]的《1984》中的著名场景里表达得非常清晰：

---

[1] 英国著名作者、记者、社会评论家。代表作有《动物庄园》《1984》。

> 面罩的圆圈大小正好把其他东西挡在他的视野之外。铁笼门距他的脸只有几巴掌远。老鼠知道可以饱餐一顿了，有一只上蹿下跳，另外一只老得掉了毛，后腿支地站着，粉红色的前爪抓住铁丝，鼻子嗅来嗅去。温斯顿可以清楚地看到它的胡须和黄牙，对黑色的恐怖再次袭上心头。他束手无策，眼前发黑，脑袋一片空白。[9]

可怜的温斯顿·史密斯（Winston Smith）。他抵抗以“老大哥”为首的极权国家的努力被他对老鼠的恐惧挫败了。审讯者威胁要放出笼中的老鼠啃食他的脸，这把他逼到了发疯的边缘，他出卖了情人和盟友朱莉娅（Julia）。老得掉了毛的老鼠太可怕了——这只畜生让温斯顿失去人性，变成了哭啼啼的可怜虫，他惧怕的动物让他沦为眼前一片黑暗的受害者。

奥威尔并不是20世纪唯一嗅到人类内心深处害怕老鼠气味的文坛巨擘。西格蒙德·弗洛伊德（Sigmund Freud）[1]在《对一例强迫性神经症个案的注解》（*Notes upon a Case of Obsessional Neurosis*，1909）中报告称，患者“鼠人”宣称，老鼠钻入他未婚妻和父亲的肛门，由内而外吞噬他们。弗洛伊德在他发表的第一份精神分析报告中，把老鼠与性、金钱和死亡联系起来。他论证道，传说中老鼠是“阴暗［地下］的动物……几乎可以

[1] 奥地利精神病医师、心理学家，代表作《梦的解析》并创立精神分析理论。

说，它是死者的灵魂”。[10]

老鼠总是在我们的脚下——在厕所里，在地铁里，在家宅的地下室和下水道里。所以，它们为我们心目中的下等人提供了完美的比喻。到 1940 年，纳粹在反犹宣传活动中使用老鼠的形象，如同他们曾经利用虱子那样。电影《永恒的犹太人》（*The Eternal Jew*）把成群结队的老鼠与罗兹（Lodz）聚居区[1]中的犹太人照片并置。沦陷的丹麦有一张宣传海报把犹太人画成某种老鼠，标题是：消灭老鼠。

今天，老鼠的角色也并未消失。2005 年，美国入侵伊拉克后，意大利记者奥莉娅娜·法拉奇（Oriana Fallaci）写道：“这里的子民像老鼠一样繁殖。”[11] 美国社会学家艾琳·斯特特尔（Erin Steuter）和黛博拉·威尔斯（Deborah Wills）指出：“我们用来讨论反恐战争的意象和言辞能强烈地影响我们思考和对待他人的方式。我们使用的比喻往往带有深刻的种族主义色彩，日益威胁我们构建安全社会的可能。”[12]

在美国的媒体叙事中，老鼠和有色人种形影不离。1964 年《纽约时报》某标题写着：布鲁克林（Brooklyn）某廉租公寓内发现一名被老鼠咬伤死亡的男孩。报道描述男孩的母亲未婚，领取福利救济，这些细节让人联想到种族歧视和忽视弱者的画面，尤其是报纸提到科尼岛（Coney Island，1959）、布鲁克林（1962）和哈莱姆（Harlem，1963）的非裔美国人社区发生过

[1]“二战”期间波兰境内的犹太人聚居区，也是欧洲第二大犹太人聚居区。

另外 3 起老鼠咬伤人事件。[13]

这种联系经久不衰。2017 年在南卡罗来纳州自由峰会（South Carolina Freedom Summit）某专项小组讨论中，公民联盟（Citizens United）主席大卫·博西（David Bossie）的母亲把西班牙裔移民比作老鼠：在由共和党（GOP）民调专家弗兰克·伦茨（Frank Luntz）领导的专项小组中，她抱怨道："人们像木头堆里的老鼠和蟑螂一样越过边境来到我们这个国家。"[14]

奇怪的是，老鼠也在自由派的谩骂中探头探脑。开明网站（Daily Kos）2014 年的一篇帖子宣称："刚出校门的新一代梦想家在学生贷款的驱动下加入了伟大的美国老鼠竞赛。这一切由资本主义赞助，彩虹尽头承诺的奖品是人人挂在嘴上的美国梦。"[15] 这里的梦想家不是希望以美国公民的身份过上更好生活的移民儿童，而是追逐自己尾巴的美国年轻人。

也许这些新鲜出炉的"资本主义老鼠"是抱着自己的宠物鼠读着老鼠故事长大的。儿童文学和电影中拟人化的老鼠比比皆是。它们反映着人类丰富的特点：贪吃鼠、偷窃鼠、聪明鼠、科学鼠、文明鼠、社会弃儿鼠，模仿一切人类可能成为的角色的老鼠。老鼠或许只是老鼠，但不知何故，它们也代表人类，至少是人类心目中的自己。[16]

在罗伯特·奥布赖恩（Robert O'Brien）获得纽伯瑞儿童文学奖（Newberry Medal）的小说《尼姆的老鼠》（*Mrs. Frisby and the Rats of NIMH*，1971）中，一只被科学赋予了力量的老鼠告诉自己的同伴：

> 真正的重点是：我们不知道去哪里，因为我们不知道自己是谁。你想回到下水道里生活吗？吃别人的垃圾？因为老鼠就做这样的事。事实却是，我们不再是老鼠了，我们是舒尔茨博士创造的生物。舒尔茨博士说，我们的智力比之前提高了1000%以上。我怀疑他低估了这个数字。我想我们可能跟他一样聪明——也许比他还聪明……一群文明的老鼠适合去什么地方？[17]

虚构的尼姆鼠的首领尼科迪默斯（Nicodemus）建议全体撤离，放弃在空荡荡的豪宅里衣食无忧的生活。另一只老鼠不同意，说："你脑子里一直有这个想法。我们必须从零开始，努力工作，建立老鼠文明。我说，既然能够从现在的一切开始，何苦要从零开始？我们已经拥有了文明。"听了这话，尼科迪默斯回答说："不，我们没有。我们只是生活在一些……边缘地带，就像狗背上的跳蚤。"[18]

科学与社会

老鼠适合去哪里？20世纪中叶，科学家渐渐把老鼠和人类的行为等同起来——老鼠不再只是用来描绘他者的喻体，而成为人类情报的真实来源。

奥布赖恩作品中的科学家以真正从事研究的美国心理学家和动物学家约翰·B. 卡尔霍恩（John B. Calhoun，1917—1995）

为原型。从1944年直至去世，卡尔霍恩始终在约翰·霍普金斯大学（Johns Hopkins University）和其他美国高校用老鼠做实验。[19] 1955年，他转到美国国家心理健康研究所（National Institute for Mental Health）工作，他根据对啮齿动物的研究，拓展形成了关于人口密度过高的具有深远影响的理论。1962年，他在《科学美国人》（*Scientific American*）杂志上论述了用老鼠做的实验，这些老鼠被限制在1/4英亩[1]的小块土地上（气味难闻），它们可以任意进食和繁殖。令他惊讶的是，这个种群的数量没有达到预估的5000只，而是稳定在150只。它们居住在这个科学家规划为“老鼠乌托邦”的一小块肮脏的空间里。当它们挤在卡尔霍恩所说的“行为水槽”（behavioral sink）边时，出现异常和病态行为的老鼠增多了。许多雌鼠未能诞下健康的幼崽，而是“无法怀孕到足月，即使足月幼崽也无法在分娩后存活下来。更多雌鼠在顺利分娩后未能尽责履行母职。雄鼠的行为障碍表现为从性偏差到自相残杀，从疯狂多动到病态退缩”。[20] 在这块拥挤的领地上，占支配地位的雄鼠能够建立“雌鼠后宫”，部分从属的雄鼠则变成同性恋或性欲亢进者。另一些成为“梦游者”，它们看起来“光洁”“肥胖”，实则与群体中的其他老鼠彻底疏离。[21]

1962年，在当时关于人口过剩和城市衰败造成危险的辩论中，卡尔霍恩毫不迟疑地把自己的研究成果与当前的社会难题

---

[1] 1英亩约等于4046.8平方米。

进行了对比：

> 很显然，挪威鼠从进化和驯化实验中产生的诸多行为模式，一定会在种群密度导致的社会压力下被打破。随着时间的推移，对实验流程的改进和对研究结果的深入分析可能会增进我们对这个问题的理解。可以说，它们或许有助于我们在人类面临类似问题时做出价值判断。[22]

没过多久，包括卡尔霍恩本人在内的一些人就发现了老鼠的拥挤状态与中心城区的人类的状态之间的关联。[23] 众多作家、社会学家乃至政治家纷纷引用他的观点。多数人不加批判地接受了他的“行为水槽”概念，因为这证实了这些人之前对拥挤的都市环境导致道德沦丧这一说法的怀疑。[24] 卡尔霍恩研究得出的负面结论被其他媒体大量报道。记者汤姆·沃尔夫（Tom Wolfe）在《泵房帮》（*The Pump House Gang*，1968）一书中书写了题为“哦，腐烂的傻子村[1]——滑入行为水槽”（O Rotten Gotham—Sliding Down into the Behavioral Sink）的文章，用老鼠和人口灾难等措辞描述环境过度拥挤：“过度拥挤导致肾上腺素分泌，而肾上腺素让他们兴奋。他们来了，兴奋、古怪、自闭、不育、疯癫、邋遢、色眯眯，得了肾病，肝火旺盛，施虐成性，性欲亢进，一点就炸，哭哭啼啼，麻木不仁。”

---

[1] 傻子村（Gotham），纽约市的绰号。

他接着描述了大中央车站（Grand Central Station）："大厅里乌泱泱的贫穷白人，他们跑来跑去，互相躲闪，眨着眼睛，发出仿佛笼子里装满椋鸟或老鼠之类活物的声音。"25

同样，刘易斯·芒福德（Lewis Mumford）[1]在经典著作《城市发展史》（*The City in History*，1968）中也把老鼠与人类的行为等同起来："这种丑陋的都市蛮族化在很大程度上是由纯粹的物理拥塞所致：这个论断如今得到了老鼠科学实验的部分证实——把老鼠放在同样拥挤的空间，它们表现出我们知道的人在大城市会有的相同的症状：压力、疏离、敌意、性变态、父母失职和极端暴力等。"26

约翰·卡尔霍恩后来又提出了人类发展具有光明前景的可能性，因为他的那些同性恋且乖僻的老鼠具有创造性和适应力。他在这方面的研究基本上被忽视了。卡尔霍恩认为，根据实验证据，老鼠可以形成"文化"，即它们能够学会遵循黄金法则生活，互相帮助，这样群体都能够存活。可以用铃声来教导它们具有良知。在这一点上，他相信老鼠身上的条件反射同样适用于人类："人类的行为也受条件反射规范，一旦我们被'编程'，我们就具有特定的价值观，做出相应的行为。我看不出老鼠的程序设计跟我们的有何不同。"27

在20世纪中叶将老鼠行为与人类行为等同看待的科学家中，卡尔霍恩并非个例。约翰·霍普金斯大学心理生物学家和捕

[1] 美国社会哲学家。

鼠人科特·P. 里希特是一位备受尊敬的科学家，提出了生物钟的概念，展示了大脑是如何控制身体的昼夜节律的。[28]“二战”期间，他受雇于美国国家科学院（National Academy of Sciences）的国家研究委员会（National Research Council），接着又在科学研究和发展处（Office for Scientific Research and Development）任职。他的主要工作是寻找给老鼠下毒的方法，政府担心老鼠可能成为细菌战中的载体。他利用一组捕鼠人——包括童子军、工程师、空袭协管员、律师等，他们可能“愉快地”参与到捕鼠任务中——对灭鼠剂进行实地测试，最终研制出 α-萘基硫脲即 ANTU，这种药物确实有效果。[29]战后有人批评他的做法，指出毒药主要在非裔美国人身上和贫困社区中使用，没有人提醒那里的居民，这些毒药可能危害人的健康。

里希特自命为“不情愿的捕鼠人”的经历让他走出实验室，介入了当时的种族偏见。他在《老鼠、人类和福利国家》（Rats, Man, and the Welfare State）一文中把野生挪威鼠与澳大利亚本地居民进行比较。澳大利亚本地居民“展示了人类在文化进化之初的生活图景”，而家鼠的特征则证明福利国家弱化人类，导致身心疾病及性活动增加。他论述道，过去，野生鼠和原始人为了生存而开展达尔文式的斗争，如今“（人类的）生活必需品像被驯化的老鼠一样，得到了充足供应”。里希特提出，这样做的结果是弱者存活下来，人口弱化，可能导致现代文明社会衰落。他援引历史先例：在古罗马，“精力不济的羸弱个体加速存活下来，最终留下大群不再有力量或意志力，无法为国而战的个体”。在美国，“有身心缺陷的人数正显著增加，在上次战争中男兵的高淘汰率反映出这一现象……还有军队训练营内大量士兵精神崩溃的案例”。此外，他论证道，人类世系的弱化可能存在生理原因，或许是肾上腺发生变化的结果，“与在老鼠身上看到的情况非常相似”。[30]

里希特引用优生学[1]家的观点结束了对老鼠和福利国家的叙述。优生学家对允许弱者存活的进化意义提出警告，里希特显然支持这些观点。“从驯养老鼠的研究中获取的知识，”他认为，“可能有助于我们正视这些重要问题：我们要去哪里？我们的命运是什么？”[31]特别是当你认为人——尤其是某些人——很像老鼠的时候。

不过，恰如同时代的一个批评者所言：“的确，我们只在白天花很少的时间来获取食物、衣服和住所，但我们不像实验中的动物那样整天躺在舒适的床上锻炼过度发育的性腺。”[32]

长久以来，把人和老鼠关联起来都是美国人对社交恐惧的表达。20 世纪初，美国人可以把东欧和南欧的移民画成老鼠。美国国会图书馆（Library of Congress）这样解释一幅漫画（图 28）：“‘吹笛手’山姆大叔吹着标有‘宽松移民法案’的魔笛，引领着一群老鼠，这些老鼠带着‘恶痞、杀人犯、小偷、罪犯、骗子、绑匪、纵火犯、刺客、囚徒、强盗、煽动叛乱者、白人奴隶贩子和堕落分子’的标签，还有些老鼠衔着写有‘黑手’

[1] 优生学起源于英国，即利用外在干预降低缺陷婴儿出生率的一门学科。

图 28　S. D. 艾哈特（S. D. Ehrhart），《傻瓜吹笛手》（*The Fool Pied Piper*），照相制版印刷，1903 年。美国国会图书馆版画和摄影部

字样、画着黑手印的标识。背景中，‘法国、俄罗斯、德国、意大利、匈牙利 / 奥地利、土耳其和希腊’的统治者及这些国家的公民在为老鼠逃走欢呼雀跃。”[33]

与鼠战斗：战争、政治和种族

人们关于老鼠浩浩荡荡象征性地侵入某国为害作乱的观念，经历了漫长而不光彩的历史，并一直绵延至今。[34]

德国经典默片《诺斯费拉图》（*Nosferatu*，1922）准确地表达了这种观点，传染病给西方带来死亡——以德古拉的化身、吸血鬼诺斯费拉图和住在棺材里的老鼠的样貌呈现。该片在“一战”和俄国革命后，来自俄国和东欧地区的移民大量涌入西欧之际制作出品，移民的涌入常常让西方人感到不适。这部电影预示了纳粹日后采用的反犹宣传，马科斯 · 夏瑞克（Max Schreck）在影片中饰演诺斯费拉图，这个角色生着大鼻子和大耳朵。[35]

纳粹电影《永恒的犹太人》（*The Eternal Jew*，1940）将犹太人与老鼠关联：“老鼠出现在哪里，就把疾病传播到哪里，让大地颗粒无收。它们狡猾、怯懦、残忍，它们成群结队地出行，与犹太人侵染世界各族的方式一模一样。”[36]

朱利叶斯 · 斯特雷切（Julius Streicher）[1] 在《先锋报》（*Der Stürmer*）上详细阐述了这种联系：

---

[1] 反犹报纸《先锋报》的创始人和出版商。

> 犹太人是个混蛋民族，他们患有各种疾病。他们是罪犯和弃儿组成的民族。他们是人群中疾病和害虫的携带者……一篮好苹果改变不了一个烂苹果。不能把老鼠看作有用的宠物，让它们和我们共同生活在社区里……我们不能容忍细菌、有害的虫豸和鸟兽……出于清洁卫生的缘故，我们必须消灭它们使之无害……为什么说到犹太人，我们要压抑对清洁卫生的诉求？[37]

盟军在“二战”时期也把敌人宣传为老鼠，尤其在战时海报中把日本人画成某种老鼠。一些海报直指日本人可能奸杀白人妇女，就像下图中留着老鼠胡须的日本兵形象（见图 29）。

老鼠、战争和种族的关系比战争的时间更长。20 世纪 60 年代，《纽约每日新闻》（*New York Daily News*）两则报道的标题：“来了！我们向反鼠战争的部队输送弹药”（This Is It! We Pass Ammo to Troops of the Anti-Rat War）、“开战了！抗鼠战士在 E. 哈莱姆发动攻击！”（War Is On! Rat-Battlers Open Attack in E. Harlem!），再次强调了鼠类具有袭击性的种族基础。

随着 20 世纪美国城市的败坏，不断增加的非白人人口与老鼠之间的关系在公众心目中加深了。有些人担心，这样有缺陷的人口可能会不断增加，会腐化健康人群，垄断政府资源。卡尔霍恩和里希特的工作受到这种态度影响。内城区像老鼠一样的人似乎过多，过度拥挤和放纵性欲，他们的病态行为可能危及社会其余部分。

图 29 《这是敌人》(*This Is the Enemy*)，美国战争部的海报。美国国家档案馆（US National Archives）

讽刺的是，非裔美国作家理查德·赖特（Richard Wright）的小说《土生子》（*Native Son*）栩栩如生地描绘了种族与老鼠之间的认知关联。小说开篇讲述比格·托马斯（Bigger Thomas）一家人生活在芝加哥贫民窟的一居室公寓里，一只硕大的老鼠威胁着他们。母亲一边命令儿子比格杀死老鼠，一边对女儿尖叫："别让那东西咬着你！"老鼠攻击儿子未果，怕得肚子直抖。比格往前走了一步，老鼠发出又长又细的反抗声，珠子似的眼睛发着光，小小的前爪不安地刨着空气。最后，比格用铁煎锅拍死了老鼠，但是母亲依旧很生儿子的气。她哭着说："你要是有点儿男人样，我们也不用住在这个垃圾场了。"38

赖特用老鼠来表现人物角色的生活。他们生活在拥挤可怕的环境中，老鼠长得硕大。比格和兄弟用"肃然起敬的口吻"谈论老鼠："哎呀，它可真是个大混蛋。""这个狗娘养的能咬断你的喉咙。""足有一英尺[1]多长呢。""它们怎么能长得这么大？""吃垃圾，弄到什么吃什么。"在某种意义上，比格和大老鼠别无二致：为了微小的空间拼死争斗，恐吓别人。比格拎着死老鼠"晃来晃去，钟摆似的来回摇动，享受着姐姐的恐惧"。现在他成了老鼠，他会杀人，这样一来，他找到了自己内在的力量。虽然他将要临刑，却对律师说："我杀人一定有很好的理由！杀人总是有原因的……我不知道自己还活在世上，直到我觉得有些事情很难，值得为它杀人。"39在小说的前面部

[1] 1 英尺约等于 30.4 厘米。

分，律师提醒道，比格之流，包括白人和黑人，都是贫穷和压迫的产物，他们“构成了我们以为的文明基石的流沙。谁知道什么时候，轻微的震颤就会打破社会秩序与雄心抱负之间的微妙平衡，让城市的摩天大楼轰然倒塌呢？”[40]赖特表达的意思是，社会必须改变，否则文明就要灭亡——人类社会的高楼大厦的地基可能遭到来自底层（居住着人和老鼠）的啃咬和破坏。

所以，人们对老鼠的恐惧在流行文化中风行一时是可以理解的。在漫威公司1954年的漫画《寒战之室》（*The Chamber of Chills*）中，成群结队的老鼠在下水道里威逼一个无助的女人，一个勇敢的男人挺身而出。连封面都似乎发出声嘶力竭的叫嚷：“有史以来最迷人的惊悚故事之一！死在漫长黑暗的隧道里！”[41]这部漫画充分利用了人们对自然界失控的恐惧，也许因为原子弹已经把自然界破坏。电影《哥斯拉》（*Godzilla*，一只巨大的恐龙）和《它们》（*Them*，巨蚁）都在1954年上映。此外，还有一部电影《狼蛛》（*Tarantula!*，巨虫，1955）。它们以相同的妄想症为素材灵感。1961年一本平装图书中的一幅插图明确地把核毁灭的恐怖与老鼠挂钩。一只老鼠试图扯掉女人身上所剩无几的衣服，其他老鼠在啃食她的身体（见图30）。

就连在1954年的迪士尼动画片《小姐与流浪汉》（*Lady and the Tramp*）这样温情的电影中，身为中产阶级的吉姆夫妇的婴儿也差点遭到丑恶老鼠的攻击，流浪狗及时出手相救，流浪狗显然知道该怎么应对下层阶级的威胁。老鼠越过野蛮与文明空间的边界，是野蛮的入侵者。

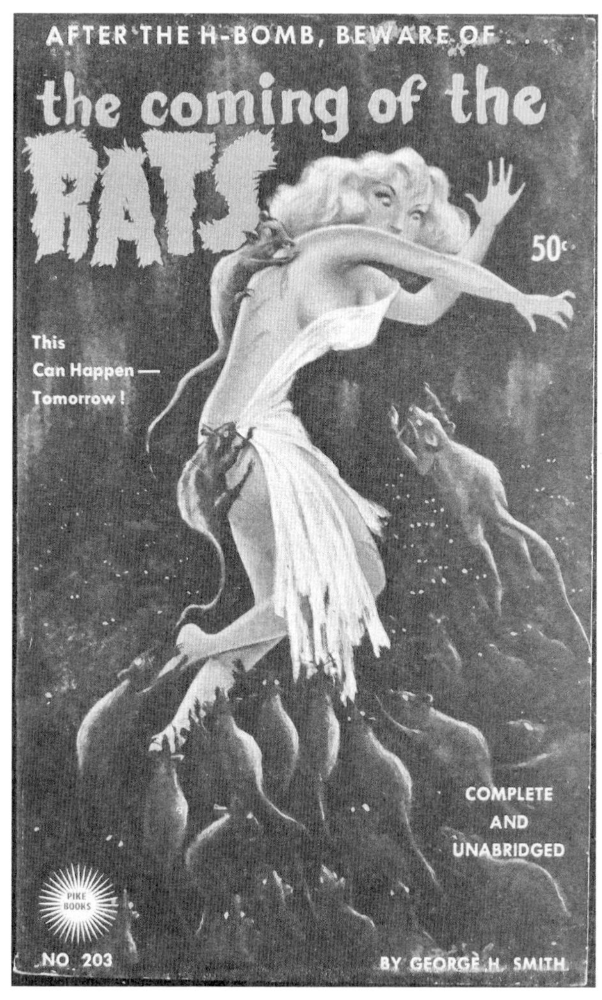

图 30　乔治·H. 史密斯（George H. Smith）的《老鼠来临》（*The Coming of the Rats*）封面（Pike Books, 1961）。插图由阿尔伯特·A. 纽泽尔（Albert A. Neutzel）绘制，查尔斯·纽泽尔（Charles Nuetzel）提供

老鼠把流行文化中的种族和阶级意味带到了纪实和虚构文学中。1960 年，美国记者约瑟夫·米切尔（Joseph Mitchell）发表了题为《海滨的老鼠》（The Rats on the Waterfront）一文。他解释说："纽约的老鼠比农场的老鼠更机智敏捷，它们能骗过没有研究过老鼠习性的人。它们沿着建筑物的影线或者像阴沟里的幽灵（spook）般悄悄潜行，东张西望，嗅来嗅去，抖动身体，时刻对周围发生的一切保持警觉。"[42]

20 世纪 60 年代，"spook" 可能与它现在表示的意思一致——鬼魂或幽灵——但是在《牛津英语词典》提供的定义中，它也是"对黑人的贬称"。[43]

即使北卡罗来纳州的米切尔没有刻意把老鼠和非裔美国人混为一谈，还是会有部分读者能够领悟其中的言外之意。米切尔笔下的老鼠潜伏在黑暗处和排水沟里。它们是人类空间的越界入侵者。但是住在这些地方的人，例如哈莱姆区的 118 街、公园大道、第八大道之间，可以利用与鼠类朝夕相处为自己谋利。罗伯特·沙利文（Robert Sullivan）[1] 在研究纽约老鼠的著作中讲述了哈莱姆区活动家杰西·格雷（Jesse Gray）的故事。格雷从 20 世纪 60 年代初开始组织拒交房租活动，抗议廉租公寓里生活条件太差，敦促居民"带着老鼠上法庭"，甚至可以带着老鼠到市政厅。对格雷和与他同命相连的市民来说，在与贫民窟地主的抗争中，老鼠成为其盟友。格雷宣称："如今房客就

[1] 美国作家。

像老鼠……老鼠感觉到了自己的力量，就光天化日跑出来坐在那里。一旦房客意识到老鼠的力量，它们就不再跑开，也不再害怕了。”[44]

在某次拒付房租活动中，这个群体团结起来，利用当权者的冷漠使对方自食其果。受压迫者以老鼠的本质力量为武器，激起人们的恐惧和厌恶。但也许这是一场没有露出锋芒的胜利。

在近期对巴尔的摩老鼠数量的研究中，一名 NDA 研究人员在东巴尔的摩附近发现了好几窝老鼠，约翰·霍普金斯大学坐落在这里，卡尔霍恩和里希特曾在这里工作。[45] 这个街区在颓败数十年后，已经成为重新开发的目标，但是没有人告诉不愿离开家园的老鼠——老鼠就像有些人一样不喜欢变化。社会活动家格伦·罗斯（Glenn Ross）认为，东巴尔的摩贫民窟的出现是城市官员和约翰·霍普金斯大学的长期计划，他们想买下这里并拆除废弃的房屋，取代非裔美国人，创造一种“都市文艺复兴”。罗斯逆转了老鼠与非裔美国人的关系。他说，他成为社会活动家是因为见到了一只老鼠，可是“现在几年过去了，我在和两条腿的老鼠打交道”。[46]

巴尔的摩另一个作家也遭遇了该市的老鼠问题。凯伦·豪普特（Karen Houppert）最近搬到这座“魅力之都”（Charm City，巴尔的摩自称），在约翰·霍普金斯大学教书。她观察到马路上一只已经腐烂的死老鼠，邻居们普遍对此漠不关心。她试着大致掌握有关老鼠的情况，发现这座城市只在努力诱惑企业和雅皮士[1]入住时才肯正视这个问题。“我们要想继续发展这座城市，”市议会的决议写道，“吸引新居民，鼓励公民在居住地投资，那么当务之急是保持警惕，控制老鼠的数量。”她得出了自己的结论，幽默地对老鼠在政府行动中的作用表示认可：

> 我把这归因于族群膨胀——老鼠，而不是人类。我的理论是：老鼠聚居地变得拥挤，当一个老鼠国家觊觎邻国的地盘时，就会爆发领土争端，直至爆发世界大战。几个月后，老鼠战士一瘸一拐地回到家，疯狂地繁殖。幼崽潮入场了。市政府的官员突然质问——大约每隔 8 年一次——这些不守规矩的老鼠是从哪里来的，应该采取什么措施。[47]

老鼠国家之间的世界大战——似乎是负责虫害防治的美国国务院副部长的职责，至少是冲突解决部门的职责所在。在华盛顿特区“一些城市人口最密集的区域，时髦的酒吧和餐馆激增，投诉量以惊人的速度增加”。2013 年至 2017 年间，哥伦比亚高地（Columbia Heights）的投诉量增加了 449%，国会山的投诉量增加了 430%。另一个临近地区的活动家马克·埃克韦勒（Mark Eckerwiler）宣称，这是一场“永恒的战争”。[48]

类似的令人不安的数字也出现在其他城市。美国老鼠专

---

[1] 指代年轻有为受过高等教育的人。

家鲍比·科里根（Bobby Corrigan）认为，全球变暖刺激老鼠的出现率大幅上升，新闻报道对此总是采用战场的比喻。罗伯特·沙利文形容老鼠和人类正在进行“一场无休止的野蛮战争”，其措辞与17世纪哲学家托马斯·霍布斯的言论遥相呼应。霍布斯认为，处于自然状态的人类在进行一场所有人对所有人的战争，人类的生活“孤独、贫穷、肮脏、野蛮、短暂”——还可能有老鼠出没。[49]

霍布斯认为，结束自然状态下这场战争的唯一办法是建立全能的国家。可是，这些国家在彼此关联中再现了所有人对所有人的战争。有害而聪明的另类，老鼠的形象很容易转变成另类的他者，一个一心想要毁灭社会的代理人。在美国麦卡锡时代，一个追捕共产党的参议员问道：“射杀老鼠时何必操心公平与否呢？”[50]当时的副总统、未来的总统理查德·尼克松（Richard Nixon）对此表示同意。他在1954年的一次演讲中慷慨陈词：

> 现在，我想听众当中有些人会说：“嗯，跟一帮叛徒打交道，何必叽里呱啦地要求公平？”事实上，我听人们说，他们是一群老鼠。我们应该做的是出去射杀他们。嗯，我同意，他们是一群老鼠，但是请记住，出去打老鼠的时候，必须射得准，因为如果疯狂地开枪扫射，不仅意味着老鼠很容易逃跑，而且它们还能够轻松地对付我们。[51]

这段令人费解的发言或许无法澄清尼克松对麦卡锡的感觉，却的确表明了他对老鼠和共产主义者的感觉。就像意识形态中的种族问题，这里的信息始终很清晰：消灭可能威胁自己生活方式的他者。

加拿大也把让人害怕的外来者视为害虫。在阿尔伯塔省，老鼠开始出现在地方宣传中。20 世纪 30 年代主宰地方政府的社会信用党（Social Credit Party）领袖 C. H. 道格拉斯（C. H. Douglas）重新刊印了《锡安长老会纪要》(*The Protocols of the Elders of Zion*)。这份虚构的文件记载了犹太人接管世界的计划。他把犹太人叫作“寄生虫”，附和了法西斯分子的叫嚣。到了 20 世纪 40 年代，该党的一份文件宣称：“过去一年（1946 年）的事件进一步证明，一个预先构想过的犹太人要统治世界的计划在迅速演进，其粗略框架一目了然，即将到来的局面让此前许多半信半疑的人大为震惊。”[52]“像老鼠一样，犹太人悄悄潜入，威胁要夺取政权。”

20 世纪 50 年代，阿尔伯塔省的政治文化拥护一项把挪威鼠挡在省外的计划。阿尔伯塔省发现石油及省内卡尔加里（Calgary）和埃德蒙顿（Edmonton）两地相应发展，威胁了阿尔伯塔省传统的农业文化。阿尔伯塔省把易受攻击的原因归结到鼠类入侵上。艺术史家莲恩・麦克塔维什（Lianne McTavish）指出，在阿尔伯塔农业部（Albertan Department of Agriculture）制作的海报上，老鼠代表的远远不只是鼠害防治，它们还强化了阿尔伯塔人的自我认知，即他们特别干净，困扰其他加拿大人的疾病在阿尔伯塔不存在。[53]的确，其中一张海报画着龇着牙齿的老鼠，让人想起害虫与异类相关的威慑力。它宣告："不能忽视老鼠，它危害健康；携带细菌——家庭；破坏财产——工业；扩散垃圾。杀灭它！让阿尔伯塔省不再有老鼠。"[54]

流行文化在插图中描绘饥饿的老鼠，在电影中刻画可怖的核变异动物，这场灭鼠运动几乎与之同时而来。老鼠和人类妄想症同行。

老鼠威胁要摧毁阿尔伯塔人的家园、健康、商业和他们正直的本性。实际的威胁融入反对僭越、保持纯洁的比喻说法，要捍卫阿尔伯塔人的美德。向老鼠示弱不啻叛国，因为在面对外来入侵者时，本地文明岌岌可危。这场运动要求集体和个人都要警惕来自边境的威胁——全体人民的健康和自由面临风险。[55]

阿尔伯塔省 1975 年发布的另一份海报让人想起 19 世纪末的种族主义说辞。海报上的文字似乎在大声叫嚷："只有死老鼠是好老鼠。"[56] 1888 年，在白人攻打大平原印第安人（Plains Indians）的一场战役中，据说菲利普·谢里登将军（Gen. Philip Sheridan）宣称："只有死去的印第安人是好印第安人。"这种情感日后得到了西奥多·罗斯福（Theodore Roosevelt）的响应。以白人为主的阿尔伯塔居民会理解老鼠与第一民族（First Nation）之间的关联。

老鼠也和囚犯联系起来。数十年来，神经科学家研究表明，与过度拥挤相反，单独监禁的囚犯会承受大脑和精神衰退的痛苦。密歇根大学神经科学家胡达·阿基尔（Huda Akil）论证道，事实上孤独“的确会导致大脑的某些区域萎缩，包括参与记忆、空间定向和情绪控制的海马体”。[57]匹兹堡大学的迈克尔·齐格蒙德（Michael Zigmond）说明，把老鼠关在局促而隔绝的独立空间里，它会变得紧张、好斗，甚至认不出其他老鼠。它的大脑也开始出问题，还更容易生病。[58]科学家认为，被关在局促且与外界隔绝的单人间中的人也具有类似的神经症状。这是一种创伤后应激障碍，包括分离性障碍并且具有攻击性。

时代的恐惧影响着科学研究和我们从老鼠身上吸取的教训。[59] 20 世纪中期，人们对过度拥挤和贫民窟人口增加的恐惧催生了把病态行为与种族相联系的研究。在向内聚焦的 21 世纪，近来一项关于老鼠社交隔离的研究得出结论，社交隔离可能致人患上精神分裂症。[60]

与精神分裂症相关的突出群体是无家可归者。他们从精神病院出来，在城镇的大街小巷漫无目的地游荡。他们是后现代时期的老鼠，吃垃圾，住桥墩，给城市的中产阶级化进程制造混乱。《旧金山纪事报》（*San Francisco Chronicle*）上最近一篇文章的标题称：“大便、针头、老鼠、收容所把旧金山社区推向外围。”[61]芝加哥城模仿灭鼠运动使用的标志，敦促人们瞄准“警告目标：流浪汉”，这分明是把无家可归的群体描述成老鼠侵扰（见图 31）。老鼠和无家可归者都龇着牙发出低吼，海报要让二者遭遇相同的下场：“从 2015 年 4 月 20 日起，本地区已经过勘测，在必要之处为无家可归者（即贫困的害虫）设置了诱饵。”

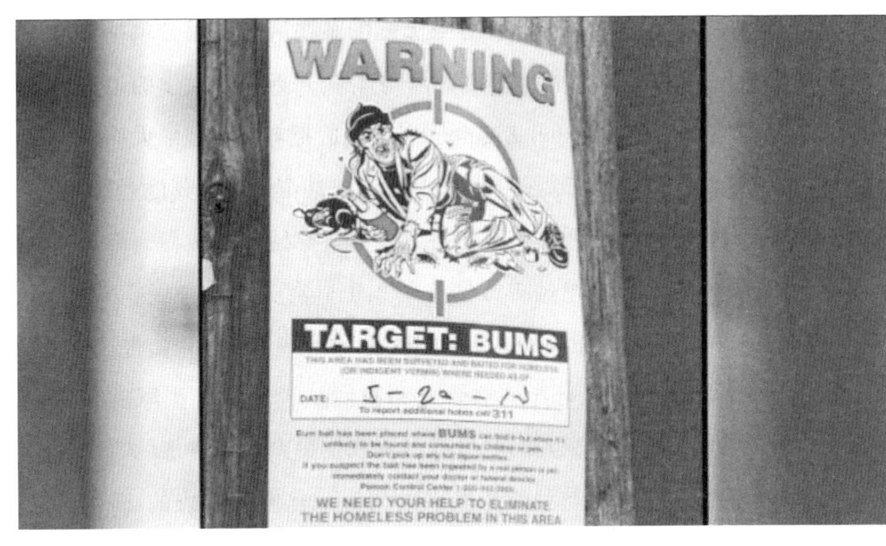

图 31 《警告目标：流浪汉》，芝加哥海报，2015 年 4 月 20 日。艾丽萨·豪瑟（Alisa Hauser）提供

伦敦也在无家可归者与老鼠之间建立了类似的对等关系，只不过在英国人阴冷的幻想中，无家可归者在吃老鼠，而不是被认同为老鼠。《卫报》报道称，无法领取福利的波兰工人在吃烤老鼠，喝消毒洗手液。[62] 根据这些叙述，他们想必饱餐了一番，因为有些老鼠足有两英尺长。这座城市做出回应：他们在毒死老鼠而不是毒死移民，不过，政府也在寻求另一种解决方案：给老鼠绝育，这个项目由爱丁堡大学的科学家们负责。[63] 鉴于老鼠的繁殖倾向，他们会不会发现这个方案比灭鼠更人道，这还有待商榷。

巴黎也饱受老鼠肆虐之苦，老鼠在包括埃菲尔铁塔在内的许多旅游景点泛滥成灾。人们众口一词，鼠害由外来者引入。一些巴黎人指责欧盟及其推出的要求诱捕而不是毒杀老鼠的规定。还有人认为，老鼠增多是全球变暖使塞纳河水位上升导致的。[64] 2016 年，该市发起了一项投毒灭鼠运动。与之相应的，爱鼠人士向市政府递交了一份由 2.6 万人签名的请愿书，抗议这项政策，并敦促政府实施老鼠节育。一名法国作家坚持这项主张："它是未来的宠物，适合小公寓。"[65]

老鼠活动家克劳丁·杜佩雷（Claudine Duperret）领导着名为"靠近老鼠"（Rat-Prochement）的组织，接收无家可归的老鼠，她扭曲了老鼠与无家可归者之间的关系。她声称，她这里的老鼠有些是科学实验室的难民，有些可能是被遗弃的宠物，早先由皮克斯出品的电影《料理鼠王》的粉丝豢养。[66] 这部电影肯定是亲近老鼠的——它的主角雷米是一只嗅觉灵敏的老鼠，它渴望成为一名厨师。它父亲指责它“像人类一样思考”，不像老鼠那样“照管自己的同类”，守护自己的家园。电影结束时，老鼠和一些人类伙伴共同开了家餐馆，隐藏在巴黎捕鼠人的视线之外。

艺术和文学作品用老鼠的象征意义来表达政府官员和资本家盟友压迫弱势群体的情绪，启发了人称班克斯（Banksy）的神秘涂鸦艺术家生机勃勃的创作。这幅壁画上，一只老鼠扎着迪士尼角色米妮老鼠的蝴蝶结，蹲在刻有传奇的“Mai 1968”（1968 年 5 月）字样的墙边，“8”字横过来压在老鼠头上（见图 32）。1968 年 5 月巴黎爆发了反政府抗议活动。班克斯经常把受压迫者画成老鼠，这只老鼠在奋起反抗压在头上的企业标志——它代表着压迫的源头。班克斯解释了自己为什么使用老鼠：“当你觉得自己肮脏、渺小，不被关爱时，老鼠是个很好的榜样。它们自顾自存在，不尊重社会等级，每天做爱 50 次。”[67]

文学鼠和宠物鼠

连以儿童为目标读者的文学作品也利用了老鼠的比喻效果。比阿特丽克丝·波特（Beatrix Potter）[1]酷爱老鼠。她把自己的著作《大胡子塞缪尔的故事》（*The Tale of Samuel Whiskers or The Roly Poly Pud-ding*）献给她不久前死去的宠物鼠：

[1] 英国儿童读物作家，代表作有《彼得兔》。

图 32　班克斯，《巴黎起义五十周年纪念》（*Fifty Years since the Uprising in Paris*），2018 年。由班克斯提供

为了纪念

“萨米”，

受迫害（但镇压不了的）种族一位聪明的粉红眼睛的代表

深情的小朋友

本领高强的窃贼[68]

在罗伯特·C. 奥布赖恩创作的另一个儿童故事《尼姆的老鼠》中，费里斯比夫人（Mrs. Frisby）是一位鼠妈妈，她向聪明绝顶的老鼠们求助，求它们帮忙治好自己生病的儿子，并帮她找到一处远离人类威胁的家园。老鼠们逃出舒尔茨博士的实验室。在实验室里，它们被分别装在一个摞一个的盒子里，贴上标签被当作实验品，被注射些让它们变得机敏过人的化学物质。不管故事的创作者是否有意为之，这套流程都与约瑟夫·门格尔博士（Dr. Josef Mengele）[1]在奥斯威辛－比克瑙（Auschwitz-Birkenau）的实验遥相呼应。在这本书的结尾，舒尔茨博士计划用氰化物杀死逃跑的囚犯：“他们开着一辆杀虫卡车来了——我想装的是氰化物气体。”居住地的农民解释道。[69] 氰化物齐克隆 B 是纳粹用来实施种族灭绝的气体。老鼠和犹太人再次重合。令人欣喜的是，奥布赖恩笔下的老鼠们逃跑了，经过一系列冒

[1] 德国纳粹集中营中的恐怖“医师”，他在那里展开了惨绝人寰的人体实验。

险，它们启程前往遥远的山谷，在那里能够不靠偷盗生活，这是一项目标是储存物品并探索其他地区的复杂计划。

在特里·普拉切特（Terry Pratchett）[1]获得卡耐基奖章的小说《莫里斯和他的老鼠朋友们》（*The Amazing Maurice and His Educated Rodents*，2001）中，想要不靠偷窃生活也是老鼠们的渴望之一。"隐形大学"是一所向巫师传授魔法的学校，这些老鼠无意间吃了学校后面的垃圾，变得既聪明又有自知之明。它们由一只名叫莫里斯（Maurice）的猫领导，莫里斯吃了一只受过教育的老鼠，自己也发生了类似转变。莫里斯在类似"吹笛手"的骗局中利用老鼠欺骗市民，让他们以为自己正饱受老鼠肆虐之苦。一只名叫桃子（Peaches）的雌鼠解释说，老鼠们不喜欢做这样的事，因为一只名叫"危险豆"（Dangerous Beans）的爱思考的小白鼠教它们懂得这件事"不合乎道德"。[70]"危险豆"和受过教育的老鼠伙伴们相信，人类和老鼠可以和睦相处，因为它们认为，童书《邦西夫人历险记》（*Mrs. Bunnsy Has an Adventure*）是人鼠互动的真实写照。很显然，这里暗指比阿特丽克丝·波特等作者的儿童文学作品，它们描绘了各种物种和谐相处的美好图景。莫里斯猫指出，人鼠关系的真实情况是持续战争的状态，特别是因为人类不像老鼠，他们喜欢发动战争。班克斯和托马斯·霍布斯会赞同这个观点。

普拉切特的这个故事几乎提到并质疑了人类对老鼠的所有

[1] 英国幻想小说家。

设想和处置方式。故事用老鼠群体的繁殖、偷窃、才智和群居性特点着重点明老鼠比人类高尚的主旨。但是，人类和老鼠似乎能够互帮互助，和平共处。那将是皆大欢喜的故事结局。作者写道："如果这是个故事，不是真实的生活，那么人类和老鼠就该握手言和，走向光明的新未来。不过既然是真实生活，就必须建立契约。"[71] 故事中结束所有人对所有人、人对老鼠的战争的唯一办法是制定制约双方关系的规则，让双方从此幸福地生活下去——至少让物种的本能受到法律的约束。

在 J. K. 罗琳（J. K. Rowling）的《哈利·波特与阿兹卡班的囚徒》（*Harry Potter and the Prisoner of Azkaban*，1999）一书中，老鼠没有这样的幸福结局。把哈利的父母出卖给伏地魔的巫师一直以哈利的朋友罗恩·韦斯莱（Ron Weasley）的宠物老鼠"斑斑"（Scabbers）的身份躲在暗处。斑斑没有戴面具，不过图书和电影都保留了他鼠头鼠脑的相貌（影片中他从老鼠化身为人的场景让人过目不忘）："他的皮肤显得邋遢，酷似斑斑的皮色，尖鼻子和湿淋淋的小眼睛周围萦绕着老鼠的神色。"小天狼星布莱克（Sirius Black）说：他伪装成老鼠没有被识破，这件事"没什么可夸耀的"。布莱克揭露了真相，斑斑其实是莉莉和詹姆斯·波特夫妇以前的朋友。布莱克告诉哈利："这只害畜是害你失去父母的罪魁祸首。这个畏葸不前的脏东西希望面不改色地看着你也死去。你听到他说的话了。对他来说，他自己的臭皮囊比你们一家人重要。"[72]

罗琳描绘的老鼠般的角色集中体现了卑鄙小人和密探的负

面含义。他不惜背叛朋友为自己谋利，他的身体和灵魂都很肮脏。起初，罗恩和哈利以及他们的朋友赫敏不敢相信这件事是真的。他是一只宠物鼠，宠物不会叛变。

被罗恩·韦斯莱之类老鼠爱好者狎玩的老鼠叫作“花枝鼠”，它们可能是“女王的捕鼠人”——杰克·布莱克等老鼠猎人从老鼠坑里救出的不寻常的老鼠的后代。20 世纪早期，人类饲养老鼠作为宠物流行起来。现在，英国、美国和其他各地遍布花枝鼠社区，宠物主人聚在一起展示自己的老鼠，讨论心爱的宠物的特别之处。

很多儿童和成年人豢养宠物鼠，出于多种原因赞美、爱护它们。西雅图的护士劳里·萨拉芬（Lauri Serafin）列举了宠物鼠拥有的 10 种优良品质，包括：“老鼠各有各的性格。有害羞的、淘气的、爱冒险的、好奇的、自信的，还有重感情的。老鼠在社群中、在与看护人之间形成牢固的感情纽带。”她提醒道：“养一只孤独的老鼠是很残忍的，除非你能够抽出大量时间陪伴它。老鼠的确想跟你共度时光，还会配合你的时间调整自己的时间表。”[73] 善待动物组织 PETA 对此表示赞同，还列出了侍弄老鼠的十大理由，包括“它比你的奶奶可爱”“比你的大学室友干净”。[74]

比阿特丽克丝·波特会深表赞同。老鼠将继续在文学作品尤其是儿童文学作品中栖居。小白鼠和小读者一样，被视为是可爱的，它们应当被拥抱而不是被杀害。在当今多元文化世界中，连它们的褐鼠兄弟也在鼓舞孩子们。

最近有本书，一只心灵受伤的姜黄老鼠等着被人收养，盒子里的白鼠同伴说它“邋遢、发臭”。但是最终，它被选中了，新家里两只善良的白鼠给它时间去“适应环境，学会信任”。[75]在大卫·科威尔（David Covell）的著作《老鼠和蟑螂：一生挚友》（*Rat and Roach: Friends to the End*）中，老鼠和蟑螂共同生活在A大道下方，它们的习惯与尼尔·西蒙（Neil Simon）[1]笔下怪夫妇的习惯如出一辙。老鼠骂蟑螂是“牙签，驴脑袋，跳蚤！”蟑螂骂老鼠是“毛球，臭鱼，耗子”。[76]显然，在它们的世界里，最大的侮辱莫过于被骂是另一种害虫。故事结尾，它们学会了和谐相处，成了知己密友。据《出版人周刊》（*Publishers Weekly*）报道，这个绘本中的插图让人回忆起班克斯笔下的老鼠。

我们的道德规范在以儿童为对象的文学作品中安然无恙，但是在为年长的读者准备的故事中，主旨却有点矛盾。在T. 克拉格森·博伊尔（T. Coraghessan Boyle）的短篇小说《一千三百只老鼠》（*Thirteen Hundred Rats*）中，一个人爱上了他买来喂蛇和减轻孤独的白鼠，又买了数千只鼠来陪伴它。后来，它们吃掉了因肺炎死于公寓的主人。一个朋友惊奇地问：

> 他身上一定有些我们大家都不曾察觉的深刻缺陷——看在上帝的分儿上，他选择了养蛇当宠物，这种低等动物

---

[1] 美国编剧、演员、制片人。

属于一大群只能用害兽、害虫来形容的生物之列，它们是人类的敌人，应该被消灭而不是被饲养。还有一件事情我和妻子都无法理解：他怎么能让它们当中的某一只靠近自己，在他的爱抚下卧倒，跟他同吃同睡，呼吸同样的空气？[77]

我们又回到了奥威尔式的场景，老鼠吞噬人类的梦魇世界。

抛开老鼠在实验中的作用和它作为人类宠物的地位，人们一般是害怕老鼠的，它的身份本身似乎威胁着人类文明的神圣和理智。这种威胁往往具体表现为对那些与老鼠相关或者被认为活得像老鼠的人的态度，无论是日本人、市中心的非裔美国人、移民，还是无家可归的流浪汉，都在其列。连科学也在寻求真理的过程中反映时代的社会规范和种族主义，无论是种族主义影响下的他者带来的人口过剩的恐惧，还是对现代社会孤立状态的倦怠。老鼠尖锐地反映着我们的恐惧和我们对自己的映照。

结 语

害虫的力量

唐纳德·特朗普在推特上煞有介事地写道，民主党人“希望非法移民涌入并侵扰我国，不管他们可能多么糟糕”。他反其道而行之，要求 4 名最近当选的民主党女性有色人种议员“回到她们破碎不堪、犯罪猖獗的老家”。[1] 没有人忽略特朗普精心挑选的动词。“侵扰，”福克斯新闻频道的克里斯·华莱士（Chris Wallace）若有所思地说，“这听起来很像在描述害虫。”[2]

的确，“侵扰”是跟害虫搭配的主要动词。《大西洋月刊》（*The Atlantic*）的戴维·格拉汉姆（David Graham）写道：“它猛踩油门冲向移民非人化，把法制抛在一边，支持制造分裂：我们是人类，另一些不是人类。侵扰是什么？就是被害虫、鼠类、昆虫占领。这个词几乎只在这种语境下才会使用。怎么处理害虫？呃，当然是杀灭。”[3] 政客使用“侵扰”这个词——没有多少人使用——的意思不只是“填充空间”。侵扰人类的是害虫，害虫必须被消灭。

是什么在语言上或是过于频繁的行动上把人变成害虫？这个词的恶意使用有着漫长而令人痛苦的历史。害虫跨越边界侵入我们的身体、家园、国家。害虫这个词——包括昆虫和鼠类，是个致命的比喻，我们认为有些人对人类和文明构成威胁，就操弄这个词对付他们。我们用害虫来形容的那些人不仅肮脏，而且明显是邪恶的——他们的存在对社会的正常运转构成威胁。“害虫似的人群”名单很长，他们是移民、乞丐、苏格兰人、爱尔兰人、奴隶、非洲人、美洲原住民、桀骜不驯的妇女，还有所有被视为威胁现存秩序的人。

害虫让人恶心，而且道德败坏——对那些寻求将自己的正义性和优越感变成普遍标准的人来说，它们的存在具有独特的用处。在中世纪，人们接受害虫，认为它们代表上帝的力量，直到 19 世纪，有些博物学家仍秉持这种态度。但是 17 世纪晚期以后，害虫——以及害虫般的人——越来越惹人嫌恶，因为阶级和种族态度削弱了人们的神学信仰。[4] 现代世界诞生了，这个世界相信文明意味着清洁。

在现代时期的巴尔干战争期间，一名克罗地亚大使赞许地写道，一名塞尔维亚炮手正瞄准“疾行的蚂蚁，要把害虫从欧洲的脸庞上清除”。[5] 以色列一名拉比 [1] 敦促本国人对巴勒斯坦

[1] 犹太人中的一个阶层，代表智者。

人采取行动："我们该做的是进入害虫窝，干掉恐怖分子和杀人犯。害虫窝，是的，我说的是害虫，畜生。"[6]

害虫标签使非人化成为可能，非人化的下一步就是暴力。给他者贴上害虫标签的背后，分明是恐惧在作祟——担心受压制者会奋起推翻所谓正义之士。对昆虫和鼠类的恐惧变成了对它们所代表的人的恐惧。老鼠能够渗透到绅士化的社区，臭虫、虱子和跳蚤能够侵入人类脆弱的身体和其床褥，同样，害虫般的人能够公开或暗中破坏主流文化。英国某匿名告示下令："离开欧盟：拒绝波兰害虫"；田纳西州某个立法者听说西班牙裔的母亲在美国诞下的孩子有权享受医疗保健时评论道："嗯，我想，他们能放心大胆地像老鼠一样下崽子了。"[7] 2013 年，弗吉尼亚州总检察长、共和党州长提名人肯·库奇内利（Ken Cuccinelli）在华盛顿特区把移民政策比作特区的虫害控制——他谴责特区越境把老鼠投放到弗吉尼亚州，"所以，总之，这比我们的移民政策还糟。你拆不散老鼠家族，还有浣熊家族等，你甚至消灭不了它们，真是难以置信"。[8]

无须火眼金睛也能看到，害虫一词也用在女性主义者身上。反对者认为，女性主义者将颠覆女性在社会中的传统角色。其他害虫带来同样的危险——非裔美国人、西班牙裔和东欧人——他们蜂拥而至，不断繁殖，破坏合法秩序。[9] 这些群体必须受到管制、掌控和压迫，这种理念在世界各地构成了民粹主义和本土主义意识形态的基础。乱贴害虫标签的人在有意无意地重复着绵延数百年的主题：害虫般的人和根除他们的必要性。

有一点始终不变：臭虫、老鼠和害虫般的人在害怕它们的人的想象中巍然耸立。即使它们只存在于人类视野的边缘，它们也在人类的想象中无处不在——以比喻和真实生命的形式存在。害虫是个可怕的比喻，因为它们可能成为可怕的现实。过去，人们相信有虱病这回事——如今，他们认为孩子头发上的每块碎屑都是虱子。当一只小虫从书页上爬过时（昨天发生在我身上），臭虫仿佛已经爬到了你的床上。猫狗烦躁的抓挠在主人的脑海中敲响了害虫的警钟：是跳蚤吗，我该怎么办？

从约翰·索思豪尔在18世纪开始做生意的那一刻起，灭虫员就响应了这一召唤。他们成为众多寻求从害虫身上获利的资本家和殖民者中的第一批人。19世纪，博物学家和昆虫学家试图向害怕这些生物的民众表明，害虫能够对学科研究给予回报，与之相关的不实之词可以被排除，例如不同种族感染不同种类的虱子这一说法。到了20世纪，害虫的商品化催生了新型杀虫剂和灭鼠药，结果这些产品对人类的健康同样构成威胁——无论在集中营还是在儿童卧室——其毒性都不亚于人们以前使用的汞和硫。20世纪也见证了虫害消杀从私人事务演变为公共政策，无论是帮助在"一战"战壕里被虱子折磨的士兵，还是安抚比看到的更加拥挤的城市居民。

随着清洁成为道德要求，害虫般的人愈发遭到上流社会的排斥。只有穷人、外国人和流浪汉会染上虱子和跳蚤，只有他们住的地方有老鼠出没，这已经成为一种信念——一种令人安心的信念。于是，无论你是属于早期现代英国或北美新兴的资产阶级，还是生活在21世纪贵族化的城市社区，保护自己的身体或家园都是当务之急，因为人们随时可能受到伤害：不是收到学校下发的虱子通知，就是听到垃圾堆里传来老鼠的吱吱声。好人不染害虫。

不过，有些人自认为是干净整洁的好人，不会感染害虫，那么，当调转害虫的形象指向他们时，他们的自负就会遭到质疑。早在16世纪，人文主义者海因斯就看到了这种可能性，他跟着虱子在社会阶梯上穿梭，这个在诗歌和色情作品中使用的文学主题延续到了早期现代。讽刺作家乔纳森·斯威夫特在《格列佛游记》中夸张地再现了英国社会的政治面貌，昆虫和老鼠变成了武器。到了19世纪，漫画家和童话作家利用害虫发起了猛攻，科学家把昆虫用作构建种族结构的方式，企业家则利用跳蚤和老鼠从事娱乐活动。近年来，翻看任何一本杂志，几乎都能看到以害虫为具象的指向如房地产市场等的漫画。

近来的漫画，尤其是昆虫世界中传统的搞笑角色跳蚤，刻画了逗人喜爱的害虫形象，如图33。针对儿童读者的同情文学把白鼠作为主角，尤其反映了当今时代人类对自然界的同情。善待动物组织PETA呼吁人们善待老鼠，认为“老鼠喜欢呵痒，会发出好像笑声的吱吱声”。PETA也支持虫豸的权利：“动物都具有感觉，享有免受无妄之苦的权利——无论它们被公认是‘有害’的还是‘丑陋’的。”[10]

今天，后现代情感已然重塑了许多生物的形象。过去被视为可怕的害虫，如今显得高贵雄伟，甚至作为濒危物种受到广

"If this is too small I also have a nice German shepherd that just came on the market."

"如果这只太小，我还有一只刚刚上市的德国牧羊犬。"

图 33　狗的漫画 #3133，马克·安德森（Mark Anderson）版权所有。画家本人提供

泛的保护和食物供给。或许人们对害虫宽容和同情的态度正在形成，尤其是在世界似乎面临气候变化的威胁时。美国《探索杂志》（*Discover Magazine*）最近刊载的一篇论述昆虫种群减少的文章发出警告称："越来越多的研究结果和随后大量危言耸听的媒体报道表明，昆虫作为地球上最丰富多样的物种，正面临史诗级的危机。一些科学家说，如果放任不管，近年来的种群减少终有一天会发展到昆虫从世界上消失的地步。"[11]

也许我们无须对臭虫和虱子太过担心，它们已经找到了规避生存威胁的进化方式，也无须担心老鼠，它们甚至能够在核攻击中存活下来。无论它们命运如何，"害虫"很可能作为谴责他人的语言而持久存在，尤其是用于当权者鄙视或害怕的人。害虫刺穿我们的皮肤，攻击我们的家园，它们被人塑造出丰富的形象，可以被一部分人用来抨击其他民族、文化或社会。要想确定特定时期哪个群体、哪些个体被视为"文明社会"最大的威胁，我们只需简单地追踪害虫标签的轨迹即可。臭虫、虱子、跳蚤和老鼠对人类拥有超常的力量，远远超过了它们对我们的健康或家园的真实威胁。我们从动物的角度思考问题——常常造成可怕的后果——动物让我们想到最坏的情况。

注 释

绪论 历史上的害虫

1. Hans Zinsser, *Rats, Lice and History*（New York: Little, Brown, 1935; repr. New York: Black Dog and Leventhal Publishing, 1963）, 9.

2. 我在这本书中聚焦于大不列颠和北美洲。相同的主题在偏欧洲语境下有很多讨论，特别是强调害虫在法国文化中的作用：Frank Collard and Évelyne Samama, eds., *Poux, Puces, Punaises: La Vermine de l'Homme, Découverte, descriptions et traitements, An- tiquité, Moyen Âge, Époque moderne*（Paris: L'Harmattan, 2015）. 编辑们在绪言中写道："动物的历史在很大程度上揭示了人类的历史。没有理由以承认虱子、跳蚤和臭虫比人类卑下和渺小为借口，把它们留在阴影里。（7）"

3. 现在，历史学家和哲学家为了把历史划分为不同年代的方法争论不休，特别是在讨论全球文化时，但是本书会继续采用欧洲史的传统史学年代：古代，时间之初到约476年西罗马帝国灭亡前后；中世纪，500—1400年；文艺复兴时期，约1400—1600年；早期现代，1500—1800年；现代，1800年至今。关于历史和年代划分的有趣讨论，参见：Chris Lorenz, "'The Times They Are a-Changing': On Time, Space and Periodization in History," in *The Palgrave*

Handbook of Research in Historical Culture and Education, ed. Mario Garretero, Stefan Berger, and Maria Grever (London: Palgrave Macmillan, 2017) , 109–131.

4. 细菌理论造成心理影响的故事，参见：Nancy Tomes, *The Gospel of Germs: Men, Women, and the Microbe in American Life* (Cambridge, MA: Harvard University Press, 1998) .

5. 对厌恶情绪的具有启发性的全面分析，参见：William Ian Miller, *The Anatomy of Disgust* (Cambridge, MA: Harvard University Press, 1997) . 米勒还解构了保罗・罗津（Paul Rozin）的心理学著作，尤其是后者探讨食物和厌恶情绪的许多著作。罗津对厌恶情绪的分析，参见：Paul Rozin and April E. Fallon, "A Perspective on Disgust," *Psychological Review* 94 (1987) : 23–41.

6. 对害虫形形色色的定义，参见：Lucinda Cole, *Imperfect Creatures: Vermin, Literature, and the Sciences of Life, 1600–1740* (Ann Arbor: University of Michigan Press, 2016) , 1; Mary E. Fissell, "Imagining Vermin in Early Modern England," in *The Animal/Human Boundary: Historical Perspectives*, ed. Angela N. H. Creager and William Chester Jordan (Rochester, NY: University of Rochester Press, 2002) , 77–114; Karen Raber, *Animal Bodies, Renaissance Culture* (Philadelphia: University of Pennsylvania Press, 2013) , 103–125; Harriet Ritvo, *The Animal Estate: The English and Other Creatures in the Victorian Age* (Cambridge, MA: Harvard University Press, 1987) , 1–42; Carol Kaesuk Yoon, *Naming Nature: The Clash between Instinct and Science* (New York: W. W. Norton, 2009) , 3–22.

7. *The Experienced Vermine-Killer*, in A. S. Gent, *The Husbandman, Farmer and Grasier's Compleat Instructor* (London, 1697) , 142.

8. William Robertson, *Ayrshire, Its History and Historic Families* (1908) , 2:103, Digitizing Sponsor: National Library of Scotland.

9. 关于皮肤在文化中的作用，参见：Katharine Young, "Introduction," in *Bodylore*, ed. Katharine Young (Knoxville: University of Tennessee Press, 1993) , xviii.

10. Margaret Shildrick, *Embodying the Monster: Encounters with the Vulnerable Self* (London: Sage, 2002) . 书中把脆弱性定义为"可能属于我们所有人的一种存在状态，但仍然是一种负面属性，即未能自我保护，让自己容易受到潜在的伤害"(1)。作者在讨论怪物以及它们对"规范的具体化的自我"构成的威胁，但她的分析完全可以运用到臭虫威胁身体的讨论上。

11. Thomas Swaine, *The Universal Directory for Taking Alive, or Destroying, Rats and Mice, by a Method Hitherto Unattempted, etc., etc.*（1783）, ii–iii.

12. Henry Mayhew, *London Labour and the London Poor*, 4 vols.（London: Griffin, Bohn, 1861; repr., Dover, 1968）, 3:37–38.

13. 早期现代认为吉卜赛人是起源于南欧或波希米亚的群体；一些作家认为他们的特征在于深色或黄色皮肤。对他们的看法多为负面。《牛津英语词典》早先对“吉卜赛”的定义是“拥有吉卜赛人的典型品质或特征的人；以不名誉、不道德或欺骗的方式行事的人（过时）”。到了 20 世纪，定义中添加了对吉卜赛人的种族化理解，用来给纳粹的灭绝行动找借口。

14. 虽然已经过时，但是最早对行为得体的研究分析始于：Norbert Elias, *The Civilizing Process*, vol. 1, *The History of Manners*, trans. Edmund Jephcott（New York: Pantheon Books, 1978）; *ü ber den Prozess der Zivilisation*（Zurich: Haus zum Falken, 1939）. 最近在种族和性别话语的背景下分析身体与清洁的探讨，参见：Kathleen A. Brown, *Foul Bodies: Cleanliness in Early America*（New Haven, CT: Yale University Press, 2009）. 又见：Edward Muir, *Ritual in Early Modern Europe*（Cam- bridge: Cambridge University Press, 2005）, 125–154. 关于 18 世纪为身体感到不自在的论述，参见：Carol Houlihan Flynn, *The Body in Swift and Defoe*（Cambridge: Cambridge University Press, 1990）.

15. 根据 17 世纪和 18 世纪认为对感官有害的事物的分析，人们对清洁的态度发生了变化，参见：Emily Cockayne, *Filth, Noise, and Stench in England, 1600–1770*（New Haven, CT: Yale University Press, 2007）.

16. Steven Johnson, *The Ghost Map: The Story of London's Most Terrifying Epidemic— And How It Changed Science, Cities, and the Modern World*（London: Riverhead Books, 2006）. 书中描述了建筑师约翰·纳什（John Nash）在 19 世纪把摄政街设计成“某种隔离富裕的梅菲尔区与日益壮大的苏荷工人阶级社区的警戒线”（20）。

17. “Duke Street Area: Duke Street, West Side,” in *Survey of London*, vol. 40, *The Grosvenor Estate in Mayfair, Part 2*（*The Buildings*）, ed. F. H. Sheppard（London: London City Council, 1980）, 91–92.

18. 关于气味的文化意义以及某些气味在上层阶级中日益引起厌恶，参见：Alain Corbin, *The Foul and the Fragrant: Odor and the French Social Imagination*（Cambridge, MA: Harvard University Press, 1986）, and Constance Classen, David

Howes, and Anthony Synnott, *Aroma: The Cultural History of Smell*（London: Routledge, 1994）. 他们评论道："气味之所以被边缘化，是因为凭借强烈的内在性、越界的倾向和情感力量，人们认为它威胁到抽象而非个人的现代性制度。"（5）

19. George Washington, *The Rules of Civility: The 110 Precepts That Guided Our First President in War and Peace*, ed. George Brookhiser（New York: Free Press, 1997）, 30.

20. Benjamin Martin, *The Young Gentleman and Lady's Philosophy in a Continued Survey of the Works of Nature*（London: W. Owen, 1782）, 3:61.

21. Mayhew, *London Labour and the London Poor*, 3:19.

22. "Who Is the Savage?," New Perspectives on the West, PBS Interactive, https:// www.pbs.org/weta/thewest/program/episodes/four/whois.htm.

23. "Against Insects," *Popular Mechanics* 81（1944）: 67.

24. Erin Steuter and Deborah Wills, *At War with Metaphor: Media, Propa- ganda, and Racism in the War on Terror*（Lanham, MD: Lexington Books, 2008）, 122.

25. Andrew Jacobs, "Just Try to Sleep Tight. The Bedbugs are Back," *New York Times*, November 27, 2005, Section 1, 1.

26. Toluse Olorunnipa, Daniel A. Fahrenthold, and Jonathan O'Connell, "Trump Has Awarded the Next Year's G-7 Summit of World Leaders to His Miami-Area Resort," *Washington Post*, October 17, 2019.

27. Lorraine Daston and Gregg Mitman, "Introduction," in *Thinking with Animals: New Perspectives on Anthropomorphism*, ed. Lorraine Daston and Gregg Mitman（New York: Columbia University Press）, 2.

28. Giovanni Boccaccio, *The Decameron of Giovanni Boccaccio*, ed. Henry Morley（London: Routledge, 1895）, 12.

01 那只恶心的毒虫

1. Samuel Pepys, *The Diary of Samuel Pepys*, 10 vols., ed. Robert Latham and Wil- liam Matthews（Berkeley: University of California Press, 1974）, April 23, 1662, 3:70;June 11, 1668, 9:231. 克莱克博士是查理二世的医生，英国皇家学会会员。

2. 关于近年来对身体的史学分析，参见：Roy Porter, “History of the Body,” in *New Perspectives on Historical Writing*, ed. Peter Burke（University Park: Pennsylvania State University Press, 1991）, 206–26; and Peter Burke, *What Is Cultural History?*, 2nd ed.（Cambridge: Polity, 2008）. 又见卡罗琳·沃克·拜纳姆对女性主义和后结构主义把身体作为话语建构加以分析的批判：“Why All the Fuss about the Body: A Medievalist’s Perspective,” *Critical Inquiry* 22（Autumn 1995）: 1–33.

3. Oliver Goldsmith, *An History of the Earth and Animated Nature*, 2nd ed., 8 vols.（London: J. Nourse, 1779）, 2:281–82. 这部作品初版于 1775 年。这段描述的另一个版本也出现在威廉·弗雷德里克·马丁身上：*A New Dictionary of Natural History; or Compleat Universal Display of Animate Nature*（London: Harrison, 1785）.

4. 关于现象学与身体，参见：Thomas J. Csordas, “Embodiment as a Paradigm for Anthropology,” *Ethos* 18（1990）: 5–47.

5. Bynum, “Why All the Fuss,” 3.

6. 关于身体作为文化构建，参见：Christopher Lawrence and Steven Shapin, eds., *Science Incarnate: Historical Embodiments of Natural Knowledge*（Chicago: University of Chicago Press, 1998）; and Roy Porter, “The History of the Body Reconsidered,” in *New Perspectives on Historical Writing*（London: Polity Press, 1991）, 233–260.

7. 17 世纪法国哲学家勒内·笛卡尔认为理性和身体截然不同，只有人类拥有灵魂或理性。早期现代人们受臭虫困扰，不会有很多人赞同他的观点。许多历史学家、哲学家和人类学家把笛卡尔的二元论视为身体、自然和灵魂相分离的起点。参见：Steven Shapin, “The Philosopher and the Chicken: On the Dietetics of Disembodied Knowledge,” in *Science Incarnate: Historical Embodiments of Natural Knowledge*, ed. Christopher Lawrence and Steven Shapin（Chicago: University of Chicago Press, 1998）, 21–49.

8. John Southall, *A Treatise of Buggs*（London: J. Roberts, 1730）, 2–3.

9. L. O. J. Boynton, “The Bed-Bug and the ‘Age of Elegance,’ ” *Furniture History* 1（1965）: 15–31, 16–17.

10. Thomas Muffet, *The Theater of Insects*, vol. 3 of *The History of Four-Footed Beasts Serpents and Insects*（London: Printed by E. C., 1658; repr., New York: Da Capo Press, 1967）, 3:1096–1097. 根据现代昆虫学家理查德·波拉克的说法，臭

虫闻起来像香菜，但是除非大范围弥散，通常察觉不到。他写道："味道确实存在于旁观者的鼻子里。"（2011 年 5 月 4 日，给作者的私人邮件）我要感谢波拉克教授在这个问题上的独到见解。古人也把臭虫的气味与香菜联系在一起，想必他们不像现代人那么讨厌香菜，参见：Michael F. Potter, "Bed Bug History," *American Entomologist* 57（2011）: 14–32.

11. John Ray, *Observations Topographical, Moral, & Physiological; Made in a Journey through Part of the Low-Countries, Germany, Italy, and France*（London: John Martyn, 1673）, 411.

12. "Bugbear," *Oxford English Dictionary Online*, accessed October 11, 2020.

13. 这里我遵循了文化历史学家罗伯特·达恩顿（Robert Darnton）的分析框架，他在著作 *The Great Cat Massacre and Other Episodes in French Cultural History*（New York: Vintage Books, 1984）中写道："当我们听不懂一个笑话，看不懂一套仪式，读不懂一首诗时，我们知道自己遇到了什么东西……我们也许能够破解一套陌生的意义体系。"（5）

14. J. R. Busvine, *Insects, Hygiene and History*（London: Athlone Press, 1976）, 30–34. 每位研究寄生昆虫的历史学家都必须向巴斯文致谢，他那部引人入胜的百科全书式著作是研究这一课题的起点。L. O. J. 博因顿的 "The Bed-Bug and the 'Age of Elegance' " 对床和臭虫的洞见也非常宝贵。近年两部著作探讨了有害昆虫的课题：J. F. M. Clark, *Bugs and the Victorians*（New Haven, CT: Yale University Press, 2009）; and Amy Stewart, *Wicked Bugs: The Louse That Conquered Napoleon's Army and Other Diabolical Insects*（Chapel Hill, NC: Algonquin Books, 2011）. 关于"臭虫"（bedbug）拼写的注释：18 世纪，臭虫通常被叫作"小虫"（bug），而不是臭虫。所以，在这个时期，只要提到"臭虫"，都是指 *Cimex lectularius*。

15. Goldsmith, *History of the Earth and Animated Nature*, 2:281.

16. George Adams, *Essays on the Microscope*（London: Robert Hindmarsh, 1787）, 698.

17. Louis Lémery, *A Treatise of All Sorts of Food, Both Animal and Vegetable; Also of Drinkables*（London, 1745）, 157.

18. Alain Corbin, *The Foul and the Fragrant: Odor and the French Social Imagination*（Cambridge, MA: Harvard University Press, 1986）, 1–8; and Constance Classen, David Howes and Anthony Synnott, *Aroma: The Cultural*

History of Smell(New York: Rout- ledge, 1994) , 51–66.

19. 关于虱子和跳蚤的故事，参见：Busvine, *Insects, Hygiene and History*, 76–79.

20. Thomas Tryon, *A Treatise of Cleaness in Meats and Drinks of the Preparation of Food*(London, 1682) , 7–8.

21. 安东尼・范・列文虎克和弗朗切斯科・雷迪（Francesco Redi）已经证明，到 1677 年，亚里士多德的昆虫自然生成说是错误的。

22. Mark Jenner, "The Politics of London Air: John Evelyn's *Fumifugium* and the Restoration," *Historical Journal* 38 (1995) : 536–551.

23. Thomas Tryon, *A Way to Health, Long Life and Happiness* (1691) , 440.

24. Peter Earle, *The Making of the English Middle Class: Business, Society and Family Life in London, 1660–1730* (Berkeley: University of California Press, 1989) , 13. 对构成这个阶级的群体的描述，参见该书第 3–16 页。

25. 关于对气味的敏感性日益增强，参见：Katherine Ashenburg, *The Dirt on Clean: An Unsanitized History* (New York: North Point Press, 2007) , 146; and Kathleen M. Brown, *Foul Bodies* (New Haven, CT: Yale University Press, 2009) , 243–246.

26. Edward Ward, *The History of the London Clubs, Part I*(London: J. Dutton, 1709) , 19.

27. *Tryon, Way to Health, 434.*

28. Richard Mead, *A Short Disclosure Concerning Pestilential Contagion, and the Methods Used to Prevent It*(London: Sam. Buckley, 1720) , 48. 弗吉尼亚・史密斯（Virginia Smith）讨论了米德等清洁的倡导者，见：*Clean: A History of Personal Hygiene and Purity*(Oxford: Oxford University Press, 2007) , 220–228.

29. *Read's Weekly Journal or British Gazetteer*, No.5074, August 16, 1760. 18 世纪的报纸引文都摘自：Seventeenth and Eighteenth Century Burney Newspapers Collection.

30. *London Chronicle*, No. 496, February 25, 1760 .

31. *St. James Evening Post*, No. 2862, October 9, 1733.

32. *Daily Courant*, No. 5356, June 7, 1733.

33. *Daily Gazetteer*, No. 298, June 10, 1736.

34. *Whitehall Evening Post or London Intelligence*, No. 503, May 13, 1749.

35. 论床与中产阶级，参见：Earle, *Making of the English Middle Class*, 291–293; Doreen Yarwood, *The English Home*（London: B. T. Batsford, 1979）, 116, 134; and Lawrence Wright, *Warm and Snug: The History of the Bed*（London: Routledge & Kegan Paul, 1962）.

36. William Cauty, *Natura, Philosophia, and Ars in Concordia. Or, Nature, Philosophy, and Art in Friendship*（London, 1772）, 82.

37. Tryon, *Way to Health*, 442–443.

38. Southall, *Treatise of Buggs*, 16–17.

39. Cauty, *Natura, Philosophia, and Ars in Concordia*, 79.

40. "Report from August 17, 1751," British National Archives Navy Board Records, Adm 106/1093/348. 科学家现在知道，这种刺激皮肤的状况其实是由癣疥虫引起的，不是臭虫。

41. *Royal London Evening Post*, No. 1618, March 28, 1738. 对于用《伦敦皇家晚邮报》进行政治宣传的讨论，可参见：G. A. Cranfield, "The 'London Evening Post,' 1727–1744: A Study in the Development of the Political Press," *Historical Journal* 6（1963）: 1:20–37.

42. Goldsmith, *History of the Earth and Animated Nature*, 282.

43. Martyn, *New Dictionary of Natural History*; Francis Fitzgerald, *The General Genteel Preceptor by Francis Fitzgerald*, 2nd ed.（London: C. Taylor, 1797）, 1.

44. Cauty, *Natura, Philosophia, and Ars in Concordia*, 84–85.

45. 引自：Anthony Burgess and Francis Haskell, *The Age of the Grand Tour*（New York: Crown, 1967）, 39.

46. *The Universal Family-Book: or, A Necessary and Profitable Companion for All Degrees of People of Either Sex*（1703）, 197–198.

47. Boyle Godfrey, *Miscellanea Vere Utile; or Miscellaneous Experiments and Observations on Various Subjects*（London, 1735?）, 134.

48. Noel Chomel, *Dictionaire* [sic] *Oeconomique: or the Family Dictionary. Containing the Most Experience'd Methods of Improving Estates and of Preserving Health*, trans. R. Bradley（1727）; Godfrey, *Miscellanea Vere Utile*, 131.

49. Chomel, *Dictionaire Oeconomique*.

50. Cauty, *Natura, Philosophia, and Ars in Concordia*, 81.

51. Eric H. Ash, ed., "Introduction," in "Expertise: Practical Knowledge and

the Early Modern State," ed. Eric H. Ash, special issue, *Osiris* 25（2010）. 书中对行家的定义是："'成为行家'需要掌握专门的实用而具有效力的知识，并非易事。"（5）阿什解释道，这是个"暂时"的定义，认为专业知识是社会构建的门类，取决于许多因素，包括社会地位和制度支持的合法化。

52. 关于骗术和医学，参见罗伊·波特（Roy Porter）的多部著作，尤其是：*Health for Sale: Quackery in England 1660–1850*（Manchester: Manchester University Press, 1989）。

53. *Daily Journal*, No. 4256, September 17, 1734.

54. *General Advertiser*, No. 5527, July 8, 1752.

55. *Public Ledger*, No. 387, October 7, 1761.

56. Cauty, *Natura, Philosophia, and Ars in Concordia*, iv.

57. *British Magazine and Review; or, Universal Miscellany*, vol. 3（1783）, 352–353.

58. Cauty, *Natura, Philosophia, and Ars in Concordia*, 84.

59. Patrick Browne, *The Civil and Natural History of Jamaica*（London, 1789）, 434.

60. John Southall, *Treatise of Buggs*, 2.

61. 关于新大陆对英国殖民者而言的危险和他们对皮肤恶化的相关执念，参见：Emily Senior, "'Perfectly Whole': Skin and Text in John Gabriel Stedman's *Narrative of a Five Years Expedition against the Revolted Negroes of Surinam*," *Eighteenth-Century Studies* 44, no. 1（2010）: 39–56.

62. *Lloyd's Evening Post*, July 15, 1768.

63. Southall, *Treatise of Buggs*, 14.

64. "非洲魔法师"这个词我借鉴了苏珊·斯科特·帕里什（Susan Scott Parrish）的著作：*American Curiosity: Cultures of Natural History in the British Colonial Atlantic World*（Chapel Hill: University of North Carolina Press, 2006）, 247.

65. Hans Sloane, *A Voyage to the Islands Madera, Barbados, Nieves, S. Christophers and Jamaica*, 2 vols.（1707）; John Woodward, *An Essay toward a Natural History of the Earth and Terrestrial Bodies, Especially Minerals, etc.*（London, 1695）; *Brief Instructions for Making Observations in All Parts of the World*（London, 1696）; and *An Attempt towards a Natural History of the Fossils of England*（1728, 1729）.

66. Journal Book Copy XIII (1726–31) , Archives of the Royal Society, London; Southall, *A Treatise of Buggs*, x–xi.

67. Southall, *Treatise of Buggs*, 2.

68. *London Daily Post*, March 15, 1740.

69. Southall, *Treatise of Buggs*, 22–23.

70. Southall, *Treatise of Buggs*, 24.

71. Southall, *Treatise of Buggs*, 25.

72. Southall, *Treatise of Buggs*, 27.

73. Southall, *Treatise of Buggs*, 31.

74. Southall, *Treatise of Buggs*, 29.

75. Southall, *Treatise of Buggs*, 38–39.

76. Southall, *Treatise of Buggs*, 39.

77. 他的遗嘱可以在 National Archives, London, J90/1049 找到。

78. J. Southall, *A Treatise on the Cimex Lectularius* (1793) , 43–46.

79. Busvine, *Insects, Hygiene and History*, 85.

80. *Public Advertiser*, September 3, 1763.

81. Samuel Sharp, *Letters from Italy, Describing the Customs and Manners of That Country, in the Years 1765 and 1766*, 2nd ed. (1767) , 239.

82. 论动物在文化建构中的用途与前笛卡尔时代和后笛卡尔时代对其意义理解的变化，参见：Erica Fudge, *Brutal Reasoning: Animals, Rationality, and Humanity in Early Modern England* (Ithaca, NY: Cornell University Press, 2006) , 175–193. 埃里卡・福德格强调动物在早期现代世界的能动性，以及它们在笛卡尔的机械论和压制动物的声音之前融入与人类结合的地步。对动物在前现代西方社会的经典叙述见于：Keith Thomas, *Man and the Natural World: A History of the Modern Sensibility* (New York: Pantheon Books, 1983) .

02　臭虫悄悄钻进现代社会

1. "Impact of Bed Bugs More Than Skin Deep," *Medscape*, May 16, 2011, https:// www.medscape.com/viewarticle/74277/.

2. 臭虫造成人心理受伤害的叙述数不胜数，包括一本以臭虫引起的恐惧为灵感的书：Brooke Borel, *Infested: How the Bed Bug Infiltrated Our Bedrooms and*

Took Over the World (Chicago: University of Chicago Press, 2015) . "Bed-Bug Madness: The Psychological Toll of the Blood Suckers, *The Atlantic*, October 16, 2014; "Teen Trying to Kill Bed Bug Causes $300,00 in Fire Damage in Cincinnati," *New York Post*, November 30, 2017.

3. "Six Facts You Didn't Know about Bed Bugs," Pest World.

4. William Quarles, "Dispersal a Consequence of Bed Bug Biology," *IPM Practitioner* (March/April 2010) : 32.

5. Jessica Goldstein, "An Army of Bedbugs Were Partying in My Bed," *Washington Post*, March 13, 2014.

6. William Bingley, *Animal Biography: Or Popular Zoology*, 4 vols. (London: F. C. and J. Rivington, 1820) , 3:70.

7. Jane Carlyle to Thomas Carlyle, September 13, 1852, quoted in Judith Flanders, *Inside the Victorian Home: A Portrait of Domestic Life in Victorian England* (New York: W. W. Norton, 2003) , 49.

8. 关于 1833 年成立伦敦昆虫学会，参见：J. F. M. Clark, *Bugs and the Victorians* (New Haven, CT: Yale University Press, 2009) , 10–11.

9. "Sixth Annual Fair of the American Institute of New York," in *Mechanics' Magazine and Journal of the Mechanical Institute* (New York: D. E. Minor, 1834) , 158.

10. 美国虫害消杀业的历史，参见：Robert Snetsinger, *The Ratcatcher's Child: The History of the Pest Control Industry* (Cleveland, OH: Franzak & Foster, 1983) .

11. Katherine Butler, "Scientists Discover New Weapon in Fight against Bedbugs," *Mother Nature Network*, September 9, 2010.

12. "Orkin Releases Top 50 Bed Bug Cities List," Orkin, January 8, 2018.

13. Marshall Sella, "Bedbugs in the Duvet," *New York Magazine*, May 2, 2010.

14. Donald McNeill, "They Crawl, They Bite, They Baffle Scientists," *New York Times*, August 30, 2010. 可以在纽约时报网站查阅所有已发表的有关臭虫的文章。又见：Borel, *Infested*; and JeffreyA. Lockwood, *The Infested Mind: Why Humans Fear, Loathe, and Love Insects* (Oxford: Oxford University Press, 2013) , 186–188.

15. 参见："Recognising Bed Bugs and Preventing Infestation," Gouvernment du Québec, June 15, 2018; and Benedict Moore-Bridger, "London Is Being Infested by Super Resistant Bed Bugs," *Evening Standard*, September 29, 2016.

16. Andrew Jacobs, "Just Try to Sleep Tight: The Bedbugs Are Back," *New York Times*, November 27, 2005.

17. Emily B. Hager, "What Spreads Faster than Bedbugs? Stigma," *New York Times,* August 20, 2010.

18. 昆虫学家近来似乎在讨论臭虫传播病原体引发锥虫病的可能性，这种疾病已经在南美洲造成数千人死亡。参见："Study Offers Further Evidence of Bed Bugs' Ability to Transmit Chagas Disease Pathogen," *Entomology Today*, January 30, 2018.

19. Jane E. Brody, "Keeping Those Bed Bugs from Biting," *New York Times*, April 13, 2009; Albert C. Yan, "Bedbugs, Scabies and Head Lice—Oh, My," American Academy of Dermatologists, March 4, 2010.

20. M. Jane Pritchard and Stephen W. Hwang, "Severe Anemia from Bedbugs," *Canadian Medical Association Journal* 18, no. 5 (2009) : 287–288.

21. Tess Russell, "Alone When the Bedbugs Bite," *New York Times*, November 11, 2010.

22. Amy Schumer, *The Girl with the Lower Back Tattoo* (New York: Simon and Schuster, 2017) , 245.

23. William Kirby and William Spence, *An Introduction to Entomology: Or Elements of the Natural History of Insects*, vol. 1, 5th ed. (London: Longman, Rees, Orme, Brown, and Green, 1828) , 107.

24. 关于柯比和神学在 19 世纪博物学家传统中的作用，参见：Clark, *Bugs and the Victorians*, 44–53, and Paul L. Farber, *Finding Order in Nature* (Baltimore: Johns Hopkins University Press, 2000) , 6–21.

25. Carl van Linné, *A General System of Nature, through the Three Grand Kingdoms of Animals, Vegetables, and Minerals*, vol. 2, trans. William Turton (1762–1835)(London: Lackington, Allen and Co.,1806) , 608.

26. John Mason Good, Olinthus Gregory, and Newton Bosworth, *Pantologia: A New Cabinet Cyclopaedia, Comprehending a Complete Series of Essays, Treatises, and Sermons* (Edinburgh: J. Walker, 1819) .

27. Thaddeus William Harris, "A Report on the Insects of Massachusetts, Injurious to Vegetation," Biodiversity Heritage Library.

28. Stephen A. Kells and Jeff Hahn, "Prevention and Control of Bed Bugs in

Homes," University of Minnesota Extension, last reviewed in 2018.

29. J. R. Busvine, *Insects, Hygiene and History* (London: Athlone Press, 1976) , 82–85.

30. Stephen L. Doggett, Dominic E. Dwyer, Pablo F. Peñas, and Richard C. Russell, "Bed Bugs: Clinical Relevance and Control Options," *Clinical Microbiology Review* 25, no. 1 (2012) : 164–192.

31. Busvine, *Insects, Hygiene and History*, 85.

32. Cara Buckley, "Doubts Rise on Bedbug-Sniffing Dogs," *New York Times*, November 11, 2010.

33. "BedBugs 101," AppAdvice.com.

34. Joshua B. Benoit, Seth A. Phillips, Travis J. Croxall, Brady Chrisensen, Jay A. Yoder, and David L. Denlinger, "Addition of Alarm Pheromone Components Improves the Effectiveness of Desiccant Dusts against *Cimex lectularius*," *Journal of Medical Entomology* 46, no. 3 (2009) : 572–579. See also Anders Aak, Espen Roligheten, Bjørn Arne Rukke, and Tone Birkemoe, "Desiccant Dust and the Use of CO_2 Gas as a Mobility Stimulant for Bed Bugs: A Potential Control Solution?," *Journal of Pest Science* 90, no. 1 (2017) : 249–259.

35. "Bed Bug Summits," US Environmental Protection Agency, last updated October 11, 2016.

36. First Annual National Bed Bug Summit, US Environmental Protection Agency, Arlington, VA, April 14–15, 2009; "EPA Co-Hosts National Bed Bug Summit to Address the Return of a Pest," *Science Matters Newsletter* (April 2011) ; and Federal Bed Bug Workgroup, *Collaborative Strategy on Bed Bugs* (Washington, DC: Environmental Protection Agency, February 2015) .

37. Henry Mayhew, *London Labour and the London Poor*, 4 vols. (London: Griffin, Bohn, 1861; repr., Dover, 1968) . 它由一系列报纸文章组成，详细描述了下层社会的几乎每个细节。

38. Mayhew, *London Labour and London Poor*, 3:38.

39. Mayhew, *London Labour and London Poor*, 3:37.

40. Mayhew, *London Labour and London Poor*, 3:39.

41. Mayhew, *London Labour and London Poor*, 3:37–38.

42. Clark, *Bugs and the Victorians*, 8, 12.

43. Beatrix Potter, March 14, 1883, Flanders, *Inside the Victorian Home*, 48. 为了对付臭虫，波特使用了基廷粉，这是一种在第一次世界大战期间仍然流行的杀虫剂。

44. John S. Farmer and W. E. Henley, eds., *Slang and Its Analogues: Past and Present. A Dictionary of the Heterodox of Society of All Classes of Society for More Than Three Hundred Years*, vol. 5 (London: Harrison and Sons, 1902) , 65; Richard Jones, "Norfolk Howard," Jack the Ripper Tour, accessed October 6, 2019.

45. Jane W. Carlyle to Thomas Carlyle, August 18, 1843, The Carlyle Letters Online, Center for Digital Humanities, University of South Carolina.

46. C. L. Marlett, "The Bedbug" (1916) , quoted in Michael Potter, "The History of Bed Bug Management," *American Entomologist* 57, no. 1 (2011) : 14–25.

47. 参见 1913 年向西部灭虫公司（Western Exterminator Company）征收的罚款：US Department of Agriculture, "Notice of Insecticide Act Judgment No. 53," Hathi Trust Digital Library, accessed October 7, 2019.

48. C. Killick Millard, "Presidential Address on an Unsavory but Important Feature of the Slum Problem (1932) ," quoted in Potter, "History of Bed Bug Management," 16.

49. Busvine, *Insects, Hygiene and History*, 63.

50. Medical Research Council, *Report of the Committee on Bed-Bug Infestation 1935–1940* (London: His Majesty's Stationary Office, 1942) , 5, 37.

51. William C. Gunn, "Domestic Hygiene in the Prevention and Control of Bed-Bug Infestation in Privy Council," in Medical Research Council, *Report of the Committee on Bed-Bug Infestation*, 36, 39.

52. Medical Research Council, *Report of the Committee on Bed-Bug Infestation*, 37.

53. Medical Research Council, *Report of the Committee on Bed-Bug Infestation*, A2.

54. Michael Potter, "The Perfect Storm: An Extension View on Bed Bugs," *American Entomologist* 52, no. 1 (April 1, 2016) : 102–4.

55. National Pest Management Association, "2011 Bugs without Borders Survey: New Data Shows Bed Bug Pandemic Is Growing," Pestworld.org, August 17, 2011.

56. Rachel Feltman, "How'd the Bedbug Get Its Bite? Scientists Look to Its Genome for Clues," *Washington Post*, February 2, 2016.

57. Brody, "Keeping Those Bed Bugs from Biting."

58. Butler, "Scientists Discover New Weapon" ; Benoit et al., "Addition of Alarm Pheromone."

59. Christopher Terrall Nield, "In Defense of the Bed Bug," The Conversation, February 2, 2016.

60. Warren Booth, "Host Association Drives Genetic Divergence in the Bed Bug," *Molecular Ecology* 24, no. 5 (2015) : 980–992.

61. Jose Lambiet, "Traveler: Bedbugs Devoured Me at Trump Resort," *Miami Herald*, September 7, 2016.

62. Eric Grundhauser, "Interviewing the Country's Preeminent Bed Bug Lawyer," Atlas Obscura, June 24, 2016.

63. Erin Fuchs, "Hotels Brace for Next Bite from Bedbug Suits," Law360, December 10, 2010.

64. Kate Murphy, "Bedbugs Bad for Bedbugs? Depends on the Business," *New York Times*, September 7, 2010.

65. "Can I File a Lawsuit against a Hotel or Motel for Bed Bug Bites or Injuries?," Dell and Schaefer Personal Injury Lawyers, accessed November 10, 2020.

66. "About the Bed Bug Injury Attorneys," Bed Bug Law, accessed November 10, 2020.

67. Anna Drezen, "The Bizarre and Fascinating World of Bedbug Message Boards," Daily Dot, December 8, 2014.

68. Terramera, "Proof by Terramerra Launches Revolutionary Sprayless Treatment for Bed Bugs," press release, April 10, 2019.

69. "Neem Oil: General Fact Sheet," National Pesticide Information Center, Oregon State University, accessed September 9, 2020.

70. Kate Murphy, "Bedbugs Bad for Business? Depends on the Business," *New York Times*, September 7, 2010.

71. 关于罗斯科的更多内容，参见："Meet Roscoe the Bed Bug Dog: Bell Environmental's Lead Canine Inspector," Bell Environmental Services, accessed November 10, 2020.

72. “EPA Co-Hosts National Bed Bug Summit,” *Science Matters Newsletter* 2, no. 2（March/April 2011）.

73. Butler, “Scientists Discover New Weapon.”

74. 私人通信。我要感谢波拉克博士提供了这条信息。

75. “Sleep Tight, Starting Tonight,” EcoRaider, accessed March 10, 2017.

76. “Personnality Insect Pendant Necklace Chic Bedbug Jewelry Long Chain Gift,” Amazon.com, accessed November 10, 2020.

77. Borel, Infested, 134.

78. Bedbugger.com forum, accessed April 11, 2016.

79. Borel, Infested, 134.

80. “Alcohol Is a Very Flammable Contact Killer for Bed Bugs,” Bedbugger.com, November 21, 2015.

81. Doggett et al., “Bed Bugs.”

82. Feltman, “How’d the Bedbug Get Its Bite?”

83. “Don’t Let the Bedbugs Bite,” BBC, September 3, 2012.

84. Mary Wisniewski, “CTA Pulls Red Line Car after Bedbug Report,” *Chicago Tribune*, September 28, 2016.

85. “Lice, Not Bed Bugs Found on Chicago RTA Red Line Train,” Bedbugger.com, September 29, 2016.

86. Tess Russell, “Alone When the Bedbugs Bite,” *New York Times*, November 18, 2010.

87. Schumer, *Girl with the Lower Back Tattoo*, 248.

88. Federal Bed Bug Workgroup, *Collaborative Strategy on Bed Bugs*.

89. Federal Bed Bug Workgroup, *Collaborative Strategy on Bed Bugs*.

90. Federal Bed Bug Workgroup, *Collaborative Strategy on Bed Bugs*.

91. Dini M. Miller, *Bed Bug Action Plan for Shelters*（Richmond: Virginia Department of Agriculture and Consumer Services, 2014）.

92. Sella, “Bedbugs in the Duvet.”

93. Millard, quoted in Potter, “History of Bed Bug Management.”

94. Javier C. Hernández, “In the War on Bedbugs, a New Strategy,” *New York Times*, July 28, 2010.

95. Lawrence Wright, *Warm and Snug: The History of the Bed*（London: Routledge

& Kegan Paul, 1962; Gloucestershire: Sutton, 2004）.

96. Ralph Gardner, "Sniffing Out Tiny Terrorists," *Wall Street Journal*, January 28, 2011.

97. Jim Shea, "Bedbug Invasion Causes Panic," *Hartford Courier*, October 16, 2010.

98. Goldstein, "An Army of Bedbugs."

99. "Bedbugs Are Vicious, Evil Little Creatures," *Tiny Frog: Atheism, Evolution, Skepticism*（blog）, September 2, 2008.

100. Murphy, "Bedbugs Bad for Business?"

101. Saki Knafo, "The Man Who Lets Bedbugs Bite," *New York Times*, February 20, 2009; James Goddard quoted in Donald G. McNeil Jr., "They Crawl, They Bite, They Baffle Scientists, *New York Times*, August 30, 2020.

102. "Bed Bug and Beyond," *Daily Show with Jon Stewart*, September 18, 2015.

103. Bret Stephens quoted by Allen Smith, "A Professor Labeled Bret Stephens a 'Bedbug': Here's What the NYT Columnist Did Next," NBC News, accessed October 15, 2020.

104. Donald Trump quoted by Arren Kimbel-Sannit, "Trump Denies His Doral Resort Is Infested with Bed Bugs," Politico, August 27, 2019.

105. Jane Brody, "The Pandemic May Spare Us from Another Plague: Bedbugs," *New York Times*, June 29, 2020.

03 祈祷的虱子

1. Plutarch, "The Life of L. C. Sylla," in *The Third Volume of Plutarch's Lives: Translated from the Greek, by Several Hands*（1693）, 273.

2. Jan Bondeson, "Phthiriasis: The Riddle of the Lousy Disease," *Journal of the Royal Society of Medicine* 91（1998）: 328.

3. Nicholas Wade, "In Lice, Clues to Human Origins and Attire," *New York Times*, March 8, 2007.

4. Hans Zinsser, *Rats, Lice and History*（New York: Bantam Books, 1934, 1935）, 134.

5. Amy Stewart, *Wicked Bugs: The Louse That Conquered Napoleon's Army and Other Diabolical Insects*（Chapel Hill, NC: Algonquin Books, 2011）, 222–223.

6. Michelangelo Marisa da Caravaggio, *Martha and Mary Magdalene*, ca. 1598, 帆布油画和蛋彩画，Detroit Institute of Art.

7. 关于死于这种恶心疾病的形形色色的异教徒和基督徒，参见：J. R. Busvine, *Insects, Hygiene and History*（London: Athlone Press, 1976）, 88–106.

8. Thomas Beard, *The Theatre of Gods Judgements wherein Is Represented the Admirable Justice of God against All Notorious Sinners*（1642）.

9. Busvine, *Insects, Hygiene and History*, 99.

10. Thomas Muffet, *The Theater of Insects*, vol. 3 of *The History of Four-Footed Beasts Serpents and Insects*（London: Printed by E. C., 1658; repr., New York: Da Capo Press, 1967）, 3:1090.

11. Antoinette Bourignon, *The Light of the World a Most True Relation of a Pilgrimess Antonia Bourignon Travelling towards Eternity*（1696）, 72.

12. Joseph Fletcher, *The Historie of the Perfect-Cursed-Blessed Man*（1628）.

13. Thomas Hall, *Comarum Akosmia the Loathsomeness of Long Haire*（1654）, 3–4, 47.

14. "A. B.," *Gentleman's Magazine* 16（October 1746）: 535.

15. "Further Observations on the Generation and Increase of the Said Little Animal," *Gentleman's Magazine* 17（January 1747）: 14.

16. Edward Cave, "To A. B.," *Gentleman's Magazine* 16（December 1746）: 660.

17. Peter Pindar, *The Lousiad: An Heroic-Comic Poem: Canto I*（Dublin: Colles, White, Byrne, W. Porter, Lewis, and Moore, 1786）, 1, 8.

18. Pindar, *The Lousiad: Canto II*（London: T. Evans; Dublin: Robertson and Berry, 1793）, 44–45.

19. Pinder, Lousiad, 45.

20. Nicholas Culpeper, *Culpeper's Directory for Midwives: Or, a Guide for Women. The Second Part*（1662）, 133–134.

21. Antonie van Leeuwenhoek, *The Select Works of Antony Van Leeuwenhoek, Translated from the Dutch*, 2 vols.（London, 1800）, 2:108–109.

22. Leeuwenhoek, "Of the Louse," in *Select Works*, 2:166.

23. Leeuwenhoek, "Of the Louse," in *Select Works*, 2:163.

24. Leeuwenhoek, "Of the Louse," in *Select Works*, 2:168.

25. Leeuwenhoek, "Of the Louse," in *Select Works*, 2:68–69.

26. 关于收藏和古玩柜，参见：Paula Findlen, *Possessing Nature* (Berkeley: University of California Press, 1994) , and Lorraine Daston and Katharine Park, *Wonders and the Order of Nature, 1150–1750* (New York: Zone Books, 1998) .

27. Théodore de Mayerne, "To the Noble Knight, and the King's Chief Physician, Dr. William Paddy," in Edward Topsell, *The History of Four-Footed Beasts and Serpents*, vol. 2 (London, 1658) .

28. John Ray, *The Wisdom of God Manifested in the Works of Creation* (London: W. Innys, 1691) , 309.

29. John Wilkins, *Of the Principles and Duties of Natural Religion Two Books* (London: T. Bassert, H, Brome, A. Chiswell, 1675) .

30. Robert Hooke, *Micrographia: Some Physiological Descriptions of Minute Bodies Made with Magnifying Glasses with Observations and Inquiries Thereupon* (London: Jo. Martyn and Ja. Allestry, 1665) , 193–94.

31. Hooke, *Micrographia*, 213.

32. Hooke, *Micrographia*, 211.

33. Carolyn Merchant, *The Death of Nature* (New York: Harper and Row, 1980) .

34. Hooke, "The Preface," in *Micrographia*.

35. Hooke, "The Preface," in *Micrographia*.

36. Thomas Sprat, *History of the Royal Society, for the Improving of Natural Knowledge (1667)* , ed. Jackson I. Cope and Harold Whitmore (St. Louis, MO: Washington University, 1958) , 342–343.

37. Hooke, *Micrographia, 213.*

38. Andrew Marvell, "Instructions to a Painter about the Dutch Wars, 1667," in *The Poetical Works of Andrew Marvell* (London: Alexander Murray, 1870) .

39. Hooke, *Micrographia,* 146.

40. Margaret Cavendish, "Further Observations upon Experimental Philosophy," in *Observations upon Experimental Philosophy* (London: A. Maxwell, 1666) , 12–13.

41. Cavendish, "Further Observations," 13.

42. Margaret Cavendish, *The Description of a New World, Called The Blazing World* (London: A. Maxwell,1666) , 31.

43. Pietro Aretino, *The Wandring Whore*, vol. 2 (London, 1660) , 7.

44. John Partridge, *The Widdowes Treasure* (London, 1595) .

45. Vincenzo Gatti, "A Specimen of Miscellaneous Observations, on Medical Subjects," in *A Collection of Pieces Relative to Inoculation for the Small-Pox* (London, 1768) , 201.

46. Daniel Heinsius, *Laus Pediculi, or an Apoloeticall Speech, Directed to the Worshipfull Masters and Wardens of Beggars Hall*, trans. James Guitard (London: Tho. Harper, 1634) , 16.

47. Denise Grady, "Itching: More Than Skin Deep," *New York Times*, February 17, 2014.

48. William Newcastle, "The Beggar's Marriage," in Margaret Cavendish, *Natures Pictures* (1654) , 144–145. 此时纽卡斯尔侯爵可能已经因为患了梅毒而阳痿，所以这首诗格外令人心酸。参见：Katie Whitaker, *Mad Madge: The Extraordinary Life of Margaret Cavendish, the First Woman to Live by Her Pen* (New York: Perseus Books, 2002) , 100–101.

49. Charles Sackville, 6th Earl of Dorset, "The Duel of the Crabs," in *Poems on Affairs of State: Augustan Satirical Verse, 1660–1714*, ed. George deforest Lord (New Haven, CT: Yale University Press, 1963) , 395.

50. Sackville, "Duel of the Crabs," 395.

04 邋遢的社会

1. Jonathan Swift, "The Story of the Injured Lady" (1746) , Oxford Text Archive.

2. Robert Burns, "To a Louse" (1786) .

3.《纽约时报》(29, 2013) 上论保罗・布鲁姆 (Paul Bloom) 的书评：*Little Angels: The Origins of Good and Evil* (New York: Crown, 2013) . 西蒙・巴伦科恩 (Simon BaronCohen) 写道："布鲁姆探索了与我们饮食口味相关的厌恶和与我们道德口味相关的厌恶之间有趣的重叠部分，提出这个有趣的观点，即进化过程中印记了允许厌恶前者的神经回路，允许它厌恶后者。”（15）因此，我们也许可以说，对虱子的厌恶转向了携带虱子的人——从自然转向道德。

4. Thomas Muffet, *The Theater of Insects*, vol. 3 of *The History of Four-Footed Beasts Serpents and Insects*（London: Printed by E. C., 1658; repr., New York: Da Capo Press, 1967）, 3:1102.

5. Keith Thomas, “Cleanliness and Godliness in Early Modern England,” in *Religion, Culture and Society in Early Modern England*, ed. Anthony Fletcher and Peter Roberts（Cambridge: Cambridge University Press, 1994）, 72.

6. “George Washington’s Rules of Civility and Decent Behavior in Company and Conversation,” *Foundations Magazine*, accessed March 22, 2015.

7. Desiderius Erasmus, *The ciuilitie of childehode with the discipline and institucion of children, distributed in small and compe[n]dious chapiters*, trans. Thomas Paynell（1560）.

8. Burns, “To a Louse.”

9. 论头发的意义和历史，参见：Mary Douglas, *Purity and Danger: An Analysis of the Concepts of Pollution and Control*（London: Routledge & Kegan Paul, 1966）; and Kurt Stenn, *Hair: A Human History*（New York: Pegasus Books, 2016）.

10. Burns, “To a Louse.”

11. Muffet, *Theater of Insects*, 3:1091.

12. Daniel Heinsius, *Laus Pediculis, or an Apoloeticall Speech, Directed to the Worshipfull Masters of Beggars Hall*, trans. James Guitard（1634）.

13. Robert Heath, *Paradoxical Assertions and Philosophical Problems Full of Delight and Recreation for All Ladies and Youthful Fancies*（1659）, 30–32.

14. *A Book to Help the Young and Gay, to Pass Tedious Hours Away*（London, 1750?）.

15. John Hawkesworth, *The Adventurer*, vol. 2（Dublin, 1754）, 127–139.

16. Thomas Dekker, *The Belman of London Bringing to Light the Most Notorious Villanies That Are Now Practiced in the Kingdome*（London, 1608）.

17. Edward Ward, *The Secret History of the London Clubs*（London, 1709）, 229–231.

18. Lord Barrey, *Ram-Alley: Or Merrie-Trickes. A Comedy Divers Times Here-to-Fore Acted by the Children of the Kings Revels*（1611）.

19. John Trusler, *The Works of William Hogarth: In a Series of Engravings with Descriptions, and a Comment on Their Moral Tendency*（London: Jones, 1833）, 90.

20. François Rabelais, *The Second Book of the Works of Mr Francis Rabelais, Doctor in Physick Treating of the Heroik Deeds and Sayings of the Good Pantagruel*, trans. S. T. U. C.（1653）, 90.

21. Thomas Fuller, *The Appeal of Iniured Innocence*（1659）, 2.

22. John Wilmot, Earl of Rochester, *The Irish Rogue*（1740）, 引自 Lisa T. Sarasohn, "The Microscopist as Voyeur," in Sigrun Haude and Melinda S. Zook, eds., *Challenging Orthodoxies: The Social and Cultural Worlds of Early Modern Women*（Farnham, Surrey, UK: Ashgate, 2014）, 18–19.

23. Victor Hugo, *Les Misérables*, trans. Julie Rose（New York: Modern Library, 2009）, 746–748.

24. Emmanuel Le Roy Ladurie, *Montaillou: The Promised Land of Error*, trans. Barbara Bray（New York: Vintage Books, 1979）, 141.

25. Margery Kempe, *The Book of Margery Kempe*, trans. Barry Windeatt（New York: Penguin Classics, 1986）, 281. 关于中世纪虱子的讨论可查阅：Virginia Smith, *Clean: A History of Personal Hygiene and Purity*（Oxford: Oxford University Press, 2007）, 158–160.

26. Anonymous *Aristotle's New Book of Problems*, 6th ed.（1725）, 32.

27. Samuel Pepys, "Monday 18 July 1664," *Diary of Samuel Pepys*.

28. Janet Arnold, *Perukes and Periwigs: A Survey, c. 1660–1740*（London: Stationary Office Books, 1971）, 5–7.

29. Samuel Pepys, "Saturday 2 May 1663," *Diary of Samuel Pepys*.

30. Matthew P. Davies, "The Tailors of London and Their Guild, c. 1300–1500," master's thesis（Corpus Christi College, University of Oxford, 1994）.

31. Claire Tomalin, *Samuel Pepys: The Unequalled Self*（New York: Vintage Books, 2002）, 117–118.

32. Samuel Pepys, "Sunday 8 February 1662/63," *Diary of Samuel Pepys*.

33. Samuel Pepys, "Saturday 23 January 1668/69," *Diary of Samuel Pepys*.

34. William Andrews, *At the Sign of the Barber's Pole: Studies in Hirsute History*（Cottingham: J. R. Tutin, 1904）.

35. Don Herzog, "The Trouble with Hairdressers," *Representations* 53 (1996) : 23.

36. Lady Louisa Stuart, quoted in *Horace Walpole's Correspondence*, vol. 30, 275, Lewis Walpole Library, Yale University.

37. Samuel Pepys, "Saturday 6 June 1663," *Diary of Samuel Pepys*, https://www.pepysdiary.com/diary/1663/06/06/.

38. Jonathan Swift, *Gulliver's Travels* (Chicago: Children's Press, 1969) , 131, 159.

39. Muffet, *Theater of Insects*, 3:1092.

40. Edmund Spenser, "A View of the State of Ireland (1596) ," in Saint Edmund Campion, *Two Histories of Ireland* (1633) , 38.

41. *Batman upon Bartholome His Booke De Proprietatibus Rerum* (1582) , 231n.

42. William Mercer, *The Moderate Cavalier* (1675) , 11. 关于爱尔兰和美国用虱子作为杀人的理由，参见：Katie Kane, "Nits Make Lice," *Cultural Critique* 42 (1999) : 81–103.

43. John Percival to Mr. Digby Cotes, September 18, 1701, quoted in *The English Travels of Sir John Percival and William Byrd II: The Percival Diary of 1701* (Columbus: University of Missouri Press, 1989) , 187.

44. 关于对波兰辫的态度，参见：Eglé Sakalauskaité-Juodeikiené, "*Plica Polonica* through the Centuries the Most 'Horrible, Incurable, and Unsightly,' " *World Neurology*, March 25, 2020.

45. Pierre Chevalier, *A Discourse of the Original, Countrey, Manners, Government and Religion of the Cossacks with Another of the Precopian Tartars* (1672) , 24.

46. R. W. Gwadz, "Parasitology 8, Arthropods of Medical Importance," transcribed by Ian Cohen, Nuvo Method for Head Lice, accessed November 10, 2020.

47. Andrew Duncan, *Annals of Medicine for the Year 1796* (Edinburgh, 1799) , 7–8.

48. Michael Adams, *The New Royal Geographical Magazine* (1794) , 193.

49. *Memoirs of the Royal Society; Being a New Abridgment of the Philosophical Transactions*, 10 vols. (London, 1738/39) , 9:160–161.

50. Thomas Hall, "To the Long-hair'd Gallants of These Times," in *Comarom*

Akosmia, The Loathsomnesse of Long Hair（1654）.

51. F. L. Fontaine, "Surgical and Medical Treatises on Various Subjects for the Year 1796," in *Annals of Medicine*, vol. 1（London, 1799）, 13.

52. Pietro Matire d'Anghiera, *The Decades of the New World or West Indies*, trans. Richard Eden, in John Andrewes, *A Golden Trumpet Sounding an Alarm to Judgement*（1648）, 186.

53. Gonzalo Fernando de Oviedo, *Voyages and Travels to the New World . . .*, *The Fifth Book* in *Purchas His Pilgrimes, The First Book*（London, 1625）, 975.

54. Samuel Hearne, *A Journey from Prince of Wale's Fort in Hudson's Bay, to the Northern Ocean*（London, 1795）, 325–326.

55. Fernando de Oviedo, *Voyages and Travels*, 975.

56. Miguel de Cervantes, *The History of the Valorous and Witty Knight-Errant, Don Quixote, of the Mancha Tr. Out of the Spanish*（1652）.

57. Peter Kolben, *The Present State of the Cape of Good Hope or a Particular Account of the Several Nations of the Hottentots*, vol. 1, trans. Mr. Medley（1731）, 203–204.

58. 关于科尔本叙事的"真相"，参见：Damien Shaw, "A Fraudulent Truth? Christian Damberger's Vision of Africa（1801）," *English Studies in Africa* 60, no. 2（2017）: 1–11.

05　虱子对现代世界的危害

1. Charles Darwin, "Island on Chiloe, July 1834," in *Charles Darwin's Zoology Notes and Specimen Lists from H.M.S. Beagle*（Cambridge: Cambridge University Press, 2004）, 283.

2. Charles Darwin, "Pediculus. Chiloe. July," Darwin Online, accessed May 2, 2020.

3. 关于科学和种族理论的历史，参见：John P. Jackson and Nadine M. Weldman, *Race, Racism, and Science*（Santa Barbara, CA: ABC-CLIO, 2004）.

4. Adrian Desmond and James Moore, *Darwin's Sacred Cause: How a Hatred of Slavery Shaped Darwin's Views on Human Evolution*（Boston: Houghton Mifflin, 2009）, 详尽地探讨了多源论和单源论。

5. *Punch, or the London Charivari*（London, 1852）.

6. A. S. Packard Jr., "Certain Parasitic Insects," *American Naturalist* 4（1871）: 67.

7. Charles Darwin, *The Descent of Man*（1871）.

8. P. N. K. Schwenk, "Phthiriasis, with Report of Cases of Phthiriasis Pubis in Eyelashes, Eye-brows and Head," *Times and Register* 22（May 9, 1891）: 381–83.

9. Monroe Woolley, "Style—Its Follies and Cost: A Review of the Present Over- Civilized Order of Things in the Matter of Dress," *Health*（*1900–1913: July 1912*）, 62, 7; *American Periodicals*, 180.

10. 关于尼柯尔，参见：Kim Pellis, *Charles Nicolle, Pasteur's Imperial Missionary: Typhus and Tunisia*（Rochester, NY: Rochester University Press, 2006）. 1916 年，巴西病理学家和医生恩里克·达罗沙·利马（Henrique da Rocha Lima）独立检测出导致斑疹伤寒的细菌——立克次氏体，以两位斑疹伤寒早期研究人员的名字给它命名，即美国科学家亨利·立克次（Henry Ricketts）和捷克细菌学家斯坦尼斯劳·冯·普罗瓦泽克（Stanislaw von Prowazek）。两人都在疾病的名称中流芳百世，尽管他们当年是死于这种疾病的蹂躏。

11. 对斑疹伤寒的历史的经典叙述是：Hans Zinsser, *Rats, Lice and History*（New York: Little, Brown, 1935; repr., New York: Black Dog and Leventhal, 1963）.（本章引文均出自 1963 年版。）近年来的更多记叙可以查阅：Alex Bein, *The Jewish Parasite: Notes on the Semantics of the Jewish Problem, with Special Reference to Germany*（New York: Leo Baeck Institute, 1964）, 3–39; Sir Richard Evans, "The Great Unwashed," Gresham College, February 26, 2013; and Amy Stewart, *Wicked Bugs: The Louse That Conquered Napoleon's Army and Other Diabolical Insects*（Chapel Hill, NC: Algonquin Books, 2011）, 222–227.

12. Evans, "The Great Unwashed."

13. P. Brouqui and D. Raoult, "Arthropod-borne Diseases in the Homeless," *Annals of the New York Academy of Sciences* 10, no. 1078（2006）: 223–235.

14. Paul Fussell, in *The Great War in Modern Memory*（London: Oxford University Press, 1975）, describes World War I in particular as an ironic war（8）.

15. Zinsser, *Rats, Lice and History*, 183–184.

16. Zinsser, *Rats, Lice and History*, 188.

17. Edward Long, *The History of Jamaica or, General Survey of the Antient*

and Modern State of the Island（1774），382. 关于爱德华等美国博物学家更为详细的讨论，参见：John C. Greene, "The American Debate on the Negro's Place in Nature," *Journal of the History of Ideas* 15（1954）: 384–396.

18. Charles White, *An Account of the Gradual Gradation in Man, and in Different Animals and Vegetables*（1799），79.

19. Charles Darwin, *The Descent of Man, and Selection in Relation to Sex*, 2nd ed.（New York: D. Appleton, 1889），170.

20. Desmond and Moore, *Darwin's Sacred Cause*, 193.

21. Charles Darwin to Henry Denny, January 17, 1865, Darwin Correspondence Project, University of Cambridge.

22. Darwin, *Descent of Man*, 167.

23. Henry Denny to Charles Darwin, January 23, 1865, Darwin Correspondence Project, University of Cambridge.

24. Henry Denny, *Monographia Anoplurorum Britanniae, or An Essay on the British Species of Parasitic Insects*（London: H. G. Bohn, 1842），18.

25. A. S. Packard, "Certain Parasitic Insects," *American Naturalist* 4, no. 2（1870）: 83–99.

26. Samuel Clemens to Jane Lampton Clemens, March 20, 1862, Mark Twain Project.

27. Gordon Floyd Ferris, *Contributions towards a Monograph on the Sucking Lice: Part 1*（Stanford, CA: Stanford University Press, 1919）; Gordon Floyd Ferris, *Contributions towards a Monograph on the Sucking Lice: Part 8*（Stanford, CA: Stanford University Press, 1935），567–578. 我要感谢理查德·波拉克博士提供了这条信息，还有他"欢迎来到令人困惑和抓狂的虱子分类学的世界"（私人通信，2013 年 10 月 29 日）。多数现代昆虫学家认为虱子有各种各样的颜色，从米色到黑色，体型五花八门。

28. Heinrich Himmler, 引自 Hugh Raffles, "Jews, Lice, and History," *Public Culture* 19, no. 3（2007）: 521。

29. Raffles, "Jews, Lice, and History," 522.

30. Alexander Cockburn, "Zyklon B on the U.S. Border," *The Nation*, June 21, 2007.

31. Nanette Blitz, 引自 Stephanie Pappas, "Anne Frank Likely Died Earlier Than

Believed," *Live Science*, April 2, 2015.

32. D. Raout, "Outbreak of Epidemic Typhus Associated with Trench Fever in Burundi," *Lancet* 352, no. 9125（August 1, 1998）.

33. *Modern Family*, episode 111, "The Feud," written by Christopher Lloyd and Dan O'Shannon, aired February 26, 2014, on ABC.

34. Isaac Rosenberg, "The Louse-Hunting," Poetry Foundation, accessed October 10, 2015.

35. Siegfried Sassoon, "Suicide in the Trenches," Poem Hunter, accessed November 5, 2020.

36. Helen Zenna Smith, *Not So Quiet . . . Stepdaughters of War*（1930; repr., New York: Feminist Press, 1989）, 239.

37. Smith, *Not So Quiet*, 17. 参见后记，作者简·马库斯（Jane Marcus）描述了小说中性别的非正统性（241–293）。

38. Erich Maria Remarque, *All Quiet on the Western Front*, trans. W. Wheen Fawcett Crest（New York: Little, Brown, 1929）.

39. "Cure for Lice in the Trenches," *Daily Mirror*, May 9, 1916.

40. Daily Mirror, May 9, 1916.

41. Julia Nurse, "A Commemoration of Armistice Day," Wellcome Library, November 11, 2014.

42. A. E. Shipley, "Insects and War: Lice," *British Medical Journal* 2, no. 2803（September 19, 1914）: 497–499.

43. *Under the Rainbow: A History of Its Service in the War against Germany*, Battery F, 150th F. A.（Indianapolis: Hollenbeck Press, 1919）, 135–136.

44. A. A. Milne, "A. A. Milne in the Great War," Science Fiction and Fantasy Writers in the Great War, accessed February 8, 2018.

45. Arthur Allen, *The Fantastic Laboratory of Dr. Weigl: How Two Brave Scientists Battled Typhus and Sabotaged the Nazis*（New York: W. W. Norton, 2014）, 25–29; Zinsser, *Rats, Lice and History*, 296–301.

46. Zinsser, *Rats, Lice and History*, 172.

47. Zinsser, *Rats, Lice and History*, 125.

48. Allen, *Fantastic Laboratory*, 26.

49. Allen, *Fantastic Laboratory*, 35.

50. Andrew Dewar Gibb, *With Winston Churchill at the Front: Winston on the Western Front 1916*（Barnsley, UK: Frontline Books, 2016）.

51. Boris Johnson, "The Woman Who Made Winston Churchill," *The Telegraph*, October 12, 2014.

52. Howard Markel and Alexandra Minna Stern, "The Foreignness of Germs: The Persistent Association of Immigrants and Disease in American Society," *Milbank Quarterly* 80, no. 4（2002）: 757–783.

53. *New York Times*, July 17, 1921, Marcus Doel, *Geographies of Violence: Killing Space, Killing Time*（Thousand Oaks, CA: Sage, 2017）, 121.

54. Howard Markel, *Quarantine! Eastern European Jewish Immigrants and the New York City Epidemic of 1892*（Baltimore: Johns Hopkins University Press, 1999）, 50.

55. *Washington Times*, May 4, 1919.

56. Markel and Stern, "Foreignness of Germs," 761.

57. John Burnett, "The Bath Riots: Indignity along the Mexican Border," *NPR*, January 28, 2006.

58. "Cecile Klein-Pollack Describes Arrival at Auschwitz," *Holocaust Encyclopedia*, US Holocaust Memorial Museum, accessed February 9, 2019.

59. Paul Julian Weindling, *Epidemics and Genocide in Eastern Europe, 1890–1945*（Oxford: Oxford University Press, 2000）, 312.

60. Weindling, *Epidemics and Genocide*, 315.

61. Primo Levi, *The Complete Works of Primo Levi*, vol. 1（London: Liveright, 2015）, 238.

62. Weindling, *Epidemics and Genocide*, 305.

63. Friedrich Paul Berg, "The German Delousing Chambers," Institute for Historical Review, accessed November 8, 2016.

64. Charles Nicolle, 引自 Pellis, *Charles Nicolle, Pasteur's Imperial Missionary*, 191.

65. Robert White-Stevens, "Rachel Carson's Lethal Claptrap," The Atheist Conservative, May 28, 2014.

66. Steven Hayward, 引自 "Rachel Carson's Lethal Claptrap."

67. Michael Savage, *Boosting Your Immunity against Infectious Diseases from*

the Flu and Measles to Tuberculosis (New York: Hachette, 2016) .

68. Todd Starnes, "Medical Staff Warned: Keep Your Mouths Shut about Illegal Immigrants or Face Arrest," Fox News, July 2, 2014.

69. Janis Hootman, "Don't Mix Metaphors," *AAP News*, May 1, 1997.

70. "Nit-Picking a Lousy Policy," *New York Times*, May 14, 2014.

71. "Nit-Picking a Lousy Policy."

72. "Nit-Picking a Lousy Policy."

73. AirAllé website, accessed November 30, 2016, https://airalle.com/airalle/.

74. Barry R. Pittendrigh, John M. Clark, J. Spencer Johnston, Si Hyeock Lee, Jeanne Romero-Severson, and Gregory A. Dasch, "Proposal for the Sequencing of a New Target Genome: White Paper for a Human Body Louse Genome Project," University of Geneva, Zdobnov's Computational Evolutionary Genomics Group, accessed November 10, 2020.

75. Insect Research and Development Ltd. website, accessed November 30, 2016.

76. Identify Us website, accessed November 30, 2016.

77. "Brazilian Waxes Could Make Pubic Lice Go Extinct," Smithsonian, January 14, 2013.

78. J. R. Busvine, *Insects, Hygiene and History* (London: Athlone Press, 1976) , 194–195.

79. Franz Kafka, *The Metamorphosis: A New Translation by Susan Bernofsky* (New York: W. W. Norton, 2014) , 121.

06 人耳朵里的跳蚤

1. James Boswell, *Life of Samuel Johnson*, ed. Charles Grosvenor Osgood (1791; New York: Firework Press, 2015) , 302.

2. May R. Berenbaum, *Ninety-nine Gnats, Nits, and Nibblers* (Urbana: University of Illinois Press, 1990) , 216–217; and "Flea-Flickers and Football Fields," *American Entomologist* 54, no. 3 (2008) : 132–133.

3. Thomas Muffet, *The Theater of Insects*, vol. 3 of *The History of Four-Footed Beasts Serpents and Insects* (London: Printed by E. C., 1658; repr., New York: Da Capo

Press, 1967) , 3:1101–1103.

4. Muffet, *Theater of Insects*, 3:1102.

5. James Murray et al., *A New Historical Dictionary Founded on Historical Principles* (Oxford: Oxford University Press, 1901) , 4:306.

6. Anonymous, "Upon the Biting of a Flea (c. 1650) , quoted in Todd Andrew Borlik, ed. *Literature and Nature in the English Renaissance: An Ecocritical Anthology* (Cambridge: Cambridge University Press, 2019) , 175–176.

7. Berenice Williams, "One Jump ahead of the Flea," *New Scientist*, July 31, 1966, 37.

8. Aesop, *The Flea and the Man*, ed. Charles Grosvenor Osgood (New York: Doubleday, Page, 1916) , 35.

9. Jonathan Swift, "On Poetry: A Rhapsody," The Literature Network, accessed March 31, 2015.

10. Michel de Montaigne, iZ Quotes, accessed April 1, 2015.

11. Aristophanes, "The Clouds" (419 BCE) , Internet Classics Library.

12. Desiderius Erasmus, *The Praise of Folly*, trans. John Wilson (1668) .

13. Erasmus, Brendan Lehane, *The Compleat Flea* (New York: Viking Press, 1969) , 19.

14. Lehane, *The Compleat Flea*, 19.

15. Peter Woodhouse, *The Flea Sic Parua Compenere Magnis*, Early English Books Online (London: John Smethwick, 1605) .

16. Woodhouse, *The Flea.*

17. Woodhouse, *The Flea.*

18. "The Flea," *Harper's New Monthly Magazine* 19 (1859) : 178.

19. Thomas Amory, *The Life of John Buncle: Esq.: Containing Various Observations and Reflections, Made in Several Parts of the World; and Many Extraordinary Reflections* (1755; repr., London: George Routledge and Sons, 1904) , 152–153.

20. Muffet, *Theater of Insects*, 3:1101.

21. Robert Burton, *Versatile Ingenium: The Wittie Companion* (1679) , 2.

22. Keith Moore, "The Ghost of a Flea," *The Repository* (blog) , October 18, 2012.

23. Brian W. Ogilvie, "Attending to Insects: Francis Willughby and John

Ray," *Notes and Records of the Royal Society Journal of the History of Science* 66（2012）: 366, doi:10.1098/rsnr.2012.0051.

24. Anonymous, *Memoirs and Adventures of a Flea*, vol. 2（London, 1785）, 36.

25. Anonymous, *A Book to Help the Young and Gay, to Pass the Tedious Hours Away*（London, 1750?）, 119.

26. Peter Pindar, "An Elegy to the Fleas of Tenreriffe," in *The Works of Peter Pindar in Two Volumes*（Dublin, 1792）, 2:369.

27. Muffet, "Preface," in *Theater of Insects*, 2Av.

28. Antony Van Leeuwenhoek, "Of the Flea," in *The Select Works of Antony Van Leeuwenhoek*, ed. Samuel Hoole（London: Philanthropic Society, 1808）, 43.

29. Van Leeuwenhoek, "Of the Flea," 33–46.

30. Robert Hooke, "Preface," in *Micrographia*（1665）.

31. Robert Hooke, "Of a Flea," in *Micrographia.*

32. Hooke, "Of a Flea," in *Micrographia.*

33. Moore, "Ghost of a Flea."

34. G. E. Bentley Jr., *Blake Records*（Oxford: Clarendon Press, 1969）, 39.

35. William Blake, Alexander Gilchrist and Anne Gilchrist, *Life of William* Blake, 2 vols.（London: Macmillan, 1880）.

36. G. K. Chesterton, *William Blake*（London: Duckworth, 1910）, 154.

37. In *William Blake: The Critical Heritage*, ed. Gerald Eades Bentley（London: Routledge, 1975–1995）, 168–169.

38. Thomas Shadwell, *The Virtuoso*, ed. Marjorie Hope Nicolson and David Stuart Rodes（Lincoln: University of Nebraska Press, 1966）, 31.

39. Reverend Lynam, ed., *The British Essayists*, vols. 1–3（London: J. F. Dove, 1827）, III:234.

40. "Extract of a Letter from a Gentleman in Maryland, to His Friend in London," in Granville Sharp, *The Just Limitations of Slavery: In the Laws of God, Compared with the Unbounded Claims of the African Traders and British American Slaveholders*（London: B. White, 1776）, 43.

41. Thomas Atwood, *History of Domenica*（1791）, Digitizing Sponsor: Brown University.

42. Francisco de Oviedo, quoted in Amy Stewart, *Wicked Bugs: The Louse*

That Conquered Napoleon's Army and Other Diabolical Insects（Chapel Hill, NC: Algonquin Books, 2011）, 77.

43. Stewart, Wicked Bugs, 78.

44. Muffet, *Theater of Insects*, 3:1102.

45. 关于"跳蚤学问"，参见：H. David Brumble, "John Donne's 'The Flea': Some Implications of the Encyclopedic and Poetic Flea Traditions," *Critical Quarterly* 15（1973）: 147–154.

46. John Donne, "The Flea," in *Poems of John Donne*, vol. 1, ed. E. K. Chambers（London: Lawrence and Bullen, 1896）, 1.

47. John Donne, "A Defense of Womens Inconstancy," in *Juvenilia: Or Certain Paradoxes and Problems*（1633）.

48. Brumble, "John Donne's 'The Flea', " 148.

49. Christopher Marlowe, *The Tragical History of Doctor Faustus from the Quarto of 1616*, ed. Alexander Dyce（1616）.

50. Muffet, *Theater of Insects*, 3:1101.

51. Étienne Pasquier, *La Puce de Madame Des-Roches*, 引自 Ann Rosalind Jones, "Contentious Readings: Urban Humanism and Gender Differences in *La Puce de Madame Des-Roches*," *Renaissance Quarterly* 48（1995）: 123.

52. Catherine des Roche, "Epitaph 1," in *From Mother and Daughter: Poems, Dialogues and Letters of Les Dames des Roche*, ed. and trans. Anne R. Larsen（Chicago: University of Chicago Press, 2006）, 178–179.

53. 编辑安妮·拉森（Anne Larsen）在《来自母女》(*From Mother and Daughter*, 136–138）中分析了凯瑟琳·德·罗切斯诗歌的政治和色情意义。

54. John Donne the Younger, "Device," 引自 *Fleas in Amber: Verses and One Fable in Prose on the Philosophy of Vermin*（London: Fanfrolico Press, 1933）.

55. William Cavendish, "The Varietie," in *The Country Captaine and the Varietie*（1649）, 28.

56.Crissy Bergeron, "Georges de la Tour's *Flea-Catcher* and the Iconography of the Flea-Hunt in Seventeenth-Century Baroque Art," master of arts thesis（Louisiana State University, 2007）, 32–43.

57. *Memoirs and Adventures of a Flea*, 25.

58. *Memoirs and Adventures of a Flea*, 51.

59. *Memoirs and Adventures of a Flea*, 50–51.

60. Anonymous, "Upon the Biting of a Flea"(ca. 1650), 引自 Borlik, *Literature and Nature in the English Renaissance*, 176.

07 跳蚤成为杀手笑星

1. Baronne d'Oberkirche, quoted in Caroline Walker, *Queen of Fashion: What Marie Antoinette Wore to the Revolution*(New York: Henry Holt, 2007), 117. *Puce* is French for flea.

2. Walker, *Queen of Fashion*, 256.

3. "The Flea," *Harper's New Monthly Magazine* 19(1859): 178–180.

4. James Roberts, *The Narrative of James Roberts*(Chicago, 1858).

5. *The Pacific Unitarian*, vols. 23–24(1914), 71.

6. 引自：Ida Tarbell, "The American Woman," *American Magazine* 69(1909): 475.

7. Harold Russell, *The Flea*(London: H. K. Lewis, 1913), 72.

8. "U.S. Dog Owners Fear Arrival of Africanized Fleas," *The Onion*, March 23, 2005.

9. "We Want a Union, Heckler's Fleas," *New Yorker* 63(1946).

10. Sideshow World, accessed April 6, 2019. 有关赫克勒跳蚤马戏团的更多信息，参见："Trained Fleas Now Showing at Hubert's Museum," Duke Medical Center Archives, and "The Flea Circus," Sideshow World.

11. David J. Bibel and T. H. Chen, "Diagnosis of Plague: An Analysis of the Yersin- Kitasato Controversy," *Bacteriological Review*(1976): 633–651; Miriam Rothschild, *Dear Lord Rothschild: Birds, Butterflies and History*(Philadelphia: Balaban, 1983), 170–173; Kristin Johnson, *Ordering Life: Karl Jordan and the Naturalist Tradition*(Baltimore: Johns Hopkins University Press, 2005).

12. Jeffrey A. Lockwood, *Six-Legged Soldiers: Using Insects as Weapons of War* (Oxford: Oxford University Press, 2009), 108–127, 177–186.

13. Boris V. Schmid and Ulf Bütgen, "Climate-Driven Introduction of the Black Death and Successive Plague Reintroductions into Europe," *Proceedings of the National Academy of Sciences of the United States of America* 112, no. 10(2015):

doi:10.1073/pnas.1412887112.

14. Frank Moore, ed., *The Civil War in Song and Story, 1860–1865* (New York: Peter Fenelon Collier, 1865) , 409.

15. "The Flea," 180.

16. Henry Ward Beecher, *Treasury of Thought: Forming an Encyclopedia of Quotations from Ancient and Modern Authors*, 10th ed., ed. Maturin M. Ballou (Boston: Houghton Mifflin, 1881) , 478.

17. For information about Louis Bertolotto and other nineteenth-century flea circuses, see "Historical Flea Circuses," Flea Circus Research Library.

18. Louis Bertolotto, *The History of the Flea, Notes, Observations and Amusing Anecdotes*, 2nd ed. (London: Crozier, 1835) .

19. Francis T. Buckland, *Curiosities of Natural History: Fourth Series* (New York: Cosimo Classics, 1888) , 115.

20. Advertisement for Louis Bertolotto's "Industrious Flea Circus," Flea Circus Research Library, accessed November 10, 2020.

21. Charles Dickens, *The Mudfog and Other Sketches* (1903) .

22. Dickens, *Mudfog and Other Sketches.*

23. Anonymous, *The Autobiography of a Flea* (1887) .

24. Johann Wolfgang Goethe, *Faust*, in *The Works of Goethe*, vol. 1 (1902) , 102.

25. 关于《跳蚤师傅》中的政治元素，参见：Val Scullion and Marion Treby, "Repressive Politics and Satire in E. T. A. Hoffmann's 'Little Zaches' and 'Master Flea,' " *Journal of Law and Politics* 6 (2013) : 133–145.

26. E. T. A. Hoffmann, "Second Adventure," in *Master Flea* (London: Thomas Davison, 1826) .

27. Hans Christian Andersen, "The Flea and the Professor," *Scribner's Monthly* 6 (1873) : 759–761.

28. Bertolotto, *History of the Flea.*

29. David Watson, "The Flea, the Catapult, and the Bow," FT Exploring Science and Technology, accessed February 12, 2019.

30. Walt Noon, Flea-Circus.com.

31. Walt Noon's flea circus can be viewed at Flea-Circus.com.

32. "Thundering Fleas," Internet Archive video, uploaded March 8, 2012.

33. Stan Laurel and Oliver Hardy, "The Chimp," YouTube video, October 13, 2018.

34. Fred Allen, "It's in the Bag," YouTube video, December 31, 2010.

35. 参见：Jurassic Outpost website, accessed February 12, 2019.

36. Jim Frank, 引自 Ernest B. Furgurson, "A Speck of Showmanship: Is That *Pulex irritans* Pulling the Carriage, or Is It Someone Just Pulling Our Leg," *American Scholar*, June 3, 2011.

37. Adam Gertsacon, Jennifer Billock, "Revive the Charm of an 1800s Show with These Modern-Day Flea Circuses," *Smithsonian Magazine*, November 29, 2017.

38. Maria Franada Cardoso, "Museum of Copulatory Organs," YouTube video, July 19, 2012.

39. Melanie Kembrey, "The Amazing Maria Fernanda Cardoso," *Sydney Morning Herald*, November 16, 2018.

40. Bertolotto, Richard Wiseman, "Staging a Flea Circus," NanoPDF.com, April 21, 2018.

41. Miriam Rothschild and Theresa May, *Fleas, Flukes and Cuckoos: A Study of Bird Parasites*（New York: Macmillan, 1957）, 77.

42. Johnson, *Ordering Life*, 248.

43. "Siphonaptera Collection," Natural History Museum, accessed February 10, 2019.

44. Miriam Rothschild, "Nathaniel Charles Rothschild, 1877–1923," in *Fleas*, ed. R. Traub and H. Starcke（Rotterdam: A. A. Balkema, 1980）, 1–3.

45. Miriam Rothschild, *Dear Lord Rothschild: Birds, Butterflies and History*（Glenside, PA: Balaban, 1983）, 102–109.

46. Charles Rothschild, Johnson, *Ordering Life*, 42.

47. Rothschild and May, *Fleas, Flukes and Cuckoos*, 1–2.

48. Adolph Hitler, Richard Koenigsberg, "Hitler, Lenin—and the Desire to Destroy 'Parasites,' " Library of Social Science, March 6, 2015.

49. "The Jew as World Parasite," German Propaganda Archive.

50. Rothschild and May, *Fleas, Flukes and Cuckoos,* 4.

51. L. Fabian Hirst, "Plague Fleas, with Special Reference to the Milroy

Lectures, 1924," *Epidemiology and Infection* 24, no. 1（1924）: 1.

52. Charles Rothschild（1901），引自 Rothschild, *Dear Lord Rothschild*, 171.

53. Charles Rothschild（1901），引自 Rothschild, *Dear Lord Rothschild*, 171.

54. H. Maywell-Lefroy, *Indian Insect Life: A Manual of the Insects of the Plains*（London: W. Thacker, 1909）.

55. Robert Barde, "Prelude to the Plague: Public Health and Politics at America's Pacific Gateway, 1899," *Journal of the History of Medicine and the Allied Sciences* 58（2003）: 153–186.

56. Francis M. Munson, *Hygiene of Communicable Diseases: A Handbook for Sanitarian, Medical Officers of the Army and Navy and General Practitioners*（New York:P. B. Hoeber, 1920）, 515–516.

57. Harold Russell, *The Flea*, vi–vii.

58. Johnson, *Ordering Life*, 296.

59. G. H. E. Hopkins and Miriam Rothschild, *An Illustrated Catalogue of the Rothschild Collection of Fleas in the British Museum*（*Siphonaptera*）（Oxford: Oxford University Press, 1953）, 1–2.

60. "Itching to Know How Fleas Flee? Mystery Solved," NPR, February 10, 2011; "Mystery of How Fleas Jump Resolved," YouTube video, uploaded February 9, 2011.

61. Walter Sullivan, "Miriam Rothschild Talks of Fleas," *New York Times*, April 10, 1984.

62. "Dame Miriam Rothschild, a Scientist of the Old School, Died January 20th, Aged 96," *The Economist*, February 3, 2005.

63. Brendan Lehane, *The Complete Flea: A Light-Hearted Chronicle—Personal and Historical—of One of Man's Oldest Enemies*（New York: Viking Press, 1969）, 95.

64. D. A. Humphries, "The Mating Behaviour of the Hen Flea Ceratophyllus Gallinae（Schrank）（Siphonapter: Insecta）," *Animal Behavior* 15, no. 1（1967）: 82–90. doi:10.1016/s0003-3472（67）80016-2.

65. Miriam Rothschild, 引自 Lehane, *The Complete Flea*, 95.

66. George Poinar Jr. and Roberta Poiner, *What Bugged the Dinosaurs? Insects, Disease, and Death in the Cretaceous*（Princeton, NJ: Princeton University Press, 2008）, 1–16, 135–139.

67. Asian Scientist Newsroom, "Giant Prehistoric Fleas Found from Mesozoic Era of China," *Asian Scientist*, March 2, 2012; Brian Switek, "Super-Sized Fleas Adapted to Feed off Dinosaurs," *Nature*, February 29, 2012.

68. 我要感谢克劳迪亚·史蒂文斯允许我使用她的剧作《跳蚤》(*Flea*)中的片段。

69. Marion Wright Edelman, "You Just Have to Be a Flea against Injustice".

70. "American Liberation Front," Petside.com, accessed February 13, 2019.

71. Chuck Jolley, "Animal Rights Groups a Lot Like Fleas," Feedstuff, January 23, 2015.

72. Wayne Covil and Scott Wise, "Woman Jailed after Fleas Kill Her Dog," Channel 6 News Richmond, December 8, 2015.

73. "Flea Diseases in Pets," Pet Basics from Bayer, accessed February 13, 2019.

74. Robert Taber, *War of the Flea: The Classic Study of Guerrilla Warfare*(New York:L. Stuart, 1965; repr., Washington, DC: Potomac Books, 2002), 20.

75. Taber, *War of the Flea*, 49–50.

76. Umezu Yoshijiro, "Operation PX," *Wikipedia*, last edited October 4, 2019.

77. Lockwood, *Six-Legged Soldiers*, 172.

78. Lockwood, *Six-Legged Soldiers* 165–70.

79. International Association of Democratic Lawyers, *Report on U.S. Crimes in Korea*(London: International Association of Democratic Lawyers, 1952).

80. Lockwood, *Six-Legged Soldiers*, 169–170.

81. Barenblatt, *Plague upon Humanity*, 227–230.

82. International Association of Democratic Lawyers, *Report on U.S. Crimes in Korea*.

83. 2009年《信息自由法案》(Freedom of Information Act)的一项要求迫使军队发布了"大瘙痒行动"的记录。

84. "Biological Weapons," United Nations Office for Disarmament Affairs.

85. "Chemical and Biological Weapons," International Committee of the Red Cross, August 8, 2013.

86. Barenblatt, *Plague upon Humanity*, xiii.

87. Miriam Rotkin-Ellman and Gina Solomon, *Poison on Pets II*, NRDC Issue

Paper (New York: NRDC, April 2009) .

88. Flea, 引自 Rhian Daly, "Red Hot Chili Peppers' Flea Calls Donald Trump a 'Silly Reality Show Bozo,' " *NME*, February 3, 2016.

89. Phoebe Waller-Bridge, 引自 Dusty Baxter-Wright, "This is Why the Lead Character in Fleabag Doesn't Have a Name," *Cosmopolitan* (March 14, 2019) .

90. Lehane, *The Complete Flea*, 33.

08 鼠类啃食数百年

1. Hannah More, "Black Giles the Poacher: With some auount of a family who had rather live by their wits than their work. Part I," Eighteenth Century Collections Online, accessed November 17, 2019.

2. William Shakespeare, *Macbeth*, in *The Arden Shakespeare*, ed. Richard Proudfoot, Ann Thompson, and David Scott Kastan (London: Methuen, 1982) , 1.3.8–9.

3. William Shakespeare, *King Lear*, in *The Arden Shakespeare*, 3 4.135–36.

4. 这条禁令的专题研究参见：Mary Fissell, "Imagining Vermin in Early Modern England," *History Workshop Journal* 47 (1999) : 9.

5. Wolfgang Miedler, *The Pied Piper: A Handbook* (Westport, CT: Greenwood Press, 2007) , 31–65.

6. 关于老鼠作为疾病载体的作用，医学历史学家之间存在一些分歧。关于跳蚤和老鼠传播淋巴腺鼠疫，更多内容参见第 3 章。最近也有人提出，14 世纪鼠疫造成的高死亡人数是这种病引发的肺炎，而不是腺鼠疫导致的。参见：Ben Guarino, "The Classic Explanation for the Black Death Is Wrong, Scientists Say," *Washington Post*, January 16, 2018.

7. Mary Fissell, "Imagining Vermin in Early Modern England," *History Workshop Journal* 47 (1999) : 1–23.

8. Edward Topsell, *The Historie of Foure-Footed Beasts* (1607) .

9. Mary Fissell, "Imagining Vermin," 11–15.

10. *Vermont Republican* (Windsor, VT) , March 18, 1816; " 'Like Rats Fleeing a Sinking Ship': A History," Merriam-Webster.com, accessed November 10, 2020.

11. Oliver Goldsmith, *The Works of Oliver Goldsmith*, vol. 7 (London: J.

Johnson, 1806）, 167–175.

12. Georges-Louis Lecler, Comte de Buffon, *Natural History: General and Particular*, vol. 1, trans. William Smellie（London: Thomas Kelley, 1856）, 417–448.

13. Ellen Airhart, "Rats Have Been in New York City since the 1700s and They're Never Leaving," *Popular Science*, November 30, 2017.

14. John Day, *Lawtrickes Or, Who Would Have Thought It*（Blackfriars, 1608）.

15. William Rowley, Thomas Dekker, and John Ford, *The Witch of Edmonton*（London, 1658）.

16. Anon, *The Wonderful Discoverie of the Vvitchcrafts of Margaret and Phillip Flower, Daughters of Ioan Flower neere Beuer Castle: Executed at Lincolne, March 11. 1618 Who were specially arraigned and condemned before Sir Henry Hobart, and Sir Edward Bromley, iudges of assise, for confessing themselues actors in the destruction of Henry L. Rosse, with their damnable practises against others the children of the Right Honourable Francis Earle of Rutland*（1619）.

17. Anon, *The Wonderful Discoverie*, 9.

18. Anon, *The Wonderful Discoverie*, 11–12.

19. Merry E. Wiesner-Hanks, *Women and Gender in Early Modern Europe*, 3rd ed.（Cambridge: Cambridge University Press, 2008）, 254. 关于猎杀女巫狂潮的现代历史著作，参见该书第 272–275 页。

20. Deborah Willis, *Malevolent Nature: Witch-Hunting and Maternal Power in Early Modern England*（Ithaca, NY: Cornel University Press, 2018）. 威利斯对猎杀女巫狂潮的历史学思考和探讨见该书第 10–25 页。

21. 罗伯特·达恩顿在他的经典文章 "Workers Revolt: The Great Cat Massacre of the Rue Saint-Séverin," in *The Great Cat Massacre and Other Episodes in French Cultural History*（New York: Vintage Books, 1985）, 第 75–106 页中探讨了与猫相关的性含义以及它们与巫术的联系。

22. Topsell, *Historie of Foure-Footed Beasts*, 394.

23. Mark Kurlansky, *Salt: A World History*（New York: Penguin Books, 2002）, 5.

24. Thomas Ravenscourt, *Deuteromelia: Or the Seconde Part of Musicks Melodie, or Melodius Musicke of Pleasant Roundelaies; K.H. mirth, or freemens songs. And such delightful catches*（1609）.

25. Geoffrey Chaucer, "The General Prologue," in *The Canterbury Tales: A Selection*, ed. Donald R. Howard (New York: Signet Classics, 1969) . 根据卡洛・金茨堡在他的经典著作《奶酪和蛆虫》: "农民和磨坊主之间由来已久的敌意巩固了磨坊主的形象——精明、偷窃、欺骗，注定要受地狱之火的炙烤。这种负面刻板印象在流行的传统、传说、谚语、寓言和故事中广泛流传。" (119)

26. "The Famous Ratketcher, with His Traveles into France, and of His Return to London," English Broadside Ballad Archive, accessed January 7, 2019.

27. Robert Boyle, *Some Considerations Touching the Usefulnesse of Experimental Natural Philosophy Propos'd in Familiar Discourses to a Friend by Way of Invitation to Study It* (1663) , 219.

28. Steven Shapin and Simon Schaffer, *Leviathan and the Air-Pump: Hobbes, Boyle, and the Experimental Life* (Princeton, NJ: Princeton University Press, 1985) . 书中探讨了可靠的观察者 "见证" 的作用。

29. 关于波义耳对动物受苦的态度，参见：Anita Guerrini, "The Ethics of Animal Experimentation in Seventeenth Century England," *Journal of the History of Ideas* 50, no. 3 (1989) : 391–407.

30. Jean de la Fontaine, "The Two Rats, the Fox, and the Egg," in *The Original Fables of La Fontaine*, trans. Frederick Colin Tilney (1913) .

31. La Fontaine, "Two Rats, the Fox, and the Egg."

32. E. P. Evans, *The Criminal Prosecution and Capital Punishment of Animals* (London: William Heinemann, 1906) , 4, 41.

33. W. W., *The Vermin-Killer, Being a Very Necessary Family Book, Containing Exact Rules and Directions for the Artificial Killing and Destroying of All Manner of Vermin* (London, 1680) , 4–7.

34. W. W., *The Vermin-Killer*, 4–5.

35. Fissell, "Imagining Vermin," 17.

36. Thomas Beard, *The Theatre of Gods Judgements wherein Is Represented the Admirable Justice of God against All Notorious Sinners* (1642) .

37. Thomas Beard, *Antichrist the Pope of Rome: Or, the Pope of Rome Is Antichrist Proued in Two Treatises. In the first treatise, 1. By a full and cleere definition of Antichrist. . . In the second treatise, by a description 1. Of his person. 2. Of his kingdome. 3. Of his delusions* (London, 1625) , 406.

38. Jan Janszn Orlers, *The triumphs of Nassau: Or, a description and representation of all the victories both by land and sea, granted by God to the noble, high, and mightie lords, the Estates generall of the vnited Netherland Prouinces Vnder the conduct and command of his excellencie, Prince Maurice of Nassau*, trans. W. Shute Gent.（1613）.

39. Sir John Denham, *The Famous Battel of the Catts in the Province of Ulster*（London, 1668）.

40. Edmund Chillenden, *The Inhumanity of the King's Prison-Keeper at Oxford*（1643）, 4.

41. Anon, *The Mystery of the Good Old Cause Briefly Unfolded*（1660）.

42. *Basiliká the Works of King Charles the Martyr: with a collection of declarations, treaties, and other papers concerning the differences betwixt His said Majesty and his two houses of Parliament: with the history of his life: as also of his tryal and martyrdome*（London: Ric. Chiswell, 1687）.

43. *Basiliká the Works of King Charles.*

44. Serenus Cressy, "To the Reader," in *Fanaticism Fanatically Imputed to the Catholic Church by Doctor Stillingfleet and the Imputation Refuted and Retorted*（1672）.

45. Edward Stillingfleet, *An Answer to Mr. Cressy's Epistle Apolegetical to a Person of Honour*（1675）, 483.

46. Aesop, *Aesop in Select Fables . . . with a dialogue between Bow-steeple dragon and the Exchange grasshopper*（1689）.

47. Matthew Risling, "Ants, Polyps, and Hanover Rats: Henry Fielding and Popular Science," *Philological Quarterly* 95, no. 1（2016）: 25–44。书中涉及关于菲尔丁对自然历史和英国皇家学会的态度的内容。

48. Henry Fielding, *An Attempt towards a Natural History of the Hanover Rat*（London, 1744）, 5–10.

49. Fielding, *An Attempt towards a Natural History of the Hanover Rat*, 9.

50. Fielding, *An Attempt towards a Natural History of the Hanover Rat*, 16.

51. Fielding, *Attempt towards a Natural History of the Hanover Rat*, 22–23.

52. Henry Fielding, *The History of Tom Jones, a Foundling*（New York: P. F. Collier & Son, 1917）.

53. Jonathan Swift, "A Letter to Mr. Harding," in *The Prose Works of Jonathan Swift*, vol. 6, *Drapier's Letters*, ed. Temple Scott（London: George Bell and Sons, 1903）.

54. Jonathan Swift, *Gulliver's Travels*, ed. Allan Ingram（Peterborough, ON: Broadview Press, 2012）, 142.

55. Swift, *Gulliver's Travels*, 154.

56. Jonathan Swift to Henry St. John Viscount Bolingbroke, March 21, 1730, in *The Works of Jonathan Swift*, vol. 1, Thomas Roscoe（London: H. G. Bohn, 1843）, 80.

57. Swift, *Gulliver's Travels*, 181.

58. *The Oxford Magazine / By a Society of Gentlemen*, vol. 8（1772）, 225–226.

59. 对这幅漫画的描述，参见：M. Dorothy George, *Catalogue and Personal Satires in the British Museum*, vol. 6（1938）.

60. John Day, "The Ile of Gulls as Hath Been Often Acted in the Black Fryers, by the Children of the Revels"（1633）.

61. Joel F. Harrington, *The Faithful Executioner: Death, Honor and Shame in the Turbulent Sixteenth Century*（New York: Farrar, Straus and Giroux, 2013）, 24.

62. Anonymous, "The Famous Ratketcher."

63. Henry Mayhew, "The Rat-Killer," in *London Labour and London Poor*, vol. 3（London: W. Clowers and Sons, 1861）, 3:10–20.

64. Mayhew, *London Labour and London Poor*, 3:10–20.

65. William Makepeace Thackeray, *Vanity Fair*（1848）, 305.

66. Mayhew, *London Labour and London Poor*, 3:15.

67. Mayhew, *London Labour and London Poor*, 3:10.

68. 关于 18 世纪和 19 世纪精彩表演的作用，参见：Simon Schaffer, "Natural Philosophy and Public Spectacle in the Eighteenth Century," *History of Science* 21（1983）: 1–43; and Martin Meisel, *Realizations: Narrative, Pictorial, and Theatrical Arts in Nineteenth-Century England*（Princeton, NJ: Princeton University Press, 1983）. 关于人兽之间的"游移"，参见：Barbara M. Benedict, *Curiosity: A Cultural History of Early Modern Inquiry*（Chicago: University of Chicago Press, 2001）, 243; and Neil Pemberton, "The Rat-Catcher's Prank: Interspecies Cunningness and

Scavenging in Henry Mayhew's London," *Journal of Victorian Culture* 19, no. 4（2014）: 524.

69. Charles Fothergill, *An Essay on the Philosophy, Study and Use of Natural History*（London: White, Cochran, 1813）, 139–142.

70. Mayhew, *London Labour and London Poor*, 3:12.

71. Mayhew, *London Labour and London Poor*, 3:20.

72. Mayhew, *London Labour and London Poor*, 3:12.

73. Mayhew, *London Labour and London Poor*, 3:17.

74. Mayhew, "Preface," in *London Labour and London Poor*, 1:1.

75. 关于这个问题，可以参阅有关亨利·梅休的精彩介绍，*London Labour and the London Poor: A Selected Edition*, ed. Robert Douglas-Fairhurst（Oxford: Oxford University Press, 2010）; Pemberton, "Rat-Catcher's Prank," 521.

76. Mayhew, *London Labour and London Poor*, 3:11.

77. Mayhew, *London Labour and London Poor*, 3:9.

09 两种老鼠文化，1800—2020 年

1. Bram Stoker, *Dracula*（1897）.

2. "A Secret Tape, a Rightwing Backlash: Is Michael Cohen about to Flip on Trump?," *The Guardian*, July 26, 2018.

3. Dana Milbank, "I Smell a Rat," *Washington Post*, September 24, 2018.

4. Curt P. Richter, "Experiences of a Reluctant Rat-Catcher: The Common Norway Rat—Friend or Enemy," *Proceedings of the American Philosophical Society* 112, no. 6（1968）: 406.

5. John Calhoun, Wray Herbert, "The（Real）Secret of NIHM," *Science News* 122（1982）: 92–93.

6. Bobby Corrigan, Emily Atkin, "America Is Infested with Rats and Some of Them Are the Size of Infants," *Mother Jones*, August 25, 2017. Robert Sullivan, *Rats: Observations on the History and Habitat of the City's Most Unwanted Inhabitants*（New York: Bloomsbury, 2004）, 98. 沙利文的畅销书几乎包含了你想了解的古往今来一切关于老鼠的历史和习惯。鲍比·科里甘是他请教过的一位专家。

7. Karen Houppert, "Oh Rats: There Is One Aspect of Baltimore She Can't

Get Used To," *Washington Post*, June 19, 2013.

8. 关于勃朗宁和斯托克的共同主题，参见：Sam George, "Spirited Away: Dream Work, the Outsider, and the Representation of Transylvania in the Pied Piper and Dracula Myth in Britain and Germany," in *Dracula: An International Perspective*, ed. Marius-Miricea Crispan（New York: Springer, 2017）, 69–87.

9. George Orwell, *1984*（New York: Signet Classics, 1950）, 286.

10. Sigmund Freud, *Notes upon a Case of Obsessional Neurosis*（1909）.

11. Oriana Fallaci, Ian Fisher, "Oriana Fallaci, Writer-Provocateur, Dies at 77," *New York Times*, August 26, 2006.

12. Erin Steuter and Deborah Wills, *At War with Metaphor: Media, Propaganda and Racism*（New York: Lexington Books, 2008）, xi. 他们强调了政客和媒体用来把对手非人化的语言的象征力量。虽然他们采用社会学而不是历史学的方法，但我们使用和讨论了许多相同的措辞和形象。

13. "Boy with Rat Bites Found Dead in a Tenement Flat in Brooklyn," *New York Times*, January 26, 1964.

14. Lauren Windsor, "GOP Crowd Applauds Calling Immigrants Rats and Roaches," *Huffington Post*, May 10, 2015.

15. "America's Rat Race Sponsored by Capitalism," Daily Kos, May 30, 2014.

16. 我向布鲁斯・亚历山大（Bruce Alexander）借鉴了"老鼠就是老鼠"这句话。他是曾在西蒙弗雷泽大学任教的荣休心理学家。参见：Bruce Alexander, "Addiction: The View from the Rat Pack," accessed August 31, 2018.

17. Robert C. O'Brien, *Mrs. Frisby and the Rats of NIMH*（New York: Simon and Schuster, 1971）, 137.

18. O'Brien, *Mrs. Frisby and the Rats of NIMH*, 175. 又见 Edmund Ramsden, "From Rodent Utopia to Urban Hell: Population, Pathology, and the Crowded Rats of NIMH," *Isis* 10（2011）: 659–688.

19. 关于约翰・霍普金斯大学的作用和与这所大学相关的科学家，参见：Sullivan, *Rats*, 15–20, 231–232.

20. John B. Calhoun, "Population Density and Social Pathology," *Scientific American* 206（1962）: 139–149.

21. Calhoun, "Population Density and Social Pathology," 146.

22. Calhoun, "Population Density and Social Pathology," 148.

23. Fredrick Kunkle, "The Researcher Who Loved Rats and Fueled Our Doomsday Fears," *Washington Post*, June 19, 2017.

24. 对卡尔霍恩工作的详细描述和批评可查阅：Edmund Ramsden and Jon Adams, "Escaping the Laboratory: The Rodent Experiments of John B. Calhoun and Their Cultural Influence," *Journal of Social History* 42（2009）: 761–792, and their commentary on *John B. Calhoun Film 7.1*, "The Falls of 1972: John B. Calhoun and Urban Pessimism," *Circulating Now*（blog）, January 11, 2018.

25. Tom Wolfe, "O Rotten Gotham—Sliding Down the Behavioral Sink," in *The Pump House Gang*（New York: Bantam Books, 1968）, 233.

26. Lewis Mumford, *The City in History*, 2nd ed.（New York: Harcourt Brace, 1968）, 210.

27. 引自：Wray Herbert, "The（Real）Secret of NIMH," *Science News* 122（1982）: 92–93.

28. 对里希特科研工作的详细探讨，参见：Jay Schulkin, Paul Rozin, and Eliot Stellar, "Curt P. Richter," in *Biographical Memoirs*, vol. 65（Washington,DC: National Academies Press, 1994）, 310–320.

29. 里希特在回忆录中叙述了自己的"二战"经历："Experiences of a Reluctant Rat-Catcher: Norway Rat-Friend or Enemy?" *Proceedings of the American Philosophical Society* 112（1968）: 403–415.

30. Curt P. Richter, "Rats, Man, and the Welfare State," *American Psychologist* 14（1959）: 18–28.

31. Richter, "Rats, Man, and the Welfare State," 27.

32. Morris E. Eson, "Comment," *American Psychologist* 14（1959）: 593–594.

33. Samuel D. Ehrhart, *The Fool Pied Piper*, 1909, photomechanical print, Library of Congress, Washington, DC. 又见：Gregory Pappas, "Trump's 'Undesirable' Muslims of Today Were Yesteryear's Greeks: 'Pure American. No Rats, No Greeks', " Pappas Post, December 9, 2015.

34. 关于用动物（包括老鼠和昆虫）类比评论社会、政治、论述和行为的详细讨论，参见：Steuter and Wills, *At War with Metaphor.*

35. Lawrence Bush, "March 5: Nosferatu," *Jewish Currents*, March 4, 2015.

36. 引用和译自："Der eige Jude: The 'Eternal Jew' or the 'Wandering Jew,' " Holocaust Education and Archive Research Team.

37. Julius Streicher in *Der Stürmer*, quoted by Richard Webster, June 30, 2003.

38. Richard Wright, *Native Son* (New York: Harper and Brothers, 1940) , 1–8.

39. Wright, *Native Son*, 428.

40. Wright, *Native Son*, 402.

41. "Death in a Long Dark Tunnel!," *Chamber of Chills* 14 (January 1, 1975) .

42. Joseph Mitchell, "The Rats on the Waterfront," in *Up in the Old Hotel* (New York: Vintage Books, 1992) , 490–491.

43. "Spook," *Oxford English Dictionary*.

44. Jesse Gray, quoted in Sullivan, *Rats*, 62.

45. L. C. Gardner-Santana, D. E. Norris, C. M. Fornadel, E. R. Hinson, S. L. Klein, and G. E. Glass, "Commensal Ecology, Urban Landscapes, and Their Influence on the Genetic Characteristics of City-Dwelling Norway Rats (*Rattus Norvegicus*) ," *Molecular Ecology* 18 (2009) : 2766–2778.

46. Glenn Ross quoted in Nick Wisniewski, "The Creation of the Ghetto: An Interview with Glenn Ross," Independent Reader, accessed October 16, 2018, https:// indyreader.org/content/creation-ghetto-interview-glenn-ross.

47. Karen Houppert, "Oh Rats: There's One Aspect of Baltimore She Can't Get Used To," *Washington Post*, November 14, 2010.

48. Mark Eckenwiler quoted in Rachel Chason, John D. Harden, and Chris Alcantara, "Rat Complaints Are Soaring and D.C. Is Doubling Down on Its Efforts to Kill Them," *Washington Post*, August 28, 2018.

49. Sullivan, Rats, 34.

50. Joseph McCarthy, Bruce Mazlish, "Toward a Psychohistorical Inquiry: The Real Richard Nixon," *Journal of Interdisciplinary History* 1, no. 1 (1970) : 82.

51. Richard Nixon, Jonathan Aitkin, *Nixon: A Life* (New York: Simon and Shuster, 2015) , 273.

52. Major Douglas, Howard Palmer, "Politics, Religion and Antisemitism in Alberta, 1880–1950," in *Antisemitism in Canada: History and Interpretation*, ed. Alan Davies (Waterloo, ON: Wilfrid Laurier Press, 2009) , 178.

53. Lianne McTavish, "Rats in Alberta," in Janice Wright Cheney, *Cellar: The Work of Janice Wright Cheney* (Nova Scotia: Beaverbrook Art Gallery / Art Gallery of Nova Scotia, 2012) , 58.

54. "You Can't Ignore the Rat!"（1950）, in McTavish, "Rats in Alberta," 56.

55. 重印自：McTavish, "Rats in Alberta," 56.

56. "The Only Good Rat Is a Dead Rat"（1975）, *Montreal Gazette*, August 21, 2012.

57. Alexander, "Addiction"; American Civil Liberties Union, *The Dangerous Overuse of Solitary Confinement in the United States*（Washington, DC: American Civil Liberties Union, 2014）.

58. Ramin Skibba, "Solitary Confinement Screws Up the Brains of Prisoners," *Newsweek*, April 18, 2017.

59. 参见：John T. Cacioppo and Louise C. Hawley, "Perceived Social Isolation and Cognition," *Trends in Cognitive Sciences* 10（October 13, 2009）: 447–454; and Adriana B. Silva-Gómez, Darío Rojas, Ismael Juárez, and Gonzalo Flores, "Decreased Dendritic Spine Density on Prefrontal Cortical and Hippocampal Pyramidal Neurons in Post Weaning Social Isolation Rats," *Brain Research* 983, no. 1–2（2003）: 128–136.

60. L. Sun et al., "Adolescent Social Isolation Affects Schizophrenia-like Behavior and Astrocyte Biomarkers in the PFC of Adult Rats," *Behavioural Brain Research* 333（August 30, 2017）: 258–266, doi:10.1016/j.bbr.2017.07.011.

61. Heather Knight, "Poop. Needles, Rats. Homeless Camp Pushes SF Neighborhood to the Edge," *San Francisco Chronicle*, June 24, 2018.

62. "Homeless Poles Living on Barbecued Rats and Alcoholic Hand Wash," *The Guardian*, August 12, 2010.

63. Sarah Knaton, "Genetically Mutated Rats Could Be Released in Britain to Solve Rodent Problem," *The Telegraph*, December 5, 2017.

64. Alissa J. Rubin, "Rodents Run Wild in Paris: Blame the European Union," *New York Times*, December 15, 2016.

65. Catherin Calvet, "Libération," May 2, 2018.

66. Josh Jacobs and Matthew Dalton, "In France, Even the Rats Have Rights," *Wall Street Journal*, August 10, 2018.

67. 班克斯引自："Banksy Rat Stencils and Graffiti," Web Urbanist, December 28, 2008.

68. Beatrix Potter, *The Tale of Samuel Whiskers, or The Roly-Poly Pudding*（1908）.

69. O'Brien, *Mrs. Frisby and the Rats of NIMH*, 193.

70. Terry Pratchett, *The Amazing Maurice and His Educated Rodents* (New York: HarperCollins, 2001) .

71. Pratchett, *Amazing Maurice and His Educated Rats*, 323.

72. J. K. Rowling, *Harry Potter and the Prisoner of Azkaban* (New York: Scholastic, 1999) , 366, 375.

73. Lauri Serafin, "Rats Enjoy Sailing, and Other Unexpected Rat Facts," Public Health Insider, October 30, 2015.

74. "Ten Top Reasons to Cuddle a Rat," PETA, accessed November 9, 2018.

75. Tommanee McKinney, *A Rat's Tale* (Seattle: Amazon Kindle Editions, 2017) .

76. David Covell, *Rat and Roach: Friends to the End* (New York: Viking, 2008) .

77. T. Coraghessan Boyle, "Thirteen Hundred Rats," *New Yorker*, July 7, 2008.

结语　害虫的力量

1. Donald J. Trump, CNN, July 14, 2019.

2. Ben Zimmer, "What Trump Talks about When He Talks about Infestations," Politico, August 6, 2019.

3. David A. Graham, "Trump Says Democrats Want to 'Infest' the U. S.," *The Atlantic*, June 17, 2018.

4. William Ian Miller, *The Anatomy of Disgust* (Cambridge, MA: Harvard University Press, 1997) , 50.

5. Ambassador Zeljko Bujas, in a letter to *The Independent*, December 19, 1992.

6. Robert Fisk, "Ariel Sharon," *The Independent*, January 6, 2006.

7. "Huntingdon 'Polish Vermin' Cards Remain a Mystery," BBC News, November 27, 2016; Representative Curry Todd, 引自：*Racism Review*, November 14, 2010.

8. Ken Cuccinelli, 引自：Nick Wang, "Politics," *Huffington Post*, July 26, 2013.

9. Long Beach Republicans, "A Bunch of Liberal Vermin Republicans Making a Commotion over Nothing, Let the Man Perform and Honor Him," October 6, 2019.

10. “Living in Harmony with House Mice and Rats,” PETA, accessed November 12, 2020; “What about Insects and Other ‘Pests’?,” PETA, accessed November 12, 2020.

11. Troy Farah, “Are Insects Going Extinct? The Debate Obscures the Real Danger They Face,” *Discover Magazine*, March 6, 2019.

致 谢

我在写上一本书时就开始思考害虫这个主题了。那本书讲的是 17 世纪自然哲学家纽卡斯尔公爵夫人玛格丽特·卡文迪什的事迹。这位杰出女性勇敢地涉足了过去只有男性讨论的话题。她大胆地向早期对自然给出解释的那帮人和新成立的英国皇家学会的成员发起挑战。她的努力，尤其是她对全新的实验科学及其先驱罗伯特·胡克的讽刺启发了我。胡克在 1665 年的著作《显微制图》中收录了跳蚤和虱子的大幅图画。卡文迪什在 1665 年出版的爱情故事《燃烧的新世界》中把这些昆虫重新塑造成跳蚤人和虱子人。我很好奇胡克为何要观察跳蚤和虱子，卡文迪什又为何对他的图画反应强烈。

这本书给出了上述问题的答案。

一旦思考起害虫来，我就发现它们无孔不入：在我读的每本书里——虚构和非虚构的，在我打开的每份报纸中，在我收看的每档电视节目里，连不在公共电视网（PBS）播出的节目也不例外。人类似乎在与这些贴近我们肌肤和入住我们家园的生物亲密共舞，永不停歇。我是《星际迷航》（*Star Trek*）和托尔金的粉丝，害虫也在其中赫然出现：在博格人（Borg）面前，抵抗是无效的；蜘蛛尸罗差点吃掉霍比特人弗罗多（Frodo）。接着，我的狗身上的跳蚤和垃圾堆里的老鼠也表示有话要说。我感谢至少认可这一切是我认知害虫的源头。

这项研究的第 1 章以《那只恶心的毒虫：近代早期英国的臭虫》为题刊登在《18 世纪研究》[*Eighteenth-Century Studies* 46（2013），513–530] 上，还以《作为偷窥者的显微镜学家：玛格丽特 · 卡文迪什对实验哲学的批判》为题收录于《挑战正统》（*Challenging Orthodoxies: The Social and Cultural Worlds of Early Modern Women: Essays Presented to Hilda L. Smith*, 英国阿什盖特出版社 , 2014, 77–100）中。我在美国科学史学会（History of Science Society）、美国文艺复兴学会（Renaissance Society of America）、美国哥伦比亚历史学会（Columbia History Society）、国际玛格丽特 · 卡文迪什学会（International Margaret Cavendish Society）和西北文艺复兴学会（Northwest Renaissance Society）公开了这本书的部分内容。我要感谢所有对我的著述发表评论的人，尤其是 2010 年文艺复兴会议上一位匿名的与会人员，他问我是否思考过虱子与色情作品的问题。我当时被问住了，事后花费不少时间来研究这个问题。因为有了这些学者和约翰 · 霍普金斯大学出版社的匿名读者，这本书的内容大为丰富。

我由衷感谢俄勒冈州立大学历史系（History Department of Oregon State University）的同事们，感谢他们对我不懈的关注和鼓励，特别是玛丽·乔·奈（Mary Jo Nye）、罗伯特·奈（Robert Nye）、保罗·法伯（Paul Farber）、乔纳森·凯兹（Jonathan Katz）、安妮塔·格里尼（Anita Guerrini）、迈克·奥斯本（Mike Osborne）和已故的威廉·赫斯本德（William Husband）。即使在我退休后，他们依然给了我很多建议。同样，国际玛格丽特·卡文迪什学会的同僚，特别是布兰迪·齐格弗里德（Brandie Siegfried）和萨拉·门德尔松（Sara Mendelsohn）也是我的灵感来源。

加州大学洛杉矶分校威廉·安德鲁斯·克拉克纪念图书馆（William Andrews Clark Memorial Library）、亨廷顿图书馆（Huntington Library）、大英图书馆（British Li-brary）和福尔杰图书馆（Folger Library）的馆员们一如既往地乐于助人。倘若没有如今可以在互联网上找到的数据库，我不可能完成这本书：早期英文图书在线（Early English Books Online）、18 世纪在线研究（Eighteenth-Century Studies Online）、19 世纪在线研究（Nineteenth-Century Studies Online），还有谷歌图书（Google Books）。现在，我坐在书桌前，便可以获得丰富的资料。与许多作家一样，我发现对过去和当下或精深或宽泛的研究都因此成为可能，这种学术研究不同于以往一趟趟前往档案馆查资料所产出的学术成果——这是不是一种进步，留待读者回答。

在约翰·霍普金斯大学出版社，马特·麦卡达姆（Matt McAdam）始终是一位又细心又有见地的编辑，威尔·克劳斯（Will Krause）和朱莉·麦卡锡（Julie McCarthy）始终对我提出的问题和让人捉摸不透的网络文件同步工具 Dropboxrag 充满耐心。使用插图对我来说是进入一片新天地，没有他们和我的朋友朱丽安·巴瓦（Julianne Bava）的帮助，我不可能做到这些。阿什丽·麦克科恩（Ashleigh McKown）出色的文字编辑工作让我避免了许多誊写和引用错误。约翰·霍普金斯大学的希拉里·雅克明（Hilary Jacqmin）在处理书中的许多插图时提供了宝贵的帮助。

最后，我要感谢我的丈夫大卫·萨拉森（David Sarasohn）。他发挥自己的编辑技巧，对本书主要内容的贡献让我的感激之情难以言表。我感激我的两个儿子亚历克斯和彼得对我无限的耐心，他们不仅容忍了我这个母亲的心不在焉，还给我提供了网络咨询。我的孙子西奥多大度地允许我在本该陪他玩耍的时候写作这本书。我把这本书献给他们。